2558

LES

PETITS QUADRUPÈDES

DE LA MAISON ET DES CHAMPS

Typographie Firmin Didot. — Mesnil (Eure).

LES

PETITS QUADRUPÈDES

DE LA MAISON ET DES CHAMPS

PAR EUG. GAYOT

MEMBRE DE LA SOCIÉTÉ CENTRALE D'AGRICULTURE DE FRANCE

IIᵉ PARTIE

Avec 80 figures

PARIS

LIBRAIRIE DE FIRMIN DIDOT FRÈRES, FILS ET Cⁱᴱ

IMPRIMEURS DE L'INSTITUT, RUE JACOB, 56

1871

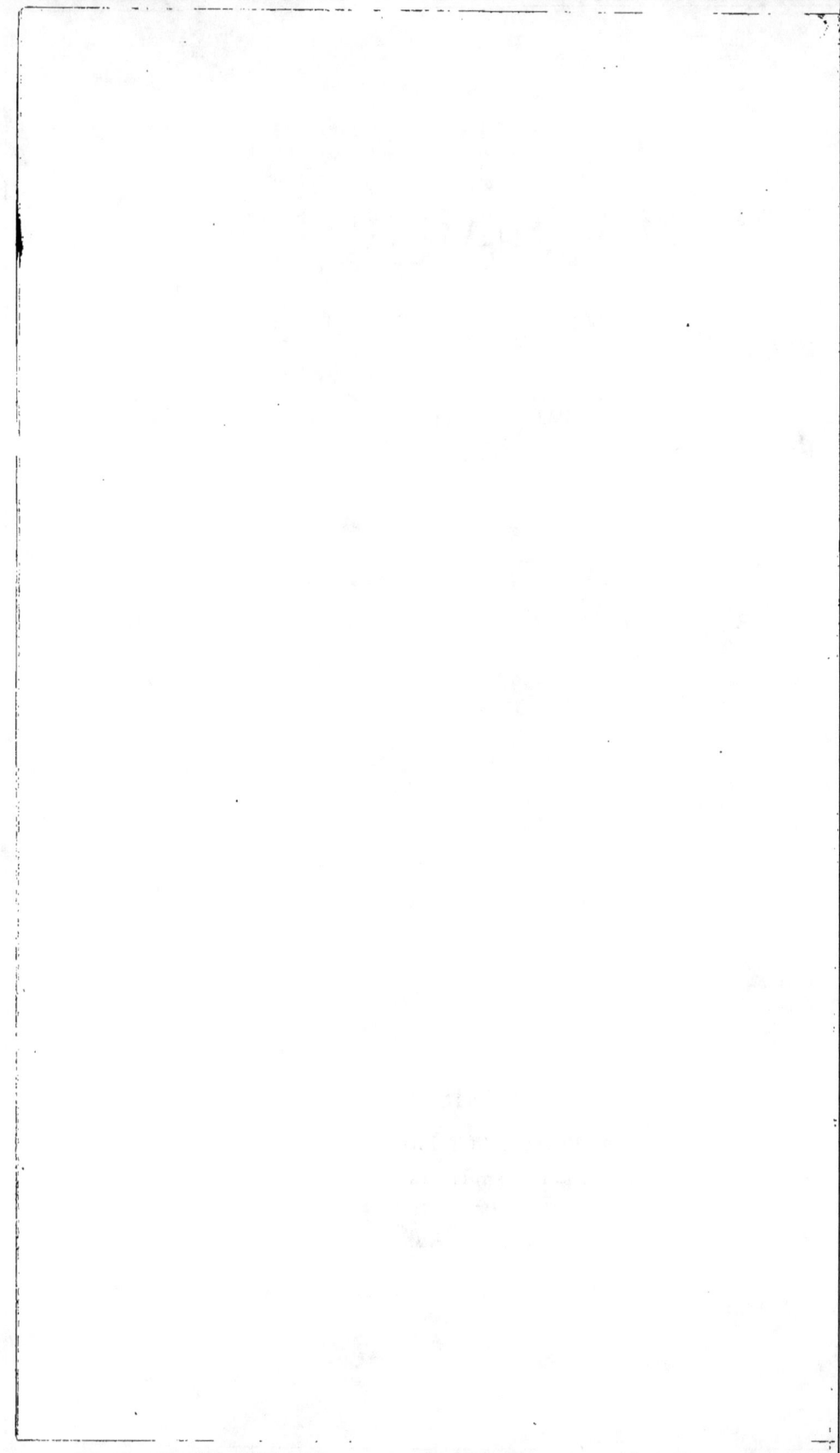

LES

PETITS QUADRUPÈDES

DE LA MAISON ET DES CHAMPS.

LES RONGEURS (*suite*).

III. LE LÉPORIDE.

Explication en manière d'introduction. — Les idées préconçues. — Questions à résoudre expérimentalement. — Croisements et métissages. — Pourquoi je me suis imposé la tâche de marier ensemble lièvres et lapins. — Les unions fortuites ou forcées. — Compte rendu très-sommaire de mes expériences, — et de quelques autres. — La question de retour. — Les léporides de M. Roux; — Question de fixité et de constance héréditaire; — La fécondité continue. — Les divers degrés de la métisation. — La race hybride. — Les léporides de Bar-sur-Aube. — Les léporides de Saint-Dizier. — Les léporides de Saint-Pierre. — Description zoologique. — La manière d'être. — La croissance. — Les qualités de la viande. — Une fille de hase et de lapin. — L'inceste et ses suites. — Nouvelle série d'expériences. — Les difficultés de l'accouplement. — Lièvres et lapins; lièvres et léporides. — Études de mœurs. — La robe des léporides. — Les longue-soie. — Explications physiologiques. — Une nouvelle matière première. La chair des quart-sang, petits-fils de hase. — Il faut encore attendre.

Il y a bientôt deux ans que ce livre est écrit, moins l'article *léporide*, laissé en lacune à dessein. Pourquoi? Parce qu'alors tous les léporides mis au monde étaient plus ou moins contestés. Je n'en avais pas vu naître sous mes yeux, bien que, depuis près de six années, j'eusse des animaux en expérience. Depuis lors il m'en est venu : j'en possède dont l'authenticité ne peut plus être suspectée. Je pourrais donc faire table rase du passé en ce qui concerne la production du petit animal, et néanmoins affirmer son existence; mais ce qui s'est passé dans mon clapier n'est vraiment que la répétition de faits antérieurs et la confirmation pure et simple de ceux-ci.

Mes expériences, au surplus, n'avaient été entreprises qu'à titre de vérification. J'ai voulu savoir *de visu;* aujourd'hui je suis édifié, j'ai vu et je sais. Après avoir été annoncée *urbi et orbi,* sans aucune prétention ambitieuse, l'existence du léporide avait tout à coup soulevé une violente tempête. Très-formellement contestée par les uns, déclarée absolument impossible par les autres, l'existence proclamée du nouvel hybride a été pour les savants un sujet de très-vives préoccupations, pour beaucoup d'amateurs un objet de curiosité passagère et plus ou moins intéressée. En elle la science voyait le subit renversement d'idées ou de doctrines très-anciennement arrêtées. Sans y attacher une importance aussi haute, la curiosité, pleine d'espérances plus ou moins bien définies, se cramponnait au fait avec l'empressement fiévreux, mais fugitif ou peu durable qui lui est propre; moi — tout seul, — je le crois du moins, confiant dans les assertions d'un éducateur, consciencieusement recueillies, loyalement rapportées et commentées par un physiologiste éminent, j'avais cru pouvoir élever l'éducation industrielle du léporide à la hauteur d'une question alimentaire.

Ah! ceci m'a valu les sarcasmes d'une critique très-fervente, et la censure maligne, un peu prématurée aussi, d'esprits plus prompts que bienveillants, auxquels je n'ai pas eu le don de plaire. Qu'importe? L'intérêt scientifique et l'intérêt économique de la question sont ailleurs. Sans plus de souci des personnalités, j'avais résolu de vider le débat. Me plaçant entre l'affirmation et la négation, qui se produisaient l'une et l'autre sans preuves suffisantes, je pris le parti de poursuivre la solution du problème complexe qui se présentait à mon esprit et que les circonstances offraient à mes efforts. Je pris ce parti en donnant publiquement le programme des expériences que j'abordais avec le dessein très-arrêté d'aller jusqu'au bout et de dire scrupuleusement la vérité, quelle qu'elle dût être.

1° Lièvres et lapins peuvent-ils s'accoupler, et de leur union quelles peuvent être les suites naturelles?

2° Étant donnés ou obtenus les produits du mariage des deux espèces, ces produits sont-ils féconds entre eux?

3° En cas d'affirmative que deviennent, sous le rapport de la permanence des caractères, les générations suivantes? Parmi les représentants de celles-ci, les uns font-ils retour au lièvre et les autres au lapin; ou tous indistinctement reviennent-ils à l'un des types originaires?

Voilà des points considérables par leurs entours et par leurs conséquences. Ils soulèvent d'autres questions, très-essentielles aussi, et montrent, avant d'aller plus loin, quel intérêt s'attachait pour moi à la production du léporide.

Croisements et métissages sont des opérations usuelles dans la reproduction de toutes nos espèces domestiques, mais des opérations très-diversement jugées dans leurs résultats plus ou moins obscurs ou incertains. Si le léporide n'est pas un mythe, s'il existe réellement et s'il est doué de la faculté de se reproduire indéfiniment à l'égal de chacun de ses procréateurs, il peut devenir matière à expérimentation et servir à poser des règles qui fixeront pratiquement la science de la production animale en levant les incertitudes qui aujourd'hui la livrent plus ou moins au hasard et la rendent si chanceuse, même aux mains des plus habiles.

Au fond, je le déclare, le principal intérêt de l'élevage du léporide, si léporide il pouvait y avoir, était là pour moi, qui désirais m'éclairer expérimentalement sur la valeur de théories très-vivement controversées et qui intéressent au plus haut degré la production de toutes nos espèces domestiques. L'introduction dans nos basses-cours d'un nouvel hôte, ayant quelque valeur, aurait eu ses avantages sans aucun doute; mais que pèse ce fait relativement au point spécial que je viens d'établir? Agir en toute certitude dans les modes de reproduction employés pour le renouvellement constant des populations chevaline, bovine, ovine, porcine, etc., avait à mes yeux et a réellement une bien autre envergure que le fait, si considérable soit-il, de l'acquisition d'un nouvel habitant de la basse-cour. Sans affaiblir en rien l'importance d'un résultat semblable, je mets au-dessus, et je fais passer devant les conséquences pratiques de l'application à toutes nos espèces des règles définitivement fixées de leur reproduction la plus rationnelle.

Ce n'est donc point par curiosité pure, ni en vue d'une vaine satisfaction d'amour-propre, sottement surexcité, que je me suis patiemment attaché à la solution du problème posé par le hasard ; non vraiment. C'est dans un intérêt élevé et puissant de science féconde et d'économie publique. A cela j'ai consacré quelques années et dépensé plus d'argent qu'on ne saurait croire. Je dirai les détails de mes expériences dans un mémoire spécial : ici, où ils ne seraient pas à leur place, j'en donnerai seulement la substance, pour ne pas fatiguer l'attention des lecteurs qui ne sont ni préparés ni acclimatés à l'examen de questions de cet ordre.

Le bouquin peut se marier à la lapine domestique et la hase, ou femelle du lièvre, peut être fécondée par le lapin de nos clapiers. Les fruits de cette double union, obtenus sur divers points par des expérimentateurs différents, sont désormais hors de conteste.

Cependant, deux faits seulement, mais récents, authentiques, du mariage heureux ou fécond de la hase et du lièvre, sont venus jusqu'à moi. Le premier s'est produit chez M. le baron de Beaufort, à Verdun-sur-Meuse. Élevée en captivité, la mère avait été, pendant trois longues années, réfractaire à toutes tentatives de reproduction, en dépit du bon vouloir qu'elle apportait à accorder ses faveurs. Au bout de ce temps, à l'heure où l'on n'y songeait plus, elle accoucha ; elle donna un petit, un seul. Ceci est assez ordinaire. M. Coquillard, à Versailles, l'éleveur de lièvres dont j'ai précédemment parlé, m'assurait dernièrement que chez lui toutes les premières portées de la hase s'étaient limitées à ce fait d'uniparité, et je le retrouve dans ma liévrière (1). C'est d'ailleurs comme une

_____

(1) Au moment où je corrige cette épreuve (20 juin 1870) une de mes jeunes hases vient de mettre bas une première portée de trois petits forts beaux.

règle générale. Les nichées les plus nombreuses des femelles multipares coïncident avec l'âge du plus large développement des forces physiques, non avec les débuts de la maternité. Dans toutes les espèces, la puberté précède la période de la plus grande puissance des facultés prolifiques.

Le second fait s'est produit dans des circonstances extrêmement curieuses. Venu à la connaissance de M. le maréchal Vaillant, mon très-bienveillant collègue à la Société centrale d'agriculture, je fus averti et mis à même d'aller me renseigner à la source.

Voici l'histoire — une simple histoire — en toute sa vérité.

Quittant Vincennes pour aller prendre garnison non loin de là, au fort d'Aubervilliers, un bataillon fit dans le bois de Vincennes la rencontre fort imprévue d'une hase en promenade du matin. Le bataillon se déploya vivement en cercle, et entoura la petite bête, qui paya de la liberté la malchance. C'était une fort jolie hase adulte. Elle fit route, fort bien accompagnée, et arriva sans encombres à Aubervilliers. Étant à tous, elle n'était à personne. Un civet de cette taille pour tout un bataillon! c'eût été dérisoire. On délibéra. Du conseil tenu en plein vent sortit cette décision: offrir la prisonnière au commandant du fort. Celui-ci accepta, et lui trouva — séance tenante — une case dans son clapier, où poussait, où pousse encore une nombreuse population de lapins, d'affreux lapins de choux à la robe bariolée, à la conformation osseuse et heurtée.

Parmi ces derniers, il y avait un étalon plein d'ardeur, plus amoureux que méchant, l'un de ces mâles qui peuvent et qui veulent. Le commandant eut l'idée de l'introduire auprès de la hase qui avait obtenu, par billet de logement, un simple tonneau dressé debout, au fond duquel on avait placé quelque peu de litière. Les deux animaux vécurent ainsi pendant 12 à 15 nuits. Chaque soir on apportait le mari, chaque matin on le retirait du tonneau pour le remettre dans sa propre cabane. Au bout de la quinzaine, on laissa seule et tranquille la hase. Elle avait été galamment épousée et fécondée. A quelques semaines de là, elle donna le jour à trois petits: deux périrent, le troisième vécut; celui-ci était femelle.

Elle me fut donnée ; je la possède encore. J'en parlerai plus loin, car elle est devenue tête de colonne dans mon clapier d'expériences.

Plus fréquente s'est montrée l'union fructueuse du bouquin et de la femelle du lapin. Mais elle n'est pas pour cela chose très-commune, un résultat qu'on puisse se flatter d'obtenir couramment et de voir se renouveler à son gré. J'ai possédé nombre de couples de lièvres et de hases en ménage, il n'en est rien sorti. J'ai formé d'autres ménages d'animaux des espèces lièvre et lapin, ils sont restés stériles. Dans les premiers, le mâle courait amoureusement mais inutilement la femelle. Dans les autres, si ardentes et si caressantes que se montrassent les belles, le mâle demeurait froidement impassible : il ne repoussait aucune sollicitation, mais aucune démonstration n'avait le don de l'émouvoir ; il était de glace, et les plus vives supplications ne pouvaient rien sur lui.

Maintes fois témoin des avances et des cajoleries des petites bêtes, j'en étais humilié pour elles, qui ne faisaient pas leurs frais, lorsqu'elles eussent bien mérité égards et tendresse. L'organisation anatomique ne rend pas compte de cette situation. Pour moi, je me figure qu'indépendamment du peu d'attraction que peuvent avoir l'un pour l'autre les sexes appartenant à deux espèces différentes, si voisines qu'elles soient par ailleurs, il y a aussi des impossibilités physiques, non encore reconnues, qui finissent par rebuter l'étalon, à qui l'expérience les a nettement révélées. En effet, avant de se montrer ainsi de bois et tout d'une pièce indifférents, ces bouquins m'avaient paru fort bien disposés à faire raison à leurs gentilles compagnes. Ce n'est que plus tard, peut-être bien après toutes sortes d'efforts infructueux, qu'ils s'étaient résignés, — ou honteusement ou philosophiquement, — à ce rôle passif, à cette condition de nature peu enviable, quelque peu humiliante, en face d'ardeurs et de provocations si accentuées.......

Un premier accouplement n'est même pas une garantie pour des fécondations ultérieures. Cette assertion se trouve appuyée par la relation suivante, qui m'a été adressée par M. le baron de Beaufort : « Vous vous souvenez sans doute, monsieur, que le léporide obtenu par moi était le produit d'une hase et d'un lapin argenté. Après le sevrage de mon précieux nourrisson, j'ai rendu à ma hase le même mâle qu'elle avait accepté, mais sans résultat, car elle n'a pas été fécondée. Deux autres lapins l'ayant encore couverte sans plus de succès, j'ai attribué ma première réussite à l'effet du hasard, et je me suis lassé de surveiller les amours stériles de cette bête, remplie cependant de la meilleure volonté. »

Mais la hase ne fut pas longtemps abandonnée à elle-même. L'idée vint à M. de Beaufort de la livrer à la reproduction du lièvre, et voici ce qu'il m'a écrit encore à ce sujet : « La certitude que j'avais de la possibilité de faire reproduire les lièvres en captivité m'a engagé à essayer d'utiliser ainsi ma hase. J'en ai obtenu deux portées de deux chaque, et je puis aujourd'hui présenter, à qui voudra le voir, le rare et curieux spectacle de l'accouplement d'un ménage de lièvres, car mon bouquin ne craint aucunement de remplir son office en public. »

Ce double fait est curieux, en effet : 1° Le lapin ne réussit pas à féconder une seconde fois une hase qu'il avait une première fois rendue mère, et deux autres étalons éprouvés n'y ont pas été plus heureux malgré les meilleures dispositions de la femelle; 2° survient un mâle de l'autre espèce, un bouquin, et celui-ci, par deux fois, se lie fructueusement avec la hase, qui redevient mère et bonne mère; 3° enfin, voici un lièvre tellement ardent qu'il ne craint pas de se marier par devant maîtres tels et tels et leurs témoins. Mais les choses ne vont pas toujours aussi loin qu'on se propose de les mener. Des circonstances fortuites ont momentanément éloigné M. de Beaufort du point où il faisait ses très-intéressantes expériences, et son vaillant étalon a disparu avant d'avoir été essayé avec des femelles de l'espèce voisine. C'est très-regrettable; les plus vifs regrets n'y peuvent rien cependant. Un fait est ce qu'il est; nul n'a le pouvoir de le changer.

La hase d'Aubervilliers a succombé à....... un accès de gastronomie. Le commandant du fort d'Aubervilliers, n'attachant aucune importance au curieux cas d'hybridité qui s'était produit d'une façon toute fortuite sous ses yeux, ordonna

que la hase passerait de son tonneau au garde-manger et
de celui-ci à la cuisine, d'où elle fit une dernière station sur
la table du maître. Le devant en civet, le derière en rôti, telle
fut la fin prématurée d'une femelle pour qui je serais allé
au bout du monde.

Le père des léporides que j'ai enfin obtenus était d'autre
humeur que ceux dont je parlais à l'instant.

On ne lui a jamais fait connaître les douceurs du mariage
avec sa propre femelle, mais on lui a peut-être bien proposé une cinquantaine d'alliances avec la lapine. En tout,
il en a agréé quatre, qui, pleines de ses œuvres, ont donné
— chacune — une belle portée de sept petits, sept léporides,
je souligne. Le hasard a voulu, — la rencontre mérite une
mention, — que parmi ces quatre mères deux seulement
n'eussent pas été mariées encore. Elles étaient filles, mais
leurs petits, on peut bien croire que je les ai attentivement
examinés, ne ressemblaient pas plus au père, au lièvre, que
les léporides issus des deux mères qui avaient été déjà fé-
condées par le lapin. Les uns et les autres de ces produits
étaient des intermédiaires non pas précisément entre lièvre
et lapin, mais entre le bouquin — leur père à tous — et
chacune des mères qui les avait portés. J'entends par là que
les mères différant entre elles par le pelage avaient mis au
monde des petits de pelage bigarré, bien que chez tous le
poil ne fût en réalité ni celui du lapin ni celui du lièvre et
donnât très-manifestement une fourrure autre, ayant son
cachet, ses caractères spéciaux.

Malheureusement, comme le lièvre de M. le baron de
Beaufort, celui-ci a été prématurément enlevé à l'expérimentation, avant d'avoir donné un plus grand nombre de
produits, avant d'avoir pu être marié à ses propres filles,
et sans avoir été essayé avec la hase.

Mais dans ce lot de vingt-huit léporides, j'ai pu choisir
un mâle et une femelle, assez semblables à eux-mêmes bien
que nés de mères différentes.

Je les ai destinés à faire souche.

Les autres ont eu des destins très-divers. Livrés à la
cuisinière, les mâles ont été trouvés excellents sur les tables

où ils ont été servis. Les femelles unies au lapin sont devenues mères fécondes. Bien que ressemblant plus au lapin
qu'au lièvre, ce qui vraiment est bien naturel, les petits
n'ont pas perdu tout souvenir du mariage hybride qui a donné
naissance à leurs mères. Ils tiennent encore de leur grand-
père certains traits qui iront en s'affaiblissant et s'effaceront
plus au moins rapidement, mais dont, grâce à l'hérédité, la
trace pourra subsister sur plusieurs générations (1).

Retenons ceci au passage. Un mariage fortuit, un simple
accident, mêle par aventure le sang du lièvre au sang du
lapin. Il en résulte des produits intermédiaires. Mais l'intervention du lièvre ne se renouvelant pas, les enfants nés
de ce mariage, — tous féconds, — rentrent peu à peu dans
la famille du lapin en contractant alliance avec des animaux
de cette espèce. Les produits qui en viennent ne sont plus
des intermédiaires, des êtres moitié lièvre et moitié lapin ; ils
rappellent plus cette dernière espèce : cependant l'autre est
encore présente ou plutôt n'est pas encore effacée.

Le même fait, observé par M. Flourens, entre chiens et
chacals, conduit à cette déclaration :

Quatre générations suffisent pour ramener l'un des deux
types primitifs. En d'autres termes l'intervention d'un sang
étranger, accidentelle et simplement passagère, laisse néanmoins de telles traces dans la famille et trouble si profondément ce qui la constitue et la fait homogène, que quatre
générations sont nécessaires pour la rendre à elle-même
au moins en apparence.

Ceci était l'opinion de M. Flourens opérant sur des animaux
appartenant à deux races complétement distinctes. Les zoo-
technistes vont plus loin; ils ne supposent pas que les effets
d'une intervention étrangère, observés sur des animaux de
même espèce, mais de races différentes, puissent s'effacer
aussi rapidement; ils les croient plus durables et l'expérience
les autorise à croire ainsi. Pour ma part, j'ai souvent apporté
des faits à l'appui de cette opinion, systématiquement re-

---

(1) Ceci est devenu une réalité : à la quatrième génération, je retrouve encore des traces du lièvre dans le manteau et dans la conformation de la tête.

poussée par une certaine école, dont les adeptes refusent tout pouvoir héréditaire stable aux métis', quelque anciens qu'ils soient d'ailleurs dans le sang. Une discussion sur ce point ne serait pas à sa place ici; mais il suffit d'avoir posé la question pour montrer quel intérêt reste attaché à ce simple fait, — l'intervention fortuite et passagère d'un sang étranger dans une famille homogène : les effets en sont considérables; ils ont réellement plus de durée qu'on ne le suppose en général.

C'est à M. Roux, ancien président de la société d'agriculture d'Angoulême, qu'est due la production de léporides la plus importante et la plus suivie. M. Broca, professeur à la faculté de médecine, en a écrit l'histoire scientifique d'après les renseignements obtenus de l'éleveur, dont il visitait le clapier et dont il vérifiait les curieux travaux. J'ai imité M. Broca. Je me suis rendu à Angoulême, et, comme lui, j'ai vu, je me suis renseigné. On a contesté, préventivement nié l'authenticité des résultats accusés par M. Roux, assez maltraité dans tout cela, mais plus méchamment que de raison. M. Roux a connu la malveillance, et ses ennemis ont réussi à jeter une telle suspicion sur la production du léporide aux Bardines qu'il y a eu nécessité, faute de témoins assermentés, d'abandonner la curieuse production de cet éleveur à l'incrédulité.

Et pourtant mes yeux ne m'ont pas trompé. Ce que j'observe aujourd'hui dans mon clapier me dit assez que les produits de M. Roux n'étaient pas, comme on l'a dit en fin de compte, « une race particulière de lapins, » laquelle? mais des intermédiaires entre lièvre et lapin. Je ne puis faire ici les preuves matérielles qu'on a demandées à M. Roux, dont on a un peu gratuitement suspecté la véracité ou la bonne foi, mais je penche bien plus à admettre ses déclarations comme véridiques que je ne suis disposé à repousser comme douteuses les assertions que M. Broca et moi sommes allés recueillir sur place en toute loyauté, avec le désir sincère de rendre tout simplement hommage à la vérité, rien de plus, rien de moins.

Ainsi averti, le lecteur se rangera à l'une ou à l'autre

opinion; il croira ou il ne croira pas à l'authenticité des léporides obtenus pendant une vingtaine d'années aux Bardines, près Angoulême, ou bien il restera neutre entre celui qui en a affirmé l'existence et ceux qui ont nié celle-ci; mais l'étude faite par M. Broca n'en mérite pas moins d'être mentionnée et connue. J'en donnerai donc une rapide analyse.

C'est en 1847 que M. Roux obtint les premiers nés du lièvre mâle et de la lapine. Il fut si heureux dans la répétition de ce mariage que dès 1850 se trouva fermée pour lui l'ère des tâtonnements. Dès lors fut définitivement fixée la production nouvelle qui se développa à souhait et prit une réelle importance économique.

Voyons à présent quelles observations ont surgi — chemin faisant — et quelles connaissances cette création a ajoutées à celles qui éclairaient d'une lumière plus ou moins sûre la production des autres animaux, tout en mettant mieux en relief les aptitudes spéciales au lièvre et au lapin sous le rapport du fait héréditaire propre à l'une et à l'autre espèce.

Si fécondes qu'elles soient toutes deux, l'une d'elles, — celle du lapin, — est néanmoins très-supérieure à la voisine. La hase ne porte que 2 ou 4 petits au plus; la lapine domestique met au monde des nichées de 8 à 12 lapereaux en moyenne. Ce fait bien constaté, l'expérience a démontré aussi qu'il y avait avantage à marier le bouquin à la lapine plus qu'à procéder par l'accouplement inverse, car les portées ont été un peu moins nombreuses chez la lapine livrée au lièvre que chez la lapine fécondée par son propre mâle, — le lapin. Le résultat a même pu être chiffré. En effet, les portées de léporides étaient de 5 à 8 petits, lorsque les portées de lapereaux auraient compté 8 à 12 petits. Le lièvre est donc plus prolifique avec la femelle du lapin qu'avec la hase, mais la lapine est moins féconde dans son union avec le bouquin qu'avec l'étalon de sa race (1). Cette double constatation peut être considérée comme un précieux témoignage en faveur de cette assertion, à savoir : les deux sexes concourent pour une part égale à l'œuvre mystérieuse de la fécondation.

_____

(1) Chez moi la fécondité est tout aussi active chez les léporides que chez les lapins.

Chez M. Roux, les choses de l'accouplement entre les deux espèces ont été menées en tout comme il est usuel de faire entre animaux de l'espèce domestique. Les sexes demeuraient isolés; les rapprochements n'étaient permis que lorsque les femelles montraient des désirs. La réunion se faisait à la nuit tombante pour durer autant que la nuit, et la fécondation se trouvait ainsi assurée.

Cette méthode est celle aussi de M. Trailin, à Verdun, en ce qui touche la reproduction du lièvre.

Les métis de demi-sang, léporides au premier degré, sont en général nés plus semblables à la mère qu'au lièvre. Cependant, le pelage gris du lapin avait reçu une légère teinte de roux, facile à reconnaître; les oreilles s'étaient un peu allongées et aussi les membres postérieurs, dont la patte était plus forte; la physionomie était à la fois moins effarée que celle du lièvre et moins placide que celle du lapin (fig. 1 à 4, page suivante).

Accouplés entre eux, ces premiers métis, plus lapins que lièvres, ont produit, en tout semblables à eux, des animaux doués d'une fécondité active. Les mâles se mariant à des lapines ont donné des petits chez lesquels les traits que je viens d'accuser chez le demi-sang s'étaient en grande partie effacés; je m'expliquais un peu plus haut sur ce fait. Il est ce qu'il doit être et à bon droit nous devrions nous étonner s'il se montrait autre.

Quant au demi-sang, il ne parut pas à M. Roux qu'il eût assez prononcé les caractères du lièvre. Il alla donc plus loin : mariant les femelles demi-sang au lièvre, il obtint des produits de trois quarts sang lièvre ou quarterons. Ceux-ci se rapprochèrent davantage du lièvre, mais plus encore physiologiquement que physiquement. Le port, le manteau, l'aspect général, la physionomie, l'oreille, la longueur des membres, la patte surtout se présentaient dans une sorte tout à fait intermédiaire, avec des caractères qui n'étaient à proprement parler ceux d'aucun des ascendants. Les animaux se développaient rapidement et se faisaient admirer par ce côté. Ils se sont montrés féconds, mais à un degré moindre que les demi-sang; leurs portées ordinaires n'é-

Fig. 1 à 4. — 1, le lièvre; 2, le léporide; 3, le lapin riche; 4, le lapin d'angora.

taient que de 2 à 5 petits. Ceci ne promettant pas une race assez productive, M. Roux eut l'idée d'un autre procédé, espérant en obtenir enfin le résultat cherché.

Produire le 1/2 sang et à l'aide de celui-ci, arriver immédiatement au 3/4 sang est une opération de croisement bien connue. A ce degré de la production mêler l'un à l'autre les deux sortes de métis — 1/2 et 3/4 sang, — c'est faire à proprement parler un métissage. C'est le mode employé par M. Roux pour réaliser l'idéal rêvé, un produit ayant des caractères et des qualités susceptibles d'être fixés par la génération, une véritable race ayant son individualité et, grâce à un choix judicieux de ses représentants pour la reproduction, conservant indéfiniment son autonomie.

Ainsi faite, la race est théoriquement composée de 5/8 lièvre et de 3/8 lapin. Elle est belle, forte, rustique, précoce et féconde. Son pelage, d'un gris roux, intermédiaire entre la couleur du lièvre et celle du lapin, a toute la consistance du poil du lièvre. Sa tête, pourvue d'oreilles aussi longues que celles de ce dernier, est plus grosse que chez le lapin ; sa physionomie, très-éveillée, laisse facilement percevoir un sentiment de crainte prompt à se manifester ; l'œil est grand, très-ouvert, plus éloigné du sommet que chez le lapin, et partageant à peu près la longueur de la tête en deux parties égales ; les membres postérieurs sont presque aussi longs que ceux du lièvre et se terminent par une patte plus solide et plus forte que ne l'a le lapin. La chair est abondante, mais blanche et d'un goût particulier, qui n'est pas sans analogie avec celui de l'aile de la dinde.

Le croisement poussé à un degré plus élevé, en accouplant une femelle 3/4 sang lièvre avec un lièvre pur, a donné, une fois, une portée de 2 petits seulement. M. Roux n'ayant trouvé aucune utilité pratique à persévérer dans cette voie l'a abandonnée, et n'y est pas revenu. Il n'a point eu la curiosité d'étudier ces produits et de chercher à savoir ce qu'ils auraient donné en les mariant au 1/2 sang ou aux 5/8 lièvre. Les deux octavons ont été vendus de bonne heure, et l'on n'a rien su ni de la couleur ni de la qualité de leur viande.

Le point essentiel à mettre en saillie dans ce qui précède

est la constance de la famille des 5/8 lièvre. Loin de s'affaiblir
en s'éloignant de son origine, elle s'est fortifiée, au contraire.
« La race hybride, a dit M. Broca, ne s'est nullement étiolée.
Après douze ou quinze générations, ses produits sont plus
beaux, plus complets. Ils sont supérieurs en beauté, en force
et en volume aux deux espèces mères. Abstraction faite de
toute considération scientifique, M. Roux a donc obtenu un
résultat pratique des plus importants. Il a créé une race nouvelle, intermédiaire et durable, qui ne retourne ni à l'une ni
à l'autre des espèces mères. »

Mais, je l'ai dit, le résultat ayant été nié de la manière la
plus formelle, quel que soit mon propre sentiment en ce qui
le concerne, je ne le donne que pour ce qu'on voudra bien
qu'il soit, et je passe à l'histoire d'une autre création du
même genre. Celle-ci a eu pour patron un vétérinaire distin-
gué de Bar-sur-Aube, M. Guerrapain, qui l'a racontée en son
temps aux lecteurs du *Journal de la ferme*.

Il s'agit ici de la trouvaille de quatre liévreteaux (1), âgés de
quelques jours seulement. On essaya sans succès de les nourrir
à la cuillère. Alors vint la pensée de les faire allaiter par une lapine à laquelle on enleva les huit lapereaux qu'elle avait mis
bas tout récemment. Les jeunes lièvres avaient faim et soif;
ils s'accrochèrent aux mamelles et burent si bien que trois
moururent indigestionnés. Le quatrième résista et vécut,
fils adoptif de la nourrice. C'était un mâle.

Tout cela se passait en juin 1863. Au printemps suivant,
avant qu'on ait songé à séparer les deux animaux près desquels aucun autre n'avait été introduit, je souligne le fait,
le mâle et la femelle se recherchèrent. Point n'est besoin
d'expliquer le mot, il sera intelligible pour tous. On surveilla
très-attentivement le couple, et l'on eut la certitude d'un rapprochement quatre fois répété. La cohabitation n'en fut pas
moins maintenue. A trente jours de là, cinq petits léporides
naissaient, un mâle et quatre femelles.

L'une de celle-ci, la seule qu'on ait voulu conserver, fé-

(1) Cette expression a mal sonné aux oreilles d'un écrivain dont j'estime beaucoup les travaux; mais je lui en demande pardon, elle est très-licite et parfaitement exacte.

condée par son père, mit bas cinq petits, quatre mâles et une femelle. C'étaient donc des 3/4 sang. A trois mois, on sacrifia deux mâles; ils pesaient — vifs — 2 k. 500.

Le 29 mars 1865, on donna l'un des mâles de cette portée à sa mère. Le 28 avril suivant, nouvelle naissance de sept petits. Ceux-ci étaient des 5/8 lièvre et constituaient une famille qui paraît s'être reproduite *in and in*.

J'ai dû à l'obligeance de M. Guerrapain de posséder un couple de ces animaux dont j'ai précédemment parlé. La femelle est morte des suites d'une hémorragie en mettant au monde sa première portée. Le mâle, devenu veuf, a été le créateur de la jolie race de Saint-Pierre que j'ai fait connaître plus haut.

L'histoire de cette production, parfaitement authentique, n'a pas été critiquée ostensiblement; mais on a chuchoté à mon oreille des doutes qu'on n'a pas voulu ou qu'on n'a pas osé écrire, et auxquels, par conséquent, je ne m'arrête pas par cette raison assez péremptoire; je suppose que ces doutes se présentent avec autant d'embarras que le récit de M. Guerrapain montre de franche sincérité.

Je tiens donc pour vraie la production de ces léporides dont la formule a été libellée en ces termes par M. Guerrapain :

« Prendre des levrauts à la mamelle et les substituer ou les joindre à des lapereaux du même âge, me paraît être le moyen le plus puissant d'infiltrer dans le cœur du lièvre un sympathique attachement pour le lapin. »

J'approuve fort le moyen, mais en supprimant ces mots « ou les joindre ». Il faut substituer les liévreteaux aux lapereaux ou bien ne laisser en compagnie des premiers que deux ou trois de ces derniers.

Il y a ici deux écueils à éviter : trop de lait indigestionne facilement les petits affamés qu'on donne à une nourrice par trop riche, et l'indigestion est toujours mortelle pour des nourrissons de l'espèce lièvre; en second lieu le liévreteau qu'on mettrait au milieu d'une troupe de lapereaux s'y trouverait tellement intimidé qu'il n'oserait prendre sa part de nourriture. Dans ce cas, ce n'est pas la pléthore qui le tuerait, mais la faim (1).

---

(1) Depuis que ceci a été écrit, un fait qui s'est passé dans mon clapier modifie

A propos de la conservation des 5/8 lièvre en leur intégrité, sans retour vers l'une des espèces mères, M. Guerrapain a soulevé des doutes ou des questions d'hérédité qui ont été résolus, chez M. Roux, dans un sens favorable à la conservation de la race, mais que pour le moment je demande la permission de réserver, car chez moi, dans mon clapier d'expériences, les choses ne sont pas encore assez avancées, en ce qui concerne les léporides, pour que je puisse tout simplement laisser parler les faits. Il me faut donc attendre. Produisons d'abord, vérifions les résultats précédemment accusés quant à la création des fameux 5/8, et nous verrons plus tard, s'il y a lieu, comme je n'en doute pas pour mon compte, quels seront les moyens à employer pour confirmer ou fixer le nouveau produit, pour le conserver dans sa forme, dans ses caractères propres, dans ses aptitudes particulières, dans toute sa valeur.

N'oublions pas que nous avons dû faire table rase et que notre tâche consiste aujourd'hui à reprendre l'œuvre contestée de M. Roux. Partie de cette œuvre a été refaite. Beaucoup de léporides sont nés en divers lieux, aux mains de différents expérimentateurs dont la patience a été tout aussitôt épuisée. Ce fait ne doit pas surprendre, car rien n'est vraiment de sujétion plus étroite qu'une expérimentation de longue haleine.

Toutefois une certitude au moins est désormais acquise à la science. Lièvres et lapins peuvent s'accoupler avec fruit et donner des produits dont l'union est féconde. Si le fait ne

un peu mon opinion sur tout cela et vient me prouver, — une fois de plus, — que les assertions doivent bien rarement se produire avec le caractère de l'absolu. Le 1er mars 1870, on m'apporta un levraut qui pouvait avoir une quinzaine de jours. Il venait d'être pris au milieu d'une emblave de céréales d'hiver. Je le proposai immédiatement à une mère léporide qui nourrissait une belle portée de 9 petits âgés de 17 jours. Elle considéra un instant le pauvre petit, qui ne paraissait pas trop rassuré, puis se rua sur lui menaçante. Une main amie, prompte à lui venir en aide, sut prévenir un sinistre et retira de la cabane inhospitalière l'intrus si mal accueilli.

Tout à côté, une fille de cette même léporide, en gésine également, se montra plus compatissante et adopta l'étranger, qui partagea en tout l'existence des huit petits léporides nés 12 jours avant. Au 10 avril, 40 jours plus tard, léporides et petit lièvre vivent encore ensemble et avec la maman.

se renouvelle ni fréquemment ni couramment, il est du moins possible, il est constant, authentique, indéniable.

Il n'y a pas à contester les résultats attestés par M. Guerra-pain. Le mariage d'une femelle 3/4 lièvre et d'un léporide de demi-sang produit le métis 5/8 lièvre, qui jouit avec son pareil d'une fécondité suffisamment active.

Là s'arrêtent, quant à présent, nos certitudes.

Je voudrais bien parler maintenant des léporides de Saint-Dizier. Mais je me trouve ici en quelque embarras. Le père de cette très-nombreuse famille de demi-sang, de trois quarts sang et de 5/8 de sang, est très-certainement un animal sauvage. Mais est-ce bien un lièvre, notre lièvre? Les uns affirment que oui, les autres se refusent à le croire, et certains, je pencherais vers cette opinion, qu'il est plutôt lui-même un intermédiaire, c'est-à-dire un léporide. Il a, très-accentués, plusieurs des caractères de notre lièvre, mais les points par lesquels il s'en écarte sont très-prononcés aussi. Pourtant, s'il était léporide il faudrait bien admettre qu'il a été produit en l'état de nature. Du lapin sauvage il n'a rien, absolument rien, et il diffère pour le moins autant du lapin domestique que du lièvre. J'aurais aimé à voir lever tous les doutes ou toutes les incertitudes qui naissent, en l'examinant impartialement, sans prévention, par l'accouplement avec une ou plusieurs hases. Malheureusement, toutes celles qui ont été élevées à son intention ont péri avant l'âge adulte; l'expérience reste à faire. Elle est en cours à l'heure même où j'écris; mais la conclusion peut se faire attendre, car toutes les hases ne se prêtent pas à la reproduction en captivité. J'en sais quelque chose, et je l'ai déjà dit, si je m'en souviens bien. Cependant, que Bibi soit chair ou poisson, la question du léporide n'en sera pas atteinte pour cela. Elle restera entière, même chez M. Thomas, qui avait décidé d'essayer d'en produire à côté de ceux que tout à la fois on affirme et conteste. Ici donc, à partir du concours régional de Châlons-sur-Marne, l'élevage du lièvre s'est fait sur une certaine échelle. Malheureusement il a été fort accidenté, car tous les individus sont morts, — un à un, — ceux-ci par une cause et ceux-là par une autre. L'un d'eux cependant, avant de passer de vie à trépas, avait, par aventure et par bonheur, fécondé une femelle de la famille de Bibi, — 3/4 sang. Celle-ci a mis bas une portée de 5 léporides qui deviennent d'autant plus précieux que le sang de Bibi est mêlé dans leurs veines au sang du lièvre authentique que tous nous connaissons.

Le père vivait en ménage avec la mère. Par ressouvenir de lapin, celle-ci, dont la plénitude n'avait pas été reconnue, ne pouvant s'éloigner pour accoucher seule, et craignant pour sa progéniture, a tout simplement et traîtreusement mis à mort un époux qui ne pensait pas à mal. Les petits sont orphelins ; mais nous verrons bien ce qu'ils deviendront...

Hélas ! des mois se sont écoulés, et les renseignements ne me sont pas venus. Encore un résultat qui n'a point abouti et dont il n'y a plus lieu de tenir compte. Combien m'ont ainsi fait passer de l'espérance au mécompte !

L'histoire de ces derniers est bien simple, et déjà je l'ai dite en partie, car j'ai parlé un peu plus haut du père de cette nouvelle famille. Pris tout jeune dans les champs, il a été élevé au biberon, ce à quoi il a mis un extrême bon vouloir. Un peu gourmand, le petit fut judicieusement rationné et n'en vint que mieux. Il grandit vite dans le tonneau qui fut sa demeure ou sa prison, et présenta à l'âge de six mois l'un des plus beaux spécimens de l'espèce en notre pays. C'est alors que, par la présence des femelles, on le provoqua aux sentiments les plus tendres. Le garçon n'avait pas « froid aux yeux ». Dès le premier jour, répudiant toute timidité, il fit bonne contenance, et se montra en tous points digne des hautes œuvres auxquelles il n'avait sûrement pas été prédestiné, mais auxquelles une rencontre toute fortuite le destinait. Il alla donc bravement au feu, et soumit victorieusement à sa volonté la jeune lapine craintivement introduite dans la ronde habitation du bouquin. Il y eut bien un semblant de résistance, mais la mâle ardeur de Pierre imposa, et la belle fut à l'instant même prise d'autorité. Au lieu de la bataille prévue et que nombre de précédents fâcheux pouvaient faire redouter, il y eut une brillante victoire pour l'expérimentateur, jusque-là malheureux, et un brillant vainqueur.

Accompli l'acte du mariage, on retira Pierrette pour la livrer au calme. A trente-deux jours d'intervalle, la petite maman donnait naissance à des produits bien impatiemment attendus. Ah! que ce mois-là fut long; avec raison je le constate, puisqu'il fut de 32 jours pleins!

Cependant Pierre n'était pas oublié. De temps à autre on le rappelait aux ardeurs pleines d'espérance du début, mais le gars avait ses jours, et, sur une cinquantaine d'épouses qu'on lui proposa, quatre seulement surent le charmer. La première avait cédé à la violence, il en fut de même des trois autres; il sut les contraindre à le recevoir. Les explications étaient courtes. Pierre alors était un fameux luron, et mettait énergiquement en pratique le *sic volo, sic jubeo.* Il n'y avait point à faire de façons; avant que vînt la résistance sérieuse de la place assiégée, l'assaut était donné et l'affaire enlevée.

Mais ce n'était plus cela lorsque les belles, si agréables qu'elles dussent paraître, n'étaient point agréées. En un clin d'œil, avec la rapidité de la pensée, leur sort était décidé. Pierre leur courait sus, et se mettait en position de les étrangler sans autre forme de procès. Il fallait être prompt et, au risque d'un coup de dent ou d'un vigoureux coup de griffe, s'empresser d'enlever la pauvrette médusée pour la soustraire aux mauvais traitements de ce forcené, à la brutalité criminelle de ce fou furieux.

Ne comprenant rien à cette diversité d'humeur et de dispositions contraires, j'y réfléchis d'autant plus. A force d'y penser, l'idée me vint que Pierre avait accepté et forcé à le recevoir des femelles portant une autre robe que la robe grise. Malheureusement, Pierre déjà n'était plus et je n'avais plus la possibilité de vérifier mes soupçons.

De ce fait même résulte cet autre que je ne possède que des léporides de demi-sang. Ceux-ci sont, à l'heure où j'écris, à leur cinquième génération *inter se.* Ils ne m'intéressent que parce que j'ai l'espérance de posséder un autre Pierre et que celui-ci, s'alliant aux filles laissées par le prédécesseur, réussira à produire des métis de 3/4 sang lièvre et me mettra à même d'obtenir, — moi aussi, — les 5/8 lièvre qui me paraissent être le degré de métissage le plus sûr pour la conservation d'une race définitivement fixée.

Tous mes léporides se ressemblent, mais j'ignore encore si dans la suite la reproduction les montrera toujours semblables à eux-mêmes. Je ne veux et ne puis parler que d'après des faits certains. Du reste, seule aujourd'hui reste à résoudre cette très-importante question de permanence ou de fixité de la création sur tous les autres points : la pratique est désormais complétement édifiée.

Le léporide n'est pas un être de raison. Mais pour n'être pas impossible, le rapprochement entre animaux des espèces qui le procréent n'est pas, je le répète et j'insiste, un résultat qu'on puisse se flatter d'obtenir facilement ou couramment. Beaucoup ont essayé sans succès et se sont fatigués dans l'attente inutile d'une complète stérilité ; d'autres peuvent s'attacher aux mêmes tentatives et n'être pas plus heureux. Peu nombreuses jusqu'ici, relativement au moins, les réussites semblent avoir été bien plutôt de véritables accidents que la suite naturelle de soins spéciaux et d'ailleurs très-éclairés. En effet, peu de lièvres consentent à s'allier à la lapine, et, réciproquement, peu de hases cèdent aux sollicitations les plus énergiques du lapin. De fructueuses amours entre ceux-ci et ceux-là sont à coup sûr une rareté, un résultat tout exceptionnel. Je n'oserais pas dire que j'en tiens le dernier mot, mais je ne crois rien hasarder en affirmant que le mariage du bouquin et de la lapine, ou celui du lapin et de la hase ne s'accomplissent que dans des circonstances à peu près indépendantes de l'action de l'éleveur le plus attentif et le plus expérimenté. J'ai de bonnes raisons pour tenir ce langage, car ce printemps de 1870 sera dans ma mémoire, et dans mes mémoires d'expérimentateur, fécond en sinistres.

Comme tous les hybrides pourtant, celui-ci est véritablement, effectivement, intermédiaire entre ceux qui lui ont donné la vie. Il tient manifestement à la fois du lièvre et du lapin, à la manière du mulet résultant de l'alliance du baudet et de la jument ; à la manière des canidés issus de chien et de louve, ou de lice et de chacal ; à la manière des produits de tout croisement quelconque, ainsi que le montrent d'une façon si accentuée, par exemple, les premiers-nés du bull-dog et d'une femelle de levrier. Les différences physiques ne sont peut-être pas tout à fait aussi appréciables, à première vue, chez le léporide de demi-sang; mais en étudiant de près les caractères mixtes, on les trouve assez tranchés pour faire chez le produit la part du lièvre et la part du lapin.

Pour moi, qui ai maintenant l'habitude d'observer ces petites bêtes, je m'y tromperai rarement. Mes léporides, tout en étant à la fois lièvre et lapin, sont autres; ils ne sont exclusivement en certaines régions ni celui-ci ni celui-là; à peu près également et en tout ils sont intermédiaires, et c'est là précisément ce qui les constitue différents. Un examen superficiel ne rendrait pas un compte sérieux et satisfaisant du fait, il faut voir avec attention une fois pour toutes au moins.

Mais une particularité à noter, c'est que le léporide ne donne jamais ce coup de talon si caractéristique du lapin et tout à fait étranger au lièvre.

Le manteau n'est celui ni du père ni de la mère, et je ne fais pas ici allusion seulement à la couleur, je parle de la fourrure en tout ce qui lui est propre. Jamais lièvre ni lapin n'ont eu cette tête qui a sa caractéristique très-accentuée. L'oreille est nouvelle, l'œil se distingue aussi; il n'est pas noir comme celui du lapin; il ne présente pas ce beau cercle jaune de celui du lièvre; il est feuille morte teintée de brun, et sépare en deux parties égales la distance du sommet de la tête au museau; il est large, très-grand et très-vif. La face a quelque chose de particulier; elle est large et le museau est court. Les membres et la queue sont intermédiaires pour la longueur. Les pattes de devant sont beaucoup plus fines que chez le lapin ordinaire.

La lapine, qui leur donne naissance, accouche à sa manière et dépose ses enfants dans un nid artistement façonné, et chaudement ouaté de l'épais duvet qu'elle s'arrache dans la région des mamelles; mais les petits ouvrent plus vite les yeux que les lapereaux; leur fourrure pousse plus rapidement aussi, et on les voit beaucoup plus tôt sortir du nid pour s'ébattre avec vigueur dans toute l'étendue de la cabane.

Quant à ceux qui naissent de la hase du lièvre, ils se passent de nid, mais ils sont déposés sur un petit tas de litière soigneusement préparé à l'avance par la maman. Leur toilette est lestement faite, et ils se traînent en naissant « comme une chenille», dit M. le baron de Beaufort, qui les a observés. « Au bout de trois jours, m'écrivait cet éleveur émérite en me faisant part d'une naissance, le nourrisson courait très-bien dans sa cage. Pour teter, il se plantait sous la mère, les quatre pattes très-écartées et se tordant le cou. Je l'ai cependant vu deux ou trois fois se mettre sur le dos comme les lapins. Plusieurs fois par jour, la mère se couchait presque sur lui, comme pour le couver, et le dérobait aux regards en le serrant contre la cloison de sa cage. Ayant remarqué que le petit animal était toujours sur un tas de litière bien plus élevée à cette place que dans le reste de la cabane, j'ai appris de mon domestique que, plusieurs jours avant la mise bas, il trouvait tous les matins un tas de litière, fait très-proprement dans le même angle de la cage, mais que ce tas, n'ayant aucunement l'apparence d'un nid, la pensée ne lui était pas venue de m'en parler. Cette éminence a été régulièrement entretenue au même endroit pendant huit à dix jours, après quoi elle a disparu. »

Je n'ai pas observé tant de persévérance chez moi dans les soins de cette nature donnés par la hase non plus à un léporide, mais à ses liévreteaux. J'ai vu les petits se poster contre les barreaux de la cage, loin du père, de la mère et des aînés, qui n'avaient pas encore été retirés, puis, si on les touchait, aller s'abriter derrière l'un quelconque des parents, et surtout derrière le papa qui, alors, se tenait coi tandis que, en toute autre circonstance, il se serait livré à des allées et venues folles et sauvages, suivant toutes les dimensions des trois cabanes réunies, qui formaient l'habitation commune de la petite famille.

Les léporides croissent très-rapidement. Ils vivent en tout comme le lapin, et, comme tous les animaux du monde, chez eux la qualité de la viande est justement, forcément, en raison même de la qualité des nourritures qui la produisent. J'en ai mangé qui avaient le goût délicat de la plus fine volaille; j'ai simplement goûté à d'autres, dont la chair était insapide, ou à peu près.

Il en est ainsi de tous les animaux. Il est des cantons où lièvres et lapins de garenne ne sont rien moins que savoureux ou agréables au palais. En la campagne où se trouve mon clapier d'expériences, un gourmet n'hésiterait pas entre un lapin de garenne et un des lapins de ma petite race de Saint-Pierre, préparés avec le même soin et par la même main : c'est l'animal domestique dont on proclamerait bien haut la supériorité. Tout le secret d'une production de bonne qualité, voire de haut goût, est dans la sorte choisie et la première qualité des matières employées à la fabrication.

Loin de faire exception à cette règle très-générale, lièvres, lapins et léporides la confirment à tous égards.

La fille de hase et de lapin, née au fort d'Aubervilliers, dont j'ai parlé plus haut, était pleine lorsque je l'apportai chez moi, pleine des œuvres de son propre père. Cette fécondation fut le résultat d'une surprise. Le père et la fille s'étaient rencontrés dans la cour du clapier, pendant le nettoyage des cabanes. La cérémonie se fit à la housarde : quinze jours après son installation dans mon clapier, elle donnait naissance à 8 petits que j'avais résolu de sacrifier pour entrer plus rapidement en possession de la mère destinée au lièvre. Je ne me sentais d'ailleurs aucun penchant pour les fils de cet affreux étalon que j'avais vu à Aubervilliers et auquel j'en voulais sérieusement pour le retard qu'il apportait à mes projets sur sa fille. Mais venus les petiots, je me mis à espérer qu'ils pourraient être élevés en compagnie de jeunes levrauts et de petites hases, et que de ces 8 nouveaux couples sortiraient peut-être de nouveaux résultats.

Je les laissai vivre. Ils grossirent, ils grandirent si vite; ils se montrèrent si agiles, si souples, si vigoureux; ils quittèrent si promptement le nid; ils étaient si adroits à saisir le tetin de la maman dès qu'ils avaient faim que je m'y intéressai forcément et me mis à désirer de les voir vieillir assez pour les mettre en expérience. La chose arriva naturellement, nécessairement. Toujours les journées passent, les semaines se suivent et les mois s'échappent. Le jour où je pus distinguer avec certitude les sexes, je formai les couples projetés, et l'élevage s'acheva rapidement, grâce à une alimentation substantielle et à une hygiène très-confortable.

Je donnai à mes animaux ainsi appariés, je donnai pour habitation un tonneau debout et, pour promenoir, une cour oblongue, grillagée. Jamais animaux domestiques ne furent certainement mieux installés, plus richement nourris, plus heureux, je le suppose. Mes léporides de 1/4 sang se partageaient en cinq mâles et trois femelles. Je les avais donc mariés à cinq hases et à trois bouquins. Je possédais encore deux bouquins en ménage avec des lapines, un autre en cohabitation avec une léporide de 1/2 sang, et enfin trois ménages de lièvres et plusieurs levrauts en élevage.

Tout bien compté, cette nouvelle série d'expériences comprenait 14 paires et plusieurs aspirants au mariage.

Ici la marche du temps semblait s'être ralentie; lentement finissaient les jours, lentement passaient semaines et mois. L'impatience se faisait, car si la brouille n'apparaissait dans aucun ménage, il ne semblait point non plus que l'amour y fût entré. Entre futurs l'indifférence n'est pas ce qu'il y a de plus désirable. J'aurais voulu voir fondre cette glace et pouvoir souffler le feu dans les veines de ces jeunes si paisibles. Amoureux transis, ils ne me plaisaient point, et j'observais de près pour saisir enfin quelques symptômes de galanterie.

Tout vient à point à qui sait attendre, dit le proverbe; j'attendis. Un beau matin, je constatai qu'on s'était couru dans les cases des quart-sang mâles et des hases. Le poil en avait volé; il y en avait parmi la litière des tonneaux et aussi sur le béton des petites cours. J'examinai avec attention, je n'aperçus aucune trace de blessure; je me frottai les mains, dans l'attente d'événements prochains, d'événements heureux, cela va de soi. Je me félicitai donc de n'avoir point méchamment étouffé ces quart-sang devenus si beaux, si brillants, si hauts, si larges, si forts, si ardents.....

Oui, la riche alimentation que je donne avait fait ce miracle, et dans les fils, tout à la fois petits-fils de cet affreux animal dont j'ai parlé, rien ne rappelait le père malgré la double dose de sang qu'ils tenaient de lui. Une fois de plus, mieux que jamais encore, je constatai l'heureuse et toute favorable influence de la nourriture sur le développement et la régularité des formes. Je veux supposer que la grand'mère de ces petits, que la hase était belle et même parfaite en son genre, mais le mâle qui l'avait épousée était bien un affreux lapin; et pour surcroît de malheur, c'est lui encore qui avait fécondé sa fille. Eh bien, les enfants qu'il eut avec celle-ci sont aussi beaux, aussi complets que puissent être les produits de cette espèce, aussi beaux en réalité que l'eussent été les enfants de l'étalon le plus remarquable et le plus justement primé dans les concours.

Mais tandis que je glose, les petits, devenus pubères, avaient peu à peu atteint l'état adulte et l'âge de l'accouplement utile. Je parle aussi bien des femelles que des mâles. Bientôt s'allumèrent les passions, et vifs, violents plutôt, se montrèrent les désirs.

En l'état d'indépendance, les besoins génésiques naissent de bonne heure chez le lièvre et chez la hase. Ceux-ci s'accouplent dès l'âge de cinq ou de six mois, un peu plus tôt en pleine saison des amours, un peu plus tard chez les animaux qui naissent tout à la fin ou tout au commencement de l'année, tandis que la nourriture n'est ni très-abondante ni très-succulente. En l'état de captivité, en dépit d'un développement hâtif dû à la richesse et à la succulence des rations, les sexes se rapprochent moins tôt, beaucoup plus tard; quelquefois dès le huitième mois, d'autres fois à la fin de la deuxième année seulement. Les bons soins n'y font rien, et rien ne montre que les facultés génératives se feront ou ne se feront pas actives, sommeilleront toujours ou s'éveilleront dans un laps de temps ou dans un autre. Cela dit bien que l'animal n'est pas conquis, qu'il n'appartient pas encore à la domesticité, car le propre de cette dernière est de perfectionner les facultés prolifiques à l'égal du perfectionnement auquel arrivent les diverses aptitudes sous l'influence de soins spéciaux et d'une hygiène rationnelle. Pour l'animal dont la situation est troublée, c'est-à-dire pour celui qui n'est plus indépendant et qui n'est pas encore domestiqué, les condi-

tion d'existence sont peu favorables. Soit qu'on le compare
à ses pareils restés libres, ou à un animal dont l'espèce est
depuis longtemps civilisée, on ne peut supposer chez lui
des actes physiologiques aussi pleins, aussi réguliers, aussi
complets. Il faut voir ces actes ce qu'ils sont assurément, plus ou
moins contenus, accidentés, suspendus, enrayés, insuffisants
ou incomplets. Or, entre toutes, les fonctions génératrices,
les facultés prolifiques sont atteintes chez le lièvre qu'on retient prisonnier, soit qu'on l'ait enlevé tout petit à l'existence
libre des champs, soit qu'on l'ait fait naître en semi-domes-
ticité de parents capturés peu de jours après la naissance et
élevés en chambre, en cabane étroite plutôt.

En ce qui touche à la production du léporide, voilà un écueil
contre lequel viennent échouer les dix-neuf vingtièmes des
expériences les mieux combinées. La reproduction du lièvre
en captivité n'est point encore régulière. Je ne crois pas
qu'aucun expérimentateur puisse se flatter d'obtenir d'un
couple de lièvres des petits à point nommé, à jour fixe; à plus
forte raison d'un couple composé d'un lièvre et d'une lapine,
d'une hase et d'un lapin, d'un léporide mâle et d'une hase,
d'un bouquin et d'une femelle de léporide. Lapins et léporides
des deux sexes sont dès la puberté en état et en volonté de
se rechercher avec fruit; il n'en est plus ainsi ni du lièvre ni
de sa femelle tenus en captivité, même dans les conditions les
meilleures. Pour ces derniers il y a un inconnu qui devient
une pierre d'achoppement. On ne peut rien savoir de l'époque, même approximative, à laquelle s'ouvrira la période de
fécondité active pour ces animaux, et j'ignore encore par
quels moyens on pourrait en favoriser la venue, faire naître
des désirs, exciter à l'accouplement. La cohabitation, une
nourriture substantielle, ni échauffante, ni débilitante, une
bonne hygiène, la tranquillité, la jouissance paisible de tout
ce confort m'avaient semblé pouvoir déterminer sinon hâ-
ter le résultat cherché. Mes prévisions ne se sont point réalisées. Ai-je placé mes animaux dans une situation trop favorable à la paresse? Non. Le lièvre qu'on n'entoure pas de
tous les soins nécessaires se développe mal, reste chétif et ne
fait pas de vieux os en captivité. Ici, comme en tout, la

science de la santé recommande de se tenir à égale distance des extrêmes. C'est ce que j'ai fait.

J'ai essayé du simple voisinage, mâle et femelle ayant chacun sa demeure distincte et pouvant se voir dans leur cour, pouvant se flairer, se sentir, se reconnaître, se voir autant qu'ils le veulent à travers les vides d'un simple grillage, causer de leurs petites affaires, se conter fleurette, témoigner en la mimique des lièvres de la satisfaction qu'ils éprouveraient à se réunir, et je n'ai pas encore vu jusqu'ici que ce procédé eût plus de succès que la cohabitation complète et constante. Après cela, ma dernière série d'expériences, celle qui a pour théâtre une liévrière en règle, composée de dix ménages, ne date encore que de quatre mois. Pour la peupler, il m'a fallu déranger et transporter les animaux. Or, ceci est grosse affaire. Le lièvre, alors même qu'il n'y paraît pas, aime peu les changements de situation et ne s'y habitue qu'à la longue. Je viens d'en acquérir une preuve qui me contrarie assez par toutes les déceptions qu'elle me cause.

Eh bien, lorsqu'il en est ainsi du lièvre vivant seul dans son logis, tout en participant dans son promenoir à l'existence de ses compagnons, lorsqu'il en est de même des couples de lièvres vivant dans les meilleurs termes et faisant du soir au matin de bonnes parties, se livrant même joyeusement à leurs ébats en plein jour, à l'approche des heures de repas, comment pourrait-il en être autrement des couples formés de lièvres et de lapins, de lièvres et de léporides?

Dans ces ménages forcés, dans ces réunions de sexes que l'amour n'a pas sollicitées et formées, il y a des mœurs différentes et des volontés contraires.

Le lapin et le léporide mâle se montrent pleins d'ardeur auprès de la hase, mais celle-ci, violemment retenue, complétement sortie des habitudes et du *modus vivendi* de l'espèce, ne ressent aucun feu intérieur, et n'éprouve aucun besoin de se livrer aux douceurs du mariage. Elle n'attaque pas, mais elle désire qu'on ne la tourmente point. Elle se tient paisible au gîte, et ne bouge mie. Cette impassibilité n'est du goût ni du lapin ni de son fils le léporide, qui ont de tout autres idées et des dispositions bien différentes. En belle humeur, ils s'approchent hardiment, et sans cérémonie, avec plus de sans-façon encore que de véritable courtoisie, ils font à la pauvrette mise en leur puissance des propositions qu'elle ne sait accueillir ni avec grâce ni à brûle-pourpoint. Si elle est un peu féroce, — c'est l'exception, — elle se défend avec rudesse, et le mâle s'il est quelque peu timide, — ce n'est pas l'ordinaire, — finit par la respecter et demeure fraternellement auprès d'elle lorsque dès sa petite jeunesse il a vécu dans la même cabane. Mais si elle n'a pas cette humeur revêche qui en impose, et si le mâle n'écoute que ses instincts génésiques, elle paye de la vie sa résistance. Les mauvais traitements ne lui sont pas épargnés; elle reçoit force coups de pattes et force coups de dents, qui la déchirent et la mutilent, sans que le traître s'arrête devant la souffrance. Quand le mâle a commencé, il ne s'arrête plus. C'est un affreux bourreau, qui s'acharne sur sa victime et la met sûrement à mort, à moins que par une prompte séparation on ne la délivre des griffes du démon. Alors elle est bien longtemps à se remettre, si jamais elle se remet.

Le lapin n'est pas tendre à la hase qui refuse ses caresses et qui se soustrait à son approche, mais le léporide lui est plus rude encore. Chez ce dernier c'est une rage; il ne tue pas d'un coup, ainsi qu'il le pourrait; il harcèle sans fin ni trève, et fait des plaies qu'il se complaît à aggraver. J'ai eu cinq jolies petites hases, élevées en compagnie de cinq léporides 1/4 sang lièvre seulement, fils de ma léporide venue d'Aubervilliers, mangées, littéralement dévorées dans les régions du flanc et de la croupe, sans compter les estafilades, très-nombreuses, hélas! des autres parties du corps. Et tout cela est reçu avec une incroyable résignation, car on ne retrouve aucune trace de bobo sur le mâle. Quelle lâcheté d'une part et quel stoïcisme de l'autre! ça me révolte, moi l'historien et aussi la victime de ces faits. Que si mes conseils pouvaient être entendus, les choses se passeraient différemment; quelle éloquence ne mettrais-je pas au service de mes propres désirs et comme j'essayerais de la persuasion pour déterminer ces jolies hases à recevoir plus favorablement l'époux que je leur destine, pour les décider à les agréer et à céder à leurs vœux ! Mais non, il me faut voir tout cela et assister de sang-froid à des attaques à peine repoussées et dont l'issue est fatale, à moins que je ne me prononce en temps utile pour un divorce qui lui-même ne mène à rien... Ah ! forcer l'inclination d'une hase n'est pas, je le déclare, chose facile.

Est-ce plus aisé chez le bouquin ? Non, cent fois non. J'en avais deux qui avaient grandi en compagnie de deux léporides femelles 1/4 sang, sœurs des cinq monstres dont je viens de conter les hauts faits. Tant que le besoin de la maternité a sommeillé en elles, c'était plaisir que d'observer ces couples. Grâce et gentillesse d'une part, avenance parfaite d'autre part, tout se réunissait pour me donner les meilleures espérances. Mais trompées dans leur attente par des amoureux retardataires, honteuses et fatiguées de s'être vainement offertes, les amoureuses se sont vengées en tuant, en déshonorant des mâles qui n'avaient pas su reconnaître le prix des avances qui leur avaient été faites. Comme les hases, les bouquins sont morts vierges sans avoir même essayé de ne l'être plus, sans essayer davantage de repousser les coups, de se soustraire aux mauvais traitements, car les femelles ne portaient aucune trace de violence.

Quelle étrange chose ! un animal qui a bec et ongles, qui est puissamment armé par la nature, et qui ne se met pas en garde contre les attaques d'un ennemi qui n'est pas autrement conformé que lui, et qui n'est ni plus grand ni plus lourd que lui, qui est bien moins agile que lui ! Le lièvre sait pourtant se battre, mais il ne se bat guère que contre ses pareils, et il y déploie vraiment un courage formidable.

Heureusement tous ne sont pas vis-à-vis des voisins d'humeur aussi pacifique. J'en possède qui tiennent en respect lapines ou léporides femelles. Celles-ci ont rendu les armes ; elles ne maltraitent point le mâle avec lequel elles sont forcées de vivre, mais lui, s'il les regarde, n'y touche point, et ceci fait mon désespoir... J'attends néanmoins dans l'espérance qu'un jour viendra où il cédera aux sollicitations de l'amour.

Et ce jour sera le bien-venu, car je n'ai point encore ob-

tenu le 3/4 sang lièvre, celui qui doit me donner les moyens
de fixer le léporide et d'en confirmer la race.

Là est l'intérêt actuel de mes expériences. En dépit des
caractères qui le distinguent de ses auteurs, et qui le font
intermédiaire entre ses ascendants, le léporide proprement
dit, le métis de premier sang n'est pas assez éloigné du
lapin pour que à première vue l'œil soit frappé. Un examen superficiel ne suffit pas à le reconnaître, à le classer,
à le nommer. Il faut donc aller au-delà pour résoudre sans
conteste, en ce qui la touche, la fameuse ou prétendue loi
de retour qui ne remplit pas dans les accouplements le rôle
considérable que lui attribuent quelques zootechniciens et
quelques naturalistes dont les opinions, au surplus, méritent
d'être équitablement pesées et ne peuvent être définitivement
écartées qu'après expérimentation achevée.

Pour le moment, il ne me reste plus que deux observations
à consigner dans ce livre, ou mieux que deux faits à relater
avec quelques explications à l'appui. Le premier a trait au
manteau, à la fourrure des léporides ; le second à la chair
des léporides de 1/4 sang dont je viens de parler avec
quelque complaisance, avec quelque amertume serait sans
doute plus exactement dit.

L'étude attentive ou même un peu minutieuse de la robe
des léporides montre, je le répète encore, la fourrure de ces
hybrides autre que ne sont les manteaux du lièvre et du lapin, leurs auteurs immédiats. Elle est composée de deux
sortes de poils : de poils rudes ou jarre, très-longs, de la couleur des poils de même sorte du lièvre, qui donne ainsi à
l'animal son pardessus, et de poils courts, formant une épaisse
toison, laquelle est en réalité le vêtement de dessous. C'est
le duvet qui recouvre immédiatement la peau et enveloppe
chaudement le corps, faisant l'office de ces étoffes que nos
tailleurs nous vendent sous le nom plus ou moins exact d'*é-
dredon*. Le duvet, à la fine structure, est efficacement protégé par les longs poils ou enveloppe extérieure ; il revêt
plus le caractère apparent du duvet propre au lapin que le
caractère apparent et la couleur du duvet propre au lièvre.
C'est le contraire pour les poils d'autre sorte.

Tel est le manteau des premiers hybrides, des produits de première génération, directement issus du lièvre et de la lapine, ou de la hase et du lapin.

Mais à partir de la seconde génération, dans presque toutes les portées données par les léporides de 1/2 sang se reproduisant entre eux, se voient un ou plusieurs petits dont la fourrure se montre bientôt différente. Le duvet s'allonge considérablement; le jarre est beaucoup plus rare ; le manteau tout entier prend un caractère soyeux, qui n'est celui du duvet ni du lièvre ni du lapin. Le poil, la soie, voulais-je dire, est d'une finesse et d'une douceur extrêmes, de nuance légère mais variable, havane chez quelques animaux, d'un beau gris cendré chez d'autres, ardoise plus foncé ou fauve brillant et doré chez d'autres encore.

Le premier né de ces léporides longue-soie, seul dans la nichée, dont il faisait partie, ne m'était apparu que comme un accident, mais d'autres étant venus à la suite, et cette production se répétant dans les mariages entre léporides de 2e, 3e et 4e génération *inter se,* le fait a nécessairement attiré mon attention. J'ai laissé grandir ces animaux longue soie, et je les ai accouplés entre eux, m'attendant à voir naître des produits différents : les uns longue soie aussi, les autres en tout semblables à leurs ascendants par la nature du manteau. A l'heure qu'il est, j'ai obtenu deux belles nichées l'une de 9, l'autre de 8 petits ; tous sont longue soie. Voici donc que le caractère nouveau s'est reproduit tout entier, chez tous, dès la première tentative de reproduction. Eh bien, voilà encore qui n'est guère favorable à la loi de réversion. Mais le fait est trop récent, il faut pour qu'il acquière une signification précise qu'il se répète sur un certain nombre de générations. Pour obtenir celles-ci, il faut le temps; j'y mettrai le temps, car cet imprévu me vient réellement en aide pour les démonstrations que je demande à l'expérimentation.

C'est donc toujours au point de vue de l'hérédité que sont menées et étudiées les expériences que j'ai établies et que, malgré de sérieuses difficultés et de grosses dépenses, j'espère conduire à bonne fin.

Maintenant, quelle peut être la source de cette importante et très-inattendue déviation de la fourrure des léporides, à partir de la deuxième génération de ces hybrides entre eux, et pourquoi ne s'est-elle encore, en aucun cas, fait observer dans les produits de la première génération?

Ma première pensée avait été que parmi les ascendants des producteurs lapins mariés au lièvre il y avait sûrement quelque angora. Après enquête, après des recherches et des informations très-sûres, j'ai dû renoncer à cette interprétation et reconnaître que la reproduction des léporides longue-soie n'a rien emprunté à un coup en arrière, n'est point par conséquent un effet d'atavisme.

Que s'il me faut absolument donner ici une explication, je dirai : Dans tout mélange des espèces, le produit, selon toute apparence, ne sort pas du premier jet, complet; mais encore inachevé, pour ainsi parler, d'une première rencontre, au premier sang, dès la première génération en un mot. Il reste sans doute, après cette ébauche plus ou moins incertaine, à parachever une œuvre imparfaite, à terminer cela qui a seulement pu être commencé. Or, ce travail sera la tâche des générations ultérieures, pendant le développement desquelles s'établit peu à peu, *gradatim*, le nouvel équilibre vital de l'animal qui survivra, j'allais dire de la nouvelle espèce qui surgira pour prendre place au milieu de celles qui appartiennent depuis longtemps à l'homme.

Au surplus, le poil des léporides de 1/2 sang, à ne considérer que sa longueur, est déjà un acheminement vers la longue-soie. Le manteau et les caractères de la tête sont, chez les produits directs du lièvre et du lapin, très-différentiels et très-accentués.

Pour en dire plus, attendons les faits qui se produiront par la suite. Pour ma part, je ne veux rien prédire, rien prévoir. Mon parti est bien pris; je n'entends donner la parole qu'aux faits; la vérité seule, quelle qu'elle soit, peut me donner satisfaction.

Il m'est venu aussi à la pensée que la longue soie des léporides pourrait fournir à l'industrie une nouvelle matière première propre à la fabrication d'étoffes légères de luxe, soit qu'on l'emploie seule, soit qu'on la mélange à de très-belles qualités de coton, de laine, de cachemire ou de soie. C'est une prétention un peu haute, mais pas trop haute, attendu que cette longue soie supporte toutes les sévérités d'examen des connaisseurs. Je suis donc en train de produire et de récolter des toisons en quantité suffisante pour un premier essai qui conduira à d'autres en cas de réussite. Rien encore ici que des espérances, dont il faut attendre ou la réalisation ou l'évanouissement.

Je puis toutefois dire dès à présent que la fourrure des léporides longue-soie diffère de celle des lapins d'angora en ce qu'elle ne se pelotonne pas et ne tombe pas par mèches à la maturité; elle ne vient pas au peigne lorsqu'on passe cet instrument sur l'animal. Pour l'avoir, il faut tondre ce dernier comme on tond la brebis. C'est une particularité qui devait être notée au passage.

En ce qui concerne la viande des léporides de quart sang, petits-fils de hase, elle n'est plus blanche comme celle du lapin ordinaire, elle n'est plus simplement striée de rouge comme celle du lapin de Saint-Pierre, ou légèrement rosée comme celle des léporides nés de bouquin et de lapine, elle est de couleur noirâtre, d'une nuance qui n'a même rien d'agréable à l'œil. Je lui trouve sous ce rapport deux pendants, la couleur du mulâtre et la couleur de la pintade, deux nuances peu plaisantes. On s'habitue aisément à la couleur de la peau du mulâtre; on se raccommode bien vite avec la couleur peu avenante de la peau de la pintade lorsqu'on goûte à sa chair. Il en est de même de la viande exquise de ce léporide. On la mange avec plaisir, avec sensualité, pour peu qu'on soit ou gourmand ou gourmet, soit en civet, soit en rôti. C'est morceau de choix et très-délicat qu'un derrière de ce léporide à la broche. Crue, la viande est rouge et très-riche en sang; cuite, elle est, je le souligne, plus noire que blanche.

Mes vues sur la mère de ces produits n'ont pu se réaliser. Elle m'a tué un magnifique bouquin qui n'avait pu se décider à l'épouser. Ce n'était pas le cas de risquer le massacre de plusieurs autres. Je l'ai mariée à un maître léporide, dont les dix enfants sont bien venants.

Il me tarde de savoir ce qu'ils seront comme viande, si leur chair aura une teinte encore plus foncée. Ils restent, eux, 1/2 sang : leurs aînés, on se le rappelle, étaient 1/4 sang lièvre seulement.

P. S. Au moment où je corrige l'épreuve de cette fin d'article m'arrive la lettre suivante, que je reproduis *in extenso*. Elle contient une appréciation de la longue soie, relative à la chapellerie, et vient de MM. Bonnet frères, gros fabricants à Tarascon-sur-Rhône.

« Monsieur, nous avons reçu votre honorée lettre du 9 courant (juin 1870) et l'échantillon de poil qu'elle contient.........

« Le poil de léporide longue-soie présente les caractères extérieurs du poil de lièvre ; il en a le *pied* blanc, les ondulations, l'éclat soyeux. Un de nos amis d'Avignon, coupeur de poil, à l'examen de qui nous l'avons soumis, nous a dit : « C'est du poil de lièvre. »

« Ce serait sans doute pour la pelleterie une bonne acquisition. Les pelletiers fourreurs teignent les peaux de lapin pour imiter certaines fourrures plus chères et recherchent les longs poils. Cette toison prendrait à la teinture plus d'éclat que le poil de lapin. Pour la chapellerie le poil serait bien long ; le poil de longueur moyenne vaut mieux pour le feutrage.

« Pour savoir quelles sont ces propriétés, il faudrait avoir des peaux, les préparer, les tondre, en feutrer le poil. C'est un essai que nous ferons sur nos léporides quand ils auront multiplié. Pour les poils ou laines qui n'ont à subir d'autres préparations que le filage et le tissage, on peut, *de visu*, pronostiquer le résultat qu'ils produiront, mais les matières destinées au feutrage sont souvent si profondément modifiées par le foulage, qu'il est prudent de ne rien préjuger d'avance.

« Le pelage des léporides ordinaires et lapins de Saint-Pierre n'a plus, comme l'échantillon cité plus haut, cette ressemblance frappante avec le poil de lièvre. Il se rapproche du poil de lapin, dont il a le *pied* bleu, mais il est plus soyeux. Tout ceci, du reste, n'est que superficiel ; ce n'est qu'après le feutrage et un travail complet qu'il serait permis de se prononcer. Si, comme nous le présumons, ce poil tient le milieu entre le lièvre et le apin, il vaudra 50 p. 100 de plus que le poil de lapin ; la moyenne étant, au kilog., de 15 fr. pour le lapin et de 30 fr. pour le lièvre.

« Ce serait une grande conquête pour l'industrie du vêtement. Le poil de lapin domestique manque de l'énergie propre au lapin sauvage et au lièvre, de la résistance au travail et à l'user, qui caractérise plus particulièrement le poil de lièvre. D'autre part, la peau de lièvre se raréfie tous les jours de plus en plus sur les marchés de peaux; les paysannes russes, plus aisées qu'autrefois, s'en font des fourrures, et il s'en vend moins aux pelletiers, tandis que l'on peut produire à volonté du lapin de clapier et du lapin de garenne.

« Au point de vue de la chapellerie, la couleur gris-bleu des léporides et lapins de Saint-Pierre est bonne. C'est celle qui fait les meilleures nuances de chapeau, c'est celle surtout qui indique la plus grande énergie au feutrage (1). La vigueur du poil décroît à mesure que la couleur s'éclaircit, le poil blanc est celui qui *marche* le moins au feutrage; le lièvre blanc de Chine ne feutre presque plus, on dirait du coton; il n'a plus qu'une faible étincelle de cette vitalité qui survit à la mort de l'animal.

« N'y aurait-il pas quelque rapport entre l'énergie du poil et les qualités comestibles de la chair? Ce rapport existe bien net entre le lapin sauvage et le lapin domestique. Le premier a le poil vigoureux, la viande ferme, dense; le second, le poil mou, la chair molle. Ce rapport ne continuerait-il pas entre le lapin domestique gris et le lapin domestique blanc? Ces indications intéressent l'éleveur. Il nous souvient d'avoir lu un extrait d'un ancien auteur, peut-être Olivier de Serres, qui trouve que les chevaux blancs sont plus mous que les autres. Vous comprendrez avec quelle circonspection nous devons toucher à ces matières qui nous sont étrangères; *ne sutor ultra crepidam*. Nous terminons cette trop longue lettre, que des circonstances indépendantes de notre volonté, nous ont privés de vous envoyer plus tôt.

« Veuillez agréer, etc.

« Bonnet frères.

« Tarascon-sur-Rhône, 1er juillet 1870. »

(1) Pour le poil de lapin.

Fig. 5. — Le lapin commun.

LES INSECTIVORES.

L'insectivore est celui qui fait sa principale nourriture des insectes.

Parmi les nombreux mammifères qui méritent plus particulièrement cette désignation, il en est jusqu'à trois espèces que je puis nommer et dont il y a lieu de respecter la vie au moins dans certaines limites. On ne le sait point assez, en dépit de mille et mille avertissements, et, par ignorance, l'homme enveloppe malencontreusement ses meilleurs, ses plus actifs auxiliaires dans la proscription générale dont il frappe à bon droit les nuisibles. Tuer indistinctement n'est pas judicieux; détruire ceux qui vous rendent de bons services est maladroit. On fortifie ceux qui nuisent en ne favorisant pas l'œuvre de leurs ennemis naturels, en affaiblissant par trop ces derniers. C'est faire acte de prévoyance et de puissance que d'opposer les bons aux méchants. Agir en sens inverse, c'est, suivant une locution vulgaire, tirer sur ses pigeons. Sans doute on n'agit pas ainsi sciemment; mais pour ne point opérer sans discernement, pour ménager les utiles et frapper avec certitude de profit sur les autres, il faut au moins connaître ceux qu'on a intérêt à conserver.

Étudions-les donc.

Ils sont trois, ai-je dit : la *musaraigne*, le *hérisson*, la *taupe*.

LA MUSARAIGNE.

Plus connue sous l'appellation de *musette*, la musaraigne est petite entre tous les petits quadrupèdes. Son nom composé, — *souris araignée*, — rappelle tout à la fois sa petitesse et sa ressemblance avec certaines espèces de rats : le campagnol, par exemple, et la souris ordinaire. Il y en a plusieurs, cela va de soi. Toutes proches qu'elles soient, elles ne se mêlent point, elles restent distinctes, on le croit, mais on les connaît mal. Dans le nord de la France, on ne confond pas seulement la musaraigne commune avec les divers petits animaux que l'on désigne sous la dénomination générique de *souris de terre*, on lui applique aussi parfois le nom de *taupe*. Or, dit M. de Norguet, ce n'est pas sans une certaine raison, attendu que les musaraignes se rapprochent bien plus des taupes que des rongeurs. Buffon avait écrit plus exactement encore : « La musaraigne semble faire une nuance dans l'ordre des petits quadrupèdes, et remplit l'intervalle qui se trouve entre le rat et la taupe. » En effet, son nez allongé donne à sa tête une forme pointue; ce nez est très-mobile. Plus petits que ceux de la souris, les yeux sont néanmoins plus gros que ceux de la taupe, mais cachés de même. Les oreilles sont très-courtes; il y a cinq doigts à tous les pieds; les membres sont très-courts; le pelage est doux, épais, à poil ras; la queue est longue et très-pointue; sa couleur est d'un gris plus ou moins brunâtre. Tout bien examiné, on trouverait entre la taupe et le rat autant de ressemblance que de différence. Buffon a dit vrai, l'animal est intermédiaire.

Sous ce rapport, son nom a été admirablement trouvé, car il témoigne aussi de l'habileté que déploie la petite bête à s'emparer des insectes dont elle fait sa proie habituelle.

La musaraigne (fig. 6 à 10) n'est pas un ennemi qu'il faille poursuivre à outrance. Si on ne réussit pas complétement à la faire accepter comme un auxiliaire indispensable, dont il y aurait lieu peut-être de favoriser la reproduction utile, il ressort tout au moins de sa connaissance plus intime qu'en la laissant vivre on obtient d'elle de réels services en ce sens qu'elle détruit les insectes au temps où ils nous causent le plus de dommages. Si donc, à une autre époque de l'année, elle vient partager avec nous partie des biens que ses chasses fructueuses à l'insecte nous ont conservés, il ne faut pas se montrer plus sévère ou plus exigeant que de raison, car elle

Fig. 6. — La musaraigne à queue de Rat.

ne nous porte pas un préjudice égal ou supérieur au bénéfice que nous lui devons, et à supposer donc qu'il y ait seulement compensation entre les torts et les bienfaits, elle mériterait encore certains ménagements, car son utilité ressortit à tout son effet dans la saison où les insectes qu'elle dévore ont la vie la plus active et les besoins les plus grands.

Pour compléter cette pensée et pour en faire mieux sentir la portée, il faut dire tout de suite le genre de vie du petit animal, particulièrement étudié dans l'espèce la plus répandue, celle que les naturalistes nomment — la musaraigne ordinaire (fig. 7) et celle que le vulgaire désigne communément sous le nom de *musette*.

Plus courte que le mulot, moins longue aussi que la souris, cette musaraigne mesure environ sept centimètres jusqu'à la queue. Celle-ci ajoute toujours une demi-longueur à l'autre, soit donc 3 centimètres 1/2. C'est une caractéristique. Sa forme est allongée, étroite, presque cylindrique; son poil est velouté, d'un gris noirâtre en dessus, d'une nuance cendrée en dessous; ses pattes sont petites, armées d'ongles crochus, impropres à fouir. Peu agile, elle court mal et ne terre jamais; enfin elle exhale en tout temps, mais plus fortement à l'époque où les sexes se recherchent, une odeur pénétrante rappelant plus ou moins celle du musc. Cette odeur provient de la sécrétion de glandes particulières, qui ont leur siége aux flancs de l'animal. Cette odeur ne plaît point aux chats; on lui rapporte tout au moins la répugnance à peu près générale et invincible que Mitis manifeste pour la viande de musaraignes. Rodilard chasse celle-ci avec succès; il la met à mort sans sourciller, et c'est bientôt fait; mais il ne la mange pas, comme il mange la souris. Il la guette,

Fig. 7. — La musette.

la surprend sans fatigue, l'attrape sans efforts, parfois la pelotte en se jouant et puis la tue. A une certaine époque, il y en avait en grand nombre à l'École vétérinaire d'Alfort: pour en diminuer la population, on leur opposa un chat ou plus exactement une chatte, qui prit plaisir à les exterminer. Elle y passait des journées; jamais on ne la vit goûter au morceau, mais elle venait ranger toutes ses prises à côté les unes des autres, à quelque distance de la retraite principale qu'elles s'étaient choisie, et où elles ne rentraient plus dès que la bête cruelle les en avait vues sortir. Cette manière d'aligner ses prises est tout au moins originale. N'était-ce point une façon de dire avec orgueil et satisfaction au maître : Vois et reconnais si je m'acquitte honnêtement des devoirs que tu m'imposes : c'était une chatte modèle.

Au plus simple examen de la bouche et des dents de la musaraigne, le naturaliste découvre que la petite bête est organisée pour vivre d'insectes. Elle se nourrit effective-ment d'araignées, de petits coléoptères et de leurs larves, de vers et autres bestioles à sa portée. Elle les poursuit là où elle trouve sécurité pour elle-même, c'est-à-dire dans les prairies, dans les champs couverts, dans les buissons, les haies, les bois. Elle y met quelque acharnement et une certaine satisfaction. C'est ainsi du moins que j'inter-prète le petit cri aigu, retentissant, qu'elle jette dans les airs au moment où le succès a couronné ses efforts. C'est la même note qu'elle fait entendre dans les soirées calmes où rien ne trouble sa sérénité et aux époques où l'amour se montre pour elle plein de douces promesses.

Voilà sa vie extérieure, celle qu'elle mène assez paisible-ment tant que la victuaille préférée, tant que l'insecte donne et peut être poursuivi sur le sol. Alors elle se tient plus ou moins éloignée de nos habitations. Durant le jour elle se réfugie et se cache dans les troncs d'arbre creusés par l'âge, dans les bâtiments en ruine, dans les trous de taupe ou simplement sous les feuilles sèches et dans les trous des murailles. Mais quand la nourriture manque dehors, quand les rigueurs de l'hiver la suppriment à la surface du sol, elle cherche d'autres abris, et les rencontre dans les granges, sous les meules et jusque dans les écuries ou les greniers de nos demeures. En cela, elle se comporte comme tous les animaux de la création, elle va où les provisions de bouche l'appellent. L'hirondelle nous quitte quand l'insecte fait défaut à son appétit, et nous revient juste à l'heure où elle sait qu'elle peut abondament moissonner, au-dessus de nos têtes, des proies vivantes dont elle a mission de nous débar-rasser; elle et les autres insectivores ailés font dans les couches inférieures de l'atmosphère la même besogne que la musaraigne et les autres insectivores terrestres à la surface du sol ou à certaines profondeurs de sa surface. Pour donner une idée de la destruction des insectes par l'oiseau, on a compté, compté, compté les exigences de leur bienfaisante voracité, et les résultats du calcul ont été déposés en maints écrit, pour que nul n'en ignore. La mésange, par exemple, qui mène à bien chaque année trois belles nichées, les élève abondamment, et y emploie en moyenne 120,000 vers et insectes. C'est quelque chose. C'est effrayant quand on songe à la prépondérance que prendrait sur le globe l'insecte si venaient à faillir à la tâche qui leur incombe les destructeurs nés de cette vermine.

Parmi ces derniers, la petite musaraigne tient sa place. Écoutez plutôt : « Quand on les tient en captivité, dit le docteur Gloger, les musaraignes mangent chaque jour une quantité d'insectes, larves ou vers, équivalant à deux fois le poids de leur corps. Qu'on évalue donc la masse d'insectes et de vers que consomme dans le cours d'une année un si petit animal ; elle fera plus de sept cents fois son propre poids. »

En toutes choses il faut, autant que possible, se garer de l'exagération. Ici le calcul est forcé, attendu que la musaraigne ne vit pas d'arachnides, de vers, de coléoptères et de larves pendant les 365 jours de l'année. Il y a donc une défalcation à faire ; mais les services qu'elle rend n'en sont pas moins importants et plus étendus qu'on ne le croirait si on n'y regardait pas de façon à bien voir.

Maintenant, on a soulevé une autre question, celle-ci à savoir : sait-on bien si parmi les insectes dont elle vit si grassement la musaraigne ne dévore pas de préférence ceux que nous pourrions mettre au nombre des plus utiles, puisque, — cela est bien avéré, — il en est qui détruisent nos ennemis sans nous causer eux-mêmes aucun dommage ? La remarque a du bon : il est sûrement regrettable de ne pouvoir pas y répondre d'une manière satisfaisante. « Ce n'est pas tout en effet, écrit M. Eug. Noël, que de dire d'un oiseau, d'un mammifère ou d'un lézard : « C'est un insectivore. » Puisqu'il y a des insectes utiles, il faut savoir encore s'il n'aurait pas pour ceux-là quelque préférence funeste. Les plus innocents des êtres en apparence peuvent causer quelquefois de véritables désastres. Pour juger des êtres qui nous entourent, nous ne les avons pas encore suffisamment observés dans leurs habitudes, dans leurs mœurs, dans leurs combats, dans leurs jeux. Ils ne faut pas croire qu'ils ne tuent que pour manger, ils se livrent les uns aux autres des batailles qui semblent n'avoir d'autre mobile que le point d'honneur. Ces batailles n'en sont pas moins exterminatrices. »

M. Eug. Noël a grandement raison. L'histoire naturelle a été lancée dans une voie très-large, mais elle s'est peu assujettie à découvrir ou à donner les notions qui seraient le plus profitables à la pratique. Il en résulte qu'elle se tient dans les hautes régions du savoir, et qu'elle ne descend pas au niveau de ceux qui en retireraient le plus d'avantages si elle leur portait les enseignements qui seuls les intéressent.

Cependant, la question n'est pas précisément une révélation ; elle a déjà préoccupé des esprits sérieux, et, par exemple, je lis dans un ouvrage populaire, publié sous le patronage de la Société protectrice des animaux, cette phrase très-significative : « Qui a montré aux oiseaux insectivores à ne jamais toucher ni aux grillets ni aux bousiers, insectes utiles, tandis qu'ils font une guerre acharnée aux insectes malfaisants, si ce n'est Dieu, le suprême ordonnateur de toutes choses? » Dieu a tout créé, tout ordonné, mais l'homme, qui a charge de son propre bien-être, doit tout connaître et tout étudier. M. Noël n'accuse pas précisément la musaraigne de nous nuire, mais il ne trouve pas que tout soit dit à son avantage lorsqu'on l'a définie un insectivore. Il a raison de vouloir qu'on aille au delà du mot, et qu'on s'enquière ; il a d'autant plus raison qu'à l'appui de son opinion, fort sage en soi, il apporte un exemple bien propre à nous édifier tous. Voyons donc, ceci en vaut vraiment la peine :

« Peu d'années, écrit-il, après la découverte de la fécondation artificielle des œufs de poisson par les deux pêcheurs des Vosges, Remi et Géhin, lorsque la pisciculture commençait à se propager, j'ensemençai de truites un ruisseau que j'avais fait disposer pour cette expérience. L'éclosion se fit on ne peut mieux ; il ne s'agissait que de nourrir l'alevin.

M. Berthot, qui dirigeait alors l'établissement d'Huningue et que j'avais consulté, m'avait répondu : « Donnez-lui du frai de grenouille. » Je suivis son conseil ; mais ni M. Berthot ni moi ne savions cette circonstance que l'éclosion des œufs de truite, en Alsace, précède l'éclosion du frai de grenouille, tandis qu'en Normandie le contraire a lieu. Mes petites truites venaient donc d'éclore lorsque je jetai parmi elles du frai de grenouille ; mais l'alevin, après son éclosion, resta six semaines immobile au fond de l'eau, sans songer à prendre aucune nourriture. Pendant ce temps, je vis le frai de grenouille donner naissance à des milliers de têtards. Je crus cependant qu'il ne pouvait y avoir à ce mélange aucun inconvénient. Si les têtards, déjà un peu gros, ne pouvaient servir de nourriture au fretin, au moins, me disais-je, ne le mangeront-ils pas. Le têtard, en effet, est herbivore. La science, d'après son organisation, l'a déclaré tel, et la science ne s'est pas trompée. Mais de quelle humeur est-il ? Voilà ce qu'il eût été, pour moi, utile de connaître.

« Mes truitons, trop petits pour dévorer leurs compagnons, se faisaient un jeu de leur mordre la queue. Ceux-ci, de leur côté, avaient grande joie à se défendre contre les taquineries de ces bestioles. On s'attroupait, des batailles avaient lieu, et tous ces vermisseaux s'écharpaient. Qui les excitait à de tels combats ? le point d'honneur !

« Mes truitons périrent à cause de la fierté des têtards et par leur propre orgueil. Mon réservoir se dépeupla, et je payai les frais de la bataille. Supposez chez les têtards ou chez les truitons un peu d'indolence, ce désastre était évité. Il faut donc, pour déclarer un animal utile ou nuisible, le connaître autrement que par la dent.

« Malheureusement, les musaraignes, comme tant d'autres, ne sont jugées que d'après leur système dentaire ; ce n'est point assez. Il faudrait que quelqu'un s'occupât (fig. 8) de les regarder vivre. Les savants ont trop l'habitude de s'en tenir au cadavre ; aussi que d'erreurs auront à relever les observateurs pratiques.

« Nous ne saurions trop répéter que touchant les mœurs

des animaux nous ne savons presque rien. C'est là pourtant
ce qu'a besoin de savoir le cultivateur. »

Par anticipation, j'avais donné gain de cause à ce petit
plaidoyer en faveur de la pratique, un peu trop abandonnée
à ses croyances, vraies ou supposées. Celles qui ont la vérité

Fig. 8. — Squelette de musaraigne.

pour fondement ne donnent pas toujours, faute de lumière,
toute leur utilité; les autres créent ou entretiennent des
préjugés plus préjudiciables qu'inoffensifs. La musaraigne
offre à l'appui de cette assertion un exemple tout à fait remarquable.

La musaraigne participe-t-elle des animaux hibernants?
Les uns disent oui; d'autres croient que non; le grand
nombre se tait, ne sachant rien à cet égard. Parmi les premiers s'est presque rangé un naturaliste, mon ancien professeur, le timide mais consciencieux Desmarest : il se pourrait, enseignait-il, que la plupart des musaraignes de nos
pays septentrionaux passassent l'hiver engourdies dans des
trous souterrains.

La question a son importance; elle mériterait d'être élu-
cidée. Si elle dort pendant la saison d'hiver, la musaraigne
nuit peu au cultivateur alors même qu'elle se retire ou dans
sa grange ou dans son grenier; alors ce terrible chef d'accusation est mis à néant. Pour le combattre néanmoins il y aurait à dire encore : si lorsqu'elles ne trouvent plus aux
champs

> Le moindre petit morceau
> De mouche ou de vermisseau,

toutes les musaraignes ne se réfugient pas en des lieux

où elles puissent trouver à leur portée les grains nécessaires à leur alimentation, c'est à coup sûr qu'elles peuvent s'en passer, car elles ne font point de provisions. Jamais, au grand jamais, on n'a trouvé de grains dans leurs retraites. Reste ce fait : un certain nombre se retirent dans les gerbiers, dans les étables de nos animaux. Cela est incontestable, mais un certain nombre seulement. Beaucoup d'autres ne pénètrent jamais dans nos bâtiments. Est-ce la majorité? je n'en sais vraiment rien, mais celles qui vont se cacher sous les fumiers ou dans des souterrains ne paraissent pas en sortir pendant l'hiver pour aller chercher pâture quelconque.

Quoi qu'il en soit néanmoins, j'ai déjà pris sur tout cela mes conclusions : à supposer une petite consommation de grains pendant la morte saison, la masse des insectes dévorés pendant la plus grande partie de l'année, alors que la nourriture est exclusivement animale, forme assurément une ample compensation à la condition, bien entendu, que la destruction des insectes ne s'attachera pas, par goût ou par privilége spécial, à ceux qui, vivant en quelque sorte de leurs pareils, sont pour l'extermination des espèces herbivores, frugivores ou granivores, des auxiliaires puissants et de l'utilité la plus haute. Mais pourquoi supposer une préférence qui certes n'a aucune raison d'être. En attendant que des observations exactes, plus suivies, nous éclairent sur ce point, bornons-nous à penser que la musaraigne ne choisit pas, qu'elle mange indistinctement, et ceux-ci et ceux-là ; puis persuadons-nous bien que si parmi les utiles la totalité des générations était respectée, d'autres inconvénients surgiraient qui nous forceraient à intervenir directement. Le fait raconté par M. Eug. Noël porte avec lui son enseignement, que je veux faire ressortir à cette place.

On prend mille précautions pour faire éclore des masses de petites truites, et l'on réussit à souhait. Mais ce n'est là que partie de la besogne. Après l'éclosion viennent les exigences de l'alimentation. Celles-ci, mal remplies, ont laissé l'alevin sans nourriture suffisante. Par contre, la proie vivante qui lui était destinée se transforme et ne peut plus lui servir d'aliment. Malgré cela, poussés par le sentiment impérieux de la faim, les truitons s'essayent; ils s'attaquent à la queue de ces gros têtards qu'ils ne peuvent avaler; en détacher un morceau ferait bien leur affaire, mais les porte-queues ne s'y prêtent pas; ils se défendent, on se bat, on s'écharpe, et ceux qu'on avait voulu élever avec soin succombent sous les mauvais traitements autant que sous les effets de la faim. Petit poisson ne peut devenir grand qu'à une condition, c'est que Dieu lui prête vie. Combien d'éclosions artificielles ont péri sous les étreintes de la misère. La misère est ici la compagne nécessaire de l'ignorance; en tous lieux la science pure, qui est une vive lumière, la dissipe comme par enchantement.

C'est la connaissance exacte d'elle-même qu'il faut appeler au secours de la musaraigne, car plus que toute autre, la pauvre petite est victime des préjugés et de l'ignorance. Ce n'était pas assez, en effet, que de l'envelopper dans la poursuite intéressée de la souris et des mulots, avec lesquels on la confond : elle a été et elle reste chargée d'une grosse iniquité, dont elle est cette fois complétement innocente. On l'accuse, sans qu'elle puisse se défendre, on l'accuse d'être un animal venimeux. Fort de cette accusation, que nul n'a pris souci de vérifier, on a débité sur ce thème, toujours fécond, maintes et maintes fables ridicules, grossièrement amplifiées par les commentateurs.

Celui-ci s'en prend à son odeur, et la range tout bonnement, tout bêtement, devrais-je dire, parmi les poisons. Celui-là déclare qu'elle est aveugle, et ajoute : Si Dieu lui a ôté la vue, c'est à n'en pas douter pour que sa morsure soit moins fréquente, et, tout aussitôt, pour se contredire lui-même; il fait cette remarque un peu naïve : à ce compte, les serpents auraient dû être privés de la vue, qu'ils ont pourtant extrêmement sûre et perçante. « Pline affirme qu'en Italie la morsure des musaraignes est venimeuse; Galien assure qu'on en meurt quelquefois... C'est surtout pendant que les femelles sont pleines qu'elles sont dangereuses, et elles le sont encore plus si l'animal mordu est lui-même en état de gestation : aussi les juments pleines les redoutent beaucoup.

Avicenne va plus loin; il décrit tous les symptômes qui accompagnent les morsures : inflammation des parties voisines, vives douleurs dans tout le corps, pustules d'où sort un pus virulent; tranchées, rétention d'urine, frissons, etc., enfin six pages in-folio sont remplies, dans le compilateur allemand, de fables si bien affirmées et appuyées de tant de témoignages, qu'on serait tenté de croire qu'il y a confusion d'animal, si l'on ne savait jusqu'à quel point les naturalistes anciens poussaient la crédulité et le manque d'observations.

« Faut-il croire cependant que tout cela n'est basé absolument sur rien, c'est peu probable. On doit supposer que quelques morsures de musaraignes auront *tourné mal,* selon l'expression vulgaire, comme il arrive aux morsures des rats, c'est-à-dire qu'elles auront introduit dans le sang un virus puisé dans quelque chair putréfiée et dont les dents avaient conservé des traces, qu'elles ont été venimeuses par ricochet. Il y a loin de là aux accidents fabuleux rapportés par les anciens. » (de Norguet.)

Je ne trouve pas ce passage assez explicite, cette défense assez convaincue. C'est d'un crime vraiment imaginaire dont on charge ici la pauvrette. Je ne crois pas qu'elle ait jamais mordu un cheval, par exemple, « même au pied ». Aujourd'hui tous les naturalistes repoussent carrément cette étrange accusation. Buffon avait commencé une réhabilitation juste et nécessaire s'il est vrai, comme je le pense, que la petite bête nous soit utile. Le grand écrivain était plus radical, plus absolu, car il a tout simplement eu la prétention de prouver qu'il lui était tout à fait impossible de mordre : « Cet animal ne peut même pas mordre, dit-il, car il n'a pas l'ouverture de la gueule assez grande pour pouvoir saisir la double épaisseur de la peau d'un autre animal, ce qui est cependant absolument nécessaire pour mordre, et la maladie des chevaux que le vulgaire attribue à la dent de la musaraigne est une enflure, une espèce d'anthrax, qui vient d'une cause interne. » Je crois bien que la petite ne mord pas la peau très-épaisse des extrémités du cheval dont elle n'a d'ailleurs à tirer aucune vengeance; mais elle ne se gêne pas pour pincer ou piquer assez fortement à la main ceux qui la saisissent. Comment lui en faire un grief? Elle est certainement alors en cas de légitime défense, et tout simplement elle se défend à sa manière. Mais de cet acte ne résulte aucune blessure, ni dangereuse ni venimeuse, et je ne sache pas qu'à notre époque personne ait vu une morsure de musaraigne à l'un de nos animaux. Il est évident qu'on a attribué à ce quadrupède inoffensif des maux dont il est tout à fait innocent.

En résumé, il est permis de croire et de dire que toute musaraigne tuée, c'est la vie accordée à un grand nombre d'insectes, dont une partie au moins nuit à un degré quelconque à la pleine réussite des plantes cultivées. C'est l'opinion de M. de Norguet, car il écrit très-expressément ceci : Le cultivateur désireux de profiter de chacun de ses avantages naturels doit s'attacher à bien connaître la petite bête, afin de ne pas s'exposer à la confondre avec l'un quelconque de ceux de ses ennemis auxquels elle ressemble plus ou moins, et chaque fois qu'elle se trouvera à sa portée, dans ses prairies, à l'époque de la fenaison ; dans ses champs, à l'heure de la moisson, ou même pendant les rigueurs de l'hiver dans les fumiers de sa cour, ou dans le fourrage de ses bestiaux, il lui fera sciemment grâce de la vie en donnant tort aux préjugés de morsures et de poisons.

Loin de la croire coupable d'aucun méfait envers nous, le *Dictionnaire général des sciences théoriques et appliquées* lui fait jouer un rôle tout autre : elle défend les fruits de nos espaliers, dit-il, en détruisant les insectes qui pullulent sur les murs, *sans jamais toucher à aucun des produits de nos récoltes.* Rien n'est donc plus injuste et plus regrettable que le préjugé qui la condamne et pousse aveuglément les agriculteurs à l'extermination de l'espèce. Moins qu'une autre celle-ci parvient à s'y soustraire, car bien qu'elle « se multiplie abondamment dans un laps de temps assez court », ses populations ne foisonnent pas à l'égal de celles des souris, par exemple, aussi coupables envers nous qu'elle-même est innocente.

Parmi les espèces de ce quadrupède, deux méritent une mention spéciale :

1° La *musaraigne carrelet*, dont la queue, au lieu d'être ronde, est quadrangulaire et brusquement terminée en pointe fine, conformation qui lui a valu son nom. Sans être précisément un animal forestier, celle-ci est plus fréquemment que les autres rencontrée dans les bois, surtout s'ils sont humides. Son cri est aussi plus aigu que celui de la musette, et rappelle assez le chant de la sauterelle. Comme ses congénères, elle vit exclusivement d'insectes, du moins on le croit.

2° La *musaraigne d'eau* (fig. 9), c'est la plus grosse de toutes celles qui habitent nos contrées ; elle s'établit aux bords de nos petits cours d'eau, et se distingue surtout des autres par un genre de vie aquatique, qui la rapproche des rats d'eau. « C'est, dit M. Eug. Noël, une petite bête des plus jolies et des plus actives à la pêche. Rien de plus singulier et de plus amusant que ses incessantes manœuvres ;

Fig. 9. — La musaraigne d'eau.

elle plonge avec une grâce dont on ne peut être témoin sans plaisir. » Elle est d'ailleurs organisée pour la mission spéciale qui lui est dévolue, celle d'expurgateur des ruisseaux, des mares, des flaques d'eau persistantes, et ceci est tout simplement admirable. Se rendant compte exact de son incontestable utilité en ces lieux divers, M. Eug. Noël dit très-judicieusement qu'elle remplirait un bon office dans les réservoirs consacrés à l'élevage des petits poissons. Il croit bien qu'au sortir de l'œuf ceux-ci auraient à supporter quelque petit tribut ; mais c'est chose prévue : partout je retrouve, — comme règle générale, — la nécessité de faire la part du feu. Du reste, M. Noël le dit fort bien, il est toujours aisé, dans leur première enfance, de garantir les poissons, s'il y a lieu, contre leurs dévorants — y compris ceux qui ont nom musaraigne. Mais celle-ci, dès que les poissons auront un peu grandi et pourront être délivrés de toute protection exception

nelle ou livrés à eux-mêmes dans les rivières, celle-ci les déli-
vrera de mille ennemis redoutables.

La musaraigne d'eau mesure de 9 à 10 centimètres, et de
plus sa queue a plus de 6 centimètres. Cet organe prend ici
une grande importance. Comprimé latéralement, il est garni
en dessus et en dessous de poils très-raides; on en retrouve de
semblables aux pattes. C'est à l'aide de ces dispositions que
l'animal nage facilement et se livre avec succès à la poursuite des petits animaux aquatiques nuisibles dont il a mission de contenir les populations dans des limites rationnelles.

Par une destruction malencontreuse, n'allons pas sottement
réduire cette espèce à l'impossibilité de nous rendre en totalité les services qui sont en elle. Moins que la musette, elle
est facile à prendre à la main, mais elle est presque aussi ti-

Fig. 10. — La musaraigne de l'Inde, à glande odoriférante.

mide que ses pareilles et promptement la peur les paralyse,
— celles-ci et celle-là, — dans leurs moyens de fuir, d'ailleurs assez bornés, car elles courent mal et s'échappent malaisément.

Il y a d'autres variétés (fig. 6 et 10), mais leur étude ne
présente aucune particularité importante.

En me relisant il me vient un scrupule. Je crains de n'a-
voir pas été tout à fait impartial en parlant de la musaraigne.
Ce petit animal est doué d'un si énergique appétit qu'à défaut d'insectes il dévore d'autres proies. Lorsque celles-ci
constituent pour nous des nuisibles, c'est bien, mais en est-
il toujours ainsi? Toujours, non, et c'est sur ce point que doit
porter notre attention.

La voracité des musaraignes a été particulièrement constatée par Lenz; écoutons-le, son récit est édifiant : « Souvent,
dit-il, j'ai eu des musaraignes. On n'arrive pas à les rassasier
avec des mouches, des vers de terre, des vers de farine. Chaque jour je devais leur donner une souris, une musaraigne
morte ou un petit oiseau de la même taille. Quelque petites
qu'elles soient, elles mangent chacune leur souris par jour,
n'en laissant que la peau et les os. J'ai pu ainsi les engraisser; mais si on les laisse un peu souffrir de la faim, elles ne
tardent pas à périr. J'ai essayé de ne leur donner que du pain,
des raves, des poires, du chènevis, des graines de pavot, des
carottes, etc.; elles mouraient de faim sans y toucher. Leur
offrait-on de la croûte de pâté, elles y mordaient à cause de
la graisse qui entrait dans sa composition. Trouvaient-elles
une souris ou une autre musaraigne prises au piége, elles se
mettaient aussitôt à les dévorer. »

Voilà qui éclaire d'un jour complet sur leur ordinaire.
Elles font une guerre active à nos souris et aux mulots, aux
campagnols, dont elles détruisent un grand nombre. Ceci est
une bonne note, et nous la mettons à son avoir. Mais il y a un
revers à la médaille. Pour être juste, il faut dire bien vite que
l'accusation suivante, très-grave, atteint seule la musaraigne
d'eau. Voyons donc; c'est important et essentiel tout à la
fois.

Celle-ci n'est pas seulement un expurgateur des eaux, c'est
aussi une commère très-friande de poissons. Elle a un procédé
de pêche à elle, très-sûr, et certain goût de raffiné que doit
bien connaître tout cultivateur d'étangs, de lacs, de rivières.

Courir après le fretin pourrait être une rude besogne pour
un mince salaire. L'intelligence a suggéré ce moyen curieux : refouler des bandes de petits dans une anse étroite
dont on a préalablement fort troublé l'eau, puis se poster à
la sortie, faire bonne garde et happer au passage les innocents à mesure qu'ils se présentent. Pour la gloutonne, ceci
est un jeu charmant. Est-ce donc la musaraigne qui a enseigné
à certains hommes l'art de pêcher en eau trouble?

Mais son morceau friand, c'est l'œil et le cerveau des gros
poissons. En cela, elle nous rappellera les appétits du furet.

Elle s'attaque à de belles carpes, par exemple, à des bêtes pesant plusieurs livres, les aborde vivement à la nage et s'installe en se cramponnant avec les pattes antérieures sur la tête. Commodément placée pour agir, elle commence par les yeux et finit par la cervelle.

Le fait a été mis en lumière en Allemagne, et ne saurait être révoqué en doute ; à bon entendeur salut.

LE HÉRISSON.

Parmi les animaux il y en a que nous trouvons beaux, il y en a d'autres que nous disons laids, affaire de goût, d'habitude, de convention, qui a sur l'existence de ceux-ci et de ceux-là une influence considérable, tantôt heureuse et tantôt défavorable, mais presque toujours ou mal appuyée ou dictée par le hasard, en dehors de la raison d'utilité. En l'espèce, il faut bien le dire, cette dernière n'est pas assez le régulateur de nos opinions ou de nos actions.

La remarque est particulièrement à sa place au chapitre des insectivores, et mieux encore à l'article du hérisson (fig. **11** et **12**).

Celui-ci n'a pas en partage ce que nous appelons la beauté physique. Dans nos idées à cet égard, plus qu'un autre on peut le considérer comme étant vraiment laid, mais s'il rend d'importants services là où il vit; nous pourrons laisser à l'écart toute question futile d'esthétique et rendre grâce au créateur de nous l'avoir donné.

Est-ce bien un insectivore? Pour cela, oui, sans conteste. Il a, comme de raison, le museau pointu et effilé qui le rend propre à fouiller les détritus, les feuilles mortes et toutes les retraites des insectes terrestres : n'ayant à absorber que de petites proies, sa bouche est peu fendue, il n'en aura pas moins très-gros appétit.

Fig. 11. — Hérisson d'Europe.

Les mâchoires sont armées de 36 dents : au rebours des rongeurs, ce n'est pas dans les incisives que se trouve la force, mais dans les machelières, admirablement disposées pour broyer. Les pattes sont très-courtes et laissent le ventre et la tête à fleur de terre, afin que l'œil aperçoive de près les proies et que la bouche les saisisse promptement. Cela était nécessaire, car le petit animal est fort mal doué pour la locomotion rapide; il ne peut ni fuir ni poursuivre avec agilité. Par contre, il est bien organisé pour la recherche utile de sa nourriture dans un rayon limité et aussi pour la défense sur place. Là même est sa caractéristique : au lieu de la fourrure habituelle aux animaux, il a tout le dessus du corps couvert d'une armure de piquants solides et érectiles, dont le jeu le protége plus efficacement que la fuite *ou la ruse*. Le renard sait beaucoup de choses, disaient proverbialement les anciens, le

hérisson n'en sait qu'une, se défendre sans combattre et blesser sans attaquer. « J'ai cent ruses au sac, disait à un chat certain renard qui se prétendait fort habile, en sais-tu tant que
moi? »

— Non, dit l'autre, je n'ai qu'un tour dans mon bissac ;
Mais je soutiens qu'il en vaut mille.

Et tout aussitôt la preuve vint au bout. Comme ce chat
de La Fontaine, le hérisson n'a qu'un expédient, mais il est
bon et les vaut tous. C'est son armure épineuse qui le lui

Fig. 13. — Hérisson à front blanc.

fournit. En le dotant de la sorte, la nature lui a donné le
moyen de s'en servir; il a donc reçu en même temps la faculté précieuse de se resserrer en boule et de présenter ainsi,
de tous côtés à l'ennemi des armes défensives, poignantes,
qui tôt le rebutent. Plus les assaillants ou les malveillants
le harcèlent et le menacent, plus il se hérisse en se contractant davantage, et dans les cas extrêmes, si on ne cesse de
le tourmenter, quand la fatigue vient, il a une dernière ressource : il lâche, assure-t-on, ses écluses. Son urine est de telle nature et son odeur est si repoussante qu'en la répandant il
achève de dégoûter les plus tenaces.

En se pelotonnant, ce qu'il ne manque pas de faire au moindre danger, l'animal place adroitement les parties non cuirassées, les deux extrémitées du corps, les pattes et le ventre, à l'abri de toute atteinte en les cachant sous ses piquants. Lorsqu'il marche d'assurance, ceux-ci restent couchés sur le dos et ont presque l'apparence du poil lisse des autres animaux. Quand il a lieu de craindre, ils se dressent, se croisent, se dirigent dans tous les sens et, dame, qui s'y frotte s'y pique. Pendant le sommeil, en prévision d'une surprise toujours possible, la boule reste tous piquants dehors, hérissés dans leur inextricable position défensive. C'est une forteresse toujours armée ; les portes sont fermées, la herse est levée, et les sentinelles font bonne garde. On peut l'attaquer, il ne bouge mie, mais il tient ferme, et qui essayerait de développer la boule, de détendre ce corps et ses membres contractés, réussirait plutôt à les briser qu'à les rendre à leur condition normale. Il est un moyen d'y arriver pourtant sans brutalité. Retournez le peloton, et versez une certaine quantité d'eau au point où le nez et...... et l'autre extrémité se sont rapprochés. La sensation opère brusquement la détente. Il en serait de même en jetant la boule dans une mare, par exemple. Tout aussitôt la machine met tout en œuvre pour un exercice de natation nécessaire, car il y va du salut, de la vie. On voit donc la bête nager avec esprit, tenant hors de l'eau son petit museau pointu et se tirer prestement d'affaire.

Un animal qui a de telles défenses à opposer à l'ennemi n'est pas facile à attaquer ; il vit sans peur si non sans reproche. Il ne craint ni la fouine, ni la marte, ni le putois, ni le furet, ni la belette, ni les oiseaux de proie, qui en aimeraient bien le régal, mais qui n'osent y toucher.

Ils sont trop verts, dit-il, et bons pour des goujats.

Lors donc qu'ils se rencontrent, ils n'ont pas l'air de l'apercevoir et passent outre. C'est du fruit défendu ; l'eau leur en vient à la bouche, mais c'est tout. La plupart des chiens ont moins de philosophie. Quand les hasards de la quête en font apparaître un devant *flore* ou devant *médor,* le toutou ne

se résigne pas volontiers à un rôle complétement passif. Il
s'arrête, et tout au moins lui adresse un discours en langue
de chien (fig. 13). Les paroles qu'il lui débite ne sont pas assuré-

Fig. 13. — Le Hérisson.

ment des plus tendres, car le chasseur attentif accourt aussitôt
à ce qu'il qualifie « d'abois furieux ». C'est donc un torrent
d'injures, ce sont de hautes clameurs et des menaces que
notre ami commet à intelligible voix, et pour que nul n'en
ignore; mais la pelote grise est là, impassible, se souciant
du tout comme de Colin-Tampon et se laissant mordiller, sûr

qu'il est de demeurer maître de la situation. On dit pourtant, je ne sais pas jusqu'à quel point le fait est vrai, on dit que maître renard, s'il est vivement talonné par le besoin, fait le siége de la bête hérissée, et qu'après maints assauts, qui lui ont mis la gueule et les pieds en sang, il en vient quelquefois à bout. Il faut que ce soit morceau de roi pour que le fin matois, assez couard en général et quelque peu douillet, se monte l'imagination à un tel diapazon; il faut aussi, malgré tout, qu'il y ait extrème pénurie d'autre proie, car entre celle qu'il faut conquérir seulement par la ruse et celle qui ne peut être acquise qu'au prix de telles blessures, le renard n'hésite pas, cela est bien certain. Je ne sais quel chien des bords de la Garonne avait, dit-on, en pareille aventure, l'usage de lever la cuisse et de lancer un jet contre la boule dont il avait tout aussitôt raison. Bien avisé le gascon!

La force de cette armure, motif de sécurité et cause de salut vraiment efficace, a pu être considérée comme ayant, à l'égal de toutes choses, ses avantages et ses inconvénients. Ses avantages, je viens de les dire; mais les inconvénients, où sont-ils? Ils n'existent pas. Ils n'étaient qu'imaginaires. Le raisonnement les avait créés dans le silence du cabinet, l'observation effective les a dissipés. Également couverte d'épines depuis la tête jusqu'à la queue, écrivait Buffon, n'ayant que le dessous du corps qui soit garni de poils, le mâle et la femelle seraient fort empêchés de s'accoupler s'ils devaient s'y prendre à la façon des autres quadrupèdes. Dame nature à prévu le cas et prévenu la difficulté. L'union des sexes a lieu — les animaux se plaçant face à face — debout ou couchés.

Je n'ai jamais pu comprendre la fabrication et l'émission audacieuse de certaines fausses nouvelles ne devant en réalité profiter à rien et à personne. Je ne comprends pas davantage les assertions scientifiques en l'air, celles qui ne reposent sur aucun fondement. Il est si facile et si loyal, lorsqu'on ne sait pas une chose, d'avouer bonnement son ignorance, en appelant sur ce point spécial l'attention, l'examen, les recherches; il est si simple, lorsqu'on n'a pu vérifier un fait, de ne pas le reproduire en l'attestant, de déclarer qu'on le donne pour ce qu'il vaut, de prévenir qu'il ne doit être accepté que sous bénéfice d'inventaire, cela est si simple en effet que je trouve toujours étrange qu'on dise, qu'on écrive ou qu'on fasse autrement. Qui diable avait donc un intérêt quelconque à tromper ainsi tout le monde au sujet du procédé d'accouplement des hérissons? Le fait est qu'ils s'unissent à la mode de tous. Les piquants ne se hérissent que dans un intérêt de défense. Hors ce cas, ils sont toujours couchés et lisses. Le chat, qui fait patte de velours ou qui sort à volonté ses griffes, donne une idée du jeu que joue, de la distination que remplit le bouclier du hérisson. Lorsqu'il est au repos, il représente le sabre dans son fourreau, et je sais une jeune fille qui, voyant pour la première fois un hérisson, s'approcha de l'animal et lui passa doucement la main sur les piquants couchés sans provoquer leur redressement et sans en être plus blessée que si elle avait passé la main, dans le bon sens, sur la fourrure d'un animal quelconque. Le motif sur lequel on appuyait l'exception dans le mariage des hérissons n'existe pas.

C'est au commencement du printemps que les sexes se rapprochent en vue de leurs conventions matrimoniales. Les pourparlers ont lieu pendant la nuit. Peu de naturalistes, je crois, y ont assisté, et ceci vraiment n'a rien qui m'étonne. Aussi, l'histoire du hérisson est-elle fort sobre de détails à cet égard. Un chasseur pourtant a été une fois témoin auriculaire. Il le raconte fort gentiment dans *la Chasse illustrée*, un journal qui mêle l'utile à l'agréable, et qui redressera maints faits controuvés et maintes erreurs zoologiques, qui ont plus d'un mauvais côté pour l'agriculture en ne lui donnant qu'une connaissance fausse ou incomplète de ses ennemis ou de ses auxiliaires. Voici donc en quels termes M. Paul Chapuy a fait son rapport sur la chose.

« Il y a bien longtemps de cela, hélas! le vieux garde de mon père, le plus écouté et le plus chéri de mes professeurs, me postait à l'affût, par une belle nuit du mois de mai, sur la fourche des maîtresses branches d'un vieux chêne des forêts du Morvan.

« J'étais bien placé..... à bon vent..... Je dominais les

gueules d'un terrier, éclairées par la lune, et commençais à me faire à ma position, d'autant mieux qu'il m'avait semblé voir comme un petit nez brun se présenter à l'orifice d'une des voies souterraines dont j'avais la surveillance; lorsque sous mes pieds, dans le fourré, un grognement se fit entendre : faible d'abord, il augmentait; puis à ce premier grognement succéda un second, puis, à l'unisson, des grognements plus forts, plus accentués. Que diable cela pouvait-il être?... Des marcassins..... quoi. J'avoue que ma première inquiétude s'était métamorphosée en « venette », lorsqu'un coup de fusil, — un bienheureux coup de fusil, — mit un terme à mes perplexités, et bientôt notre brave garde arriva au pied de mon arbre, tenant un vieux renard charbonnier par la queue.

« Une fois descendu, je lui racontai mon affaire. Il rit d'abord, se moquant de moi, pénétra dans le fourré, et poussa du pied deux gros hérissons, m'expliquant que, lors de leurs amours, ces intéressantes bêtes conversent de la façon qui venait de tant m'intriguer. »

L'explication était opportune, mais bien regrettable le mépris avec lequel était traité le malheureux couple. Comme circonstance atténuante, il faut relever que la manière peu... affectueuse ou respectueuse du garde envers les insectivores était commandée par le souvenir de certains appétits du hérisson. L'agriculture lui sait gré de manger force coléoptères, hannetons, vers, mollusques, mais les disciples du grand saint Hubert ne lui pardonnent pas d'aimer beaucoup aussi d'autres « harnois de gueule », qu'ils n'entendent pas partager avec lui. Le hérisson, disent-ils, ne fait si maigre chère que lorsqu'il ne peut faire autrement; « tel le loup qui mange de l'herbe, des racines, de la terre, des débris immondes, quand le gigot de mouton lui fait défaut. » Oui il mange de tout cela, mais il n'en vit pas.

« Le hérisson aime la viande, dit avec quelque dépit M. Paul Chapuy, et la viande fraîche encore ! Dame nature ne lui a pas fait cadeau d'un excellent odorat pour attraper des mouches ou des hannetons; mais bien pour arriver aux « rabouillères », dont il sait enlever les lapereaux; pour surprendre les petits levrauts dans les buissons, les petits perdreaux qui se rasent, les nids d'alouettes dans les blés..... Dans nos garennes, dans nos champs, dans nos bois, il est ennemi de notre gibier, de notre pauvre gibier partout, par tous et toujours menacé.

« Ainsi donc! à bon entendeur salut! »

Oui, voilà l'anathème. Il n'a été que trop bien entendu. Messieurs les chasseurs travaillent à l'extermination de l'espèce un peu aveuglément; cependant, pour si chasseur que l'on soit, il ne faudrait pas demeurer indifférent ou étranger à tous les autres intérêts de la société. Il est bon aussi de voir en deçà et au delà de ce plaisir utile de la chasse et de la conservation absolue du gibier. Voyons donc.

Hérisson, mon ami, tu manges sans vergogne, — et c'est là un acte de gourmandise répréhensible, puisque la gourmandise, péché mignon, est au nombre de ceux qu'on élève à la septième puissance; tu manges des œufs de perdrix et, commettant ce régal, tu empêches de naître tout une compagnie d'oiseaux chers aux chasseurs émérites; tu manges des perdreaux en herbe, c'est un fait. Tout mauvais cas est niable; en ton nom pourtant, je ne nierai même pas celui-ci; je le confesse, au contraire. Mais je dirai à ta décharge 1° que tu n'es pas taillé pour courir bien loin après; 2° que tu n'en fais pas une recherche spéciale. Rencontrant sur ta route un nid, tu te mets simplement à table et promptement tu l'avales, mais c'est en manière de léger tribut, car l'occasion est rare pour toi d'un pareil régal. Si donc les nids de la perdrix n'avaient pas d'autres ravageurs, je le déclare à ta louange, les plaintes des chasseurs cesseraient bientôt. Tu fais nombre parmi les destructeurs, c'est sûr et certain, mais entre tous tu es bien un de ceux qui opèrent sur la plus petite échelle.

Tu as le flair délié et tu sais arriver jusqu'aux rabouillères, où la femelle de Jean est allée mettre secrètement au monde le fruit de ses fécondes amours. C'est un autre méfait que je suis bien forcé de placer à ton avoir si j'ai fusil et port d'armes, ou même si je suis « tant seulement » un petit braconnier. Mais prenant en considération les intérêts un peu plus importants de l'agriculture, je me dis, s'ils n'étaient activement pourchassés et contenus par ceux qu'on appelle leurs ennemis, les lapins multiplieraient au point de tout dévorer eux-mêmes. Alors, bien loin de te faire un crime d'y toucher et d'en manger, je te bénirais pour la part que tu prends non à la destruction de la race, mais à la réduction du nombre de ses représentants en bas âge, l'âge de l'innocence et..... de la menace. C'est là une répression préventive dont ne peuvent que te savoir gré ceux qui cultivent à la sueur de leur front la terre dans le voisinage des lieux particulièrement habités par les lapins sauvages.

Mais tu happes très-adroitement aussi au passage les liévreteaux. En l'état numérique où se trouve aujourd'hui l'espèce du lièvre dans nos champs, cette accusation a plus de gravité. Mais ce ne sont pas tes prises, — fort peu multipliées, — qui la précipitent vers une destruction prochaine. Au surplus, les petits ne sont pas longtemps tes tributaires. Peu après leur naissance, ils jouent assez bien des jambes pour se soustraire à tout danger venant de toi. Ils savent fuir, se cacher et se tenir hors de tes atteintes. Ah! voici un nouveau grief. Misérable, on a fait le guet, et on t'a surpris « étranglant » des poules en les « attaquant par le croupion ». C'est un peu traître, j'en conviens. Ecoute donc le narré de la chose par l'un de tes vieux amis, devenu à bon droit ton accusateur et ton juge :

« Pendant un temps, dit-il, j'ai pensé que le hérisson ne faisait pas grand tort au gibier; mais l'expérience m'a détrompé. En quatre nuits, j'ai eu 14 poules étranglées par un hérisson. Servant de mères à des faisandeaux, ces poules étaient attachées par la patte sous les huttes destinées à les abriter. L'animal les attaquait toutes par le croupion. J'ai fini par le prendre en flagrant délit en montant la garde près des huttes. J'ai vu, depuis, ce même accident se renouveler plusieurs années de suite. » (Sénéchal, ex-faisandier du grand Duc de Bade.)

La morale est bien simple : ne souffrez pas l'approche du hérisson des lieux où la nécessité vous oblige à tenir des poules à l'attache, et cette plaisanterie cruelle ne se renouvellera pas.

Somme toute, les chasseurs ont peu de motifs fondés de faire le procès au hérisson. En réalité ils sont peu autorisés à le décréter d'accusation et à le détruire. Par contre, les agriculteurs n'ont guère que des actions de grâce à lui rendre à raison de son utilité particulière.

Ayant conscience de son impossibilité de fuir, et peut-être aussi de la malveillance générale — (c'est une grande iniquité) — dont il est l'objet, le pauvre animal est d'une timidité extrême. Tant que durent les journées, il se tient caché dans les feuilles, dans les buissons, dans les herbes sèches, et à cela vraiment il met beaucoup d'art, beaucoup d'habileté, car difficilement on le découvre quand on s'y applique. Il établit sa demeure habituelle dans les trous au pied des vieux arbres, sous la mousse, sous les pierres, dans les anfractuosités du terrain, fuyant la lumière, aimant l'obscurité qui le dérobe et fait sa sécurité. Il reste donc là, comme engourdi, jusqu'à l'entrée de la nuit. Alors il sort de sa retraite. Le sentiment de la faim le stimule, il se met en campagne par nécessité, afin de chercher une proie qui puisse satisfaire son appétit. Les chasseurs prétendent que, oubliant toute indolence, il n'est pas plus paresseux qu'un autre, et qu'il est sur pied — toute la nuit — quêtant avec succès et faisant bombance. Ce n'est pas impossible après tout, car le jour il se reposera sans mettre seulement le nez à la fenêtre. Toutefois, les naturalistes ne le croient pas tout à fait aussi exigeant. Ils disent qu'après avoir fait son repas, le sommeil le reprend et qu'aussitôt il rentre dans son immobilité. La vérité est peut-être au milieu ou du moins à supposer qu'il se contente d'un repas; il faut savoir que celui-ci est naturellement copieux, car la bête a gros appétit; elle est gourmande, c'est-à-dire avide, peu faite pour se contenter de peu. Mais cela même, a-t-on dit judicieusement, est sa vertu, sa force pour l'accomplissement de la tâche qui lui est échue.

Au crépuscule donc, elle sort admirablement disposée pour la chasse. Elle va sans doute un peu au hasard de la fourchette, prête à saisir tout ce que la fortune amènera sur son chemin et sous sa dent. Voici d'abord, pour premier service,

une masse d'insectes, tous ceux qui vivent à terre, les chenilles et les larves, les vers, les limaces. Très-subtil, son odorat
l'avertit de la présence de ceux qui sont cachés sous la
terre, à une faible profondeur, elle les déterre de son groin
et de ses ongles, fouille le pied des arbres et des buissons, les
amas de feuilles sèches, les touffes d'herbe. En plein champ,
ce sont les limaces grises, si voraces, et les larves de toutes
sortes qu'elle ramasse; dans la fiente des animaux, elle cherche
et trouve des *aphodius;* des *géotrupes,* des *œstres;* plus loin
elle parvient, — *labor improbus,* — à déterrer des nids des
guêpes qu'elle détruira en mangeant le couvain au mépris
des piqûres, qui ne peuvent rien sur elle. Tout cela n'est que
fretin, et pourtant certains amis du hérisson, qui l'ont étudié
de près, ont calculé que chacun d'eux pourrait être préposé
à la sauvegarde d'un tiers d'hectare en culture.

A côté ou au-dessus des petites proies viennent les gros
morceaux : nommons les crapauds, les grenouilles, les lézards,
les vipères, et quelquefois les souris et les mulots. Lorsqu'il
s'attaque à des animaux de trop grande envergure, il les suce
plus qu'il ne les mange, comme il fait en captivité des morceaux de viande qu'on lui donne.

Parmi tous ceux auxquels il fait ainsi la guerre, il n'y a pas
que des nuisibles. C'est le fait de nos auxiliaires les plus puissants
et les plus utiles. Ne suffit-il donc pas que la moitié au moins
des espèces détruites soit préjudiciable pour que les services
soient reconnus, appréciés et bien haut proclamés? A ce
compte le hérisson est bien au delà de la mesure. Écoutez,
c'est M. Eug. Noël qui, sur ce point, va nous édifier tous :

« Observons, dit-il, les hérissons en liberté dans les bois
et les champs. Quelle est leur principale occupation, leur
passion favorite, leur art en quelque sorte? C'est la chasse
aux vipères. Ils y sont d'une adresse et d'une prestesse mer-
veilleuses : ils éprouvent une telle joie à terrasser leur adversaire, qu'on ne peut en être témoin sans la partager. La vipère
peut, tant qu'elle veut, le piquer de ses crochets empoi-
sonnés, elle peut lui percer les lèvres même et la langue, il
n'a nullement l'air de s'en apercevoir. La nature l'a rendu
inviolable aux reptiles. Cette espèce de consécration eût dû

nous le rendre respectable entre tous les êtres ; mais il n'en est pas que nous maltraitions davantage. En détruisant chaque année un nombre considérable de reptiles dangereux, il sauve la vie certainement à beaucoup d'entre nous; mais qui lui en sait gré? »

Qu'est-ce que la vipère? Cette question est grave; il faut l'examiner sérieusement. De tous les serpents venimeux, c'est celui qui cause le plus de malheurs. Nul fléau, après la peste, ne fait plus de ravages. Les plus gros et les plus terribles carnassiers tuent, bon an mal an, moins d'hommes que la vipère, laquelle à bon droit est partout un sujet d'effroi et un objet d'horreur. La statistique s'est parfois attachée à relever les maux qu'elle répand. Dans le département de la Loire-Inférieure, on a constaté, en trois ans, 138 morsures, dont 17 ont été suivies de mort violente immédiate. Qu'est devenue la santé des autres? On ne l'a pas dit. La multiplication de ce serpent est si rapide et ses populations deviennent si considérables, lorsqu'on ne leur fait pas obstacle, qu'en certaines contrées la nécessité a forcé de recourir à l'institution de primes spéciales offertes à leur destruction. Le département de la Haute-Marne et celui de la Côte-d'Or ont été dans ce cas. De 1859 à 1861 inclus, c'est-à-dire pendant une période de trois exercices, le budget départemental, qui accordait ou 50 ou 25 centimes par tête de vipère, a inscrit aux dépenses, pour payement de ces primes, 27,000 fr., dans la Haute-Marne et 53,000 francs dans la Côte-d'Or. Comptez : cela donne 106,000 vipères à 50 centimes ou 212,000 à 25 centimes.

Eh bien! c'est une vilaine et dangereuse besogne pour l'homme que la chasse aux vipères; mieux vaut laisser cette terrible tâche à son destructeur-né, le hérisson. M'est avis que la présence en nombre de ce dernier dans toutes les contrées habitées par la vipère serait tout simplement un bienfait pour l'humanité. Ce n'est pas d'aujourd'hui que l'on connaît la spécialité du hérisson, mais elle a été comme non avenue. Les païens en auraient fait une divinité et l'auraient vénérée; nous, nous lui avons voué une haine aveugle et stupide : pas si bêtes les païens dans leur ignorance! Mais de nous que dire, de nous qui nous croyons si éclairés, si supérieurs? Ayez beaucoup de hérissons et protégez-les partout où abondent les nids de guêpes, là où la population des lapins de garenne cause par trop de dommages en débordant, et surtout dans les pays infectés par la vipère.

L'aptitude du hérisson à détruire cette dernière n'est pas un conte en l'air, une de ces histoires faites à plaisir. Elle a été maintes fois expérimentée, même en captivité.

« J'avais chez moi, écrivait en 1831 M. Lenz, un hérisson femelle, très-docile et parfaitement apprivoisé. Je le tenais dans une grande caisse de bois. Souvent je lui donnais des serpents, qu'il attaquait avec ardeur sans s'effrayer des replis qu'ils formaient autour de son corps. La bête les saisissait tantôt par la tête, tantôt par la queue ou par le milieu. Un jour, je la fis combattre contre une vipère. A peine se fut-elle approchée de celle-ci pour la flairer et la reconnaître, qu'elle la prit par la tête et la serra entre ses dents comme pour se jouer, car elle lui fit peu de mal. Furieuse et menaçante la vipère eut des sifflements terribles, et mordit cruellement son ennemie. Mais le hérisson ne parut pas en ressentir une très-vive douleur et ne recula pas d'une semelle. Loin de là, il tint bon jusqu'à épuisement des forces du reptile, dont les efforts pour s'échapper étaient manifestes et violents; mais, ainsi vaincue, la vipère fut de nouveau saisie par la tête et broyée entre les mâchoires du vainqueur. Tout y passa, crochets et glande venimeuse; ce qui resta, achevée la tête, fut une partie du corps seulement.

« J'ai souvent renouvelé cette lutte en présence de différentes personnes. Le hérisson avait parfois huit ou dix morsures sur les oreilles, le museau et même sur la langue, sans qu'il en soit jamais rien résulté. Il ne lui survenait ni enflure ni aucun des autres symptômes habituellement déterminés par le venin de la vipère. Ni l'animal ni ses petits ne parurent en souffrir en quoi que ce fût. »

Je suis allé chercher un peu loin un expérimentateur, tandis que j'en avais un tout près de moi, à Batignolles, M. D..., qui a toujours quelques hérissons dont il étudie les mœurs. On a dit de M. D.... que c'était là sa marotte; mais on dit aussi que chacun de nous a la sienne, soit: autant celle-là qu'une autre.

M. D.... tient ses pensionnaires, j'allais dire ses élèves, dans une partie de son jardin, — terrain vague de trois mètres carrés environ, couvert d'herbes parasites et de broussailles.

De temps à autre, il se donne le plaisir d'assister au dîner de ses petites bêtes, et parfois il y fait assister des curieux. L'un de ces derniers rend compte en ces termes du rare spectacle que lui a donné le dîner des hérissons chez M. D....

« Celui-ci, dit-il, avait reçu la veille une vingtaine de vipères de la forêt de Fontainebleau; c'était pour ses pensionnaires un repas de fin de la saison.

« Bien qu'il ne vive guère dans la société de ces animaux, M. D... n'a point, comme on pourrait le supposer, l'esprit hérissonné : c'est l'homme le plus affable et le plus serviable que je connaisse.

« Dans l'enclos réservé aux hérissons, il a fait construire une maisonnette de verre circulaire et fermée hermétiquement, de manière que les reptiles ne puissent échapper aux atteintes de l'ennemi en grimpant.

« Ses dispositions prises, les hérissons postés dans leur salle à manger, il apporte la cage aux vipères. Par mesure de précaution, cette cage a été confectionnée en fil de fer à mailles étroites, en double, c'est-à-dire que deux cages sont enchâssées l'une dans l'autre.

« A cet instant, je l'avoue, j'éprouvai la crainte qu'un ou plusieurs de ces animaux malfaisants ne vinssent à s'échapper, et je me tins prudemment à l'écart. Pourtant il n'y avait aucun danger, ainsi, du reste, qu'il me fut facile de m'en convaincre. En effet, la porte s'adaptait si bien à l'ouverture du vitrage qu'il n'y avait pas à concevoir la moindre inquiétude.

« Cinq vipères tombent presque en même temps dans l'enclos vitré et rampent vivement autour de la prison, en quête d'une issue.

« Bientôt les hérissons sortent de leur immobilité, se déroulent lentement, allongent le museau et se mettent à leur poursuite.

« Cette chasse est très-curieuse et beaucoup plus émou-
vante qu'un repas de boa, dépourvu d'intérêt par l'absence
de la crainte instinctive des victimes vouées à la mort. La
vitesse du hérisson poursuivant sa proie est vraiment étonnante pour un animal en apparence impropre à la course.

« Les vipères esquivent subitement les atteintes de leur
ennemi, glissent rapides comme une flèche, se dressent me-
naçantes, sifflent, agitent leur langue, bondissent furieuses
et terribles.

« Mais rien n'arrête son ennemi, qui les poursuit sans
relâche et les saisit. Sous cette atteinte meurtrière, la vipère se débat, fait un suprême effort pour se dégager, se
roidit de douleur, mord à la gueule le hérisson, qui, sans
s'inquiéter des morsures, dévore tranquillement sa proie,
les os craquent sous sa mâchoire; un instant après tout a
disparu.

« C'est, je le répète, le repas le plus curieux auquel il
soit donné d'assister. »

Si étrange que doive paraître l'immunité dont jouit le
hérisson, elle est réelle; mieux encore, elle ne s'arrête pas,
par privilége spécial, à la vipère, elle s'étend à tous les venins, à tous les poisons. Les piqûres de guêpes, reçues en plein
guêpier ne sont rien pour un hérisson. Pallas a laissé manger jusqu'à 100 cantharides à la fois à l'un de ces singuliers
animaux sans qu'il en éprouvât le moindre dérangement. Un
médecin allemand poussa l'épreuve jusqu'à l'impossible; et
voici comme. Je trouve le fait rapporté dans le *Repertorio d'a-
gricoltura*. Voulant disséquer un hérisson, dit ce journal, le
docteur résolut de le tuer par le poison. Ayant échoué avec
l'acide prussique, il administra sans plus de succès une forte
dose d'arsenic, à celui-ci succéda l'opium, puis le sublimé
corrosif. Rien n'y fit, le hérisson ne s'en portait que mieux.
Bien étrange, n'est-ce pas?

D'autres expérimentateurs sont venus à la rescousse et ce
même miracle physiologique s'est reproduit à l'étonnement,
à la stupéfaction de tous. Réfractaire aux poisons, par ses
piquants à l'abri de tous ceux qui pourraient le dévorer, inattaquable en tout, tel est donc le hérisson, le dévorant heu-

reux de la vipère. Il n'a qu'un ennemi, mais bien redoutable celui-là,, l'homme au profit de qui il a été si singulièrement doué.

Je voudrais bien que toutes ces vérités vinssent enfin
prendre dans l'esprit de nos populations, du haut en bas de
l'échelle, la place usurpée par les erreurs et les préjugés
dont le pauvre animal est depuis des siècles la triste victime
et le martyre privilégié. C'est une douloureuse histoire qui se
renouvelle partout la même, toujours aussi férocement cruelle
au sein de la civilisation avancée qui n'a pu encore en adoucir
les traits.

Les anciens naturalistes n'ont pas été étrangers à la diffusion
de ces erreurs, grosses comme des montagnes, et bien moins
préjudiciables encore à une espèce utile entre toutes qu'à
l'homme, qui l'extermine bêtement au lieu de lui laisser paisiblement remplir à son avantage le rôle de bienfaiteur, qui est le
sien par droit de nature. La science a parfois à faire son *meâ
culpâ*; mais elle rentre par ce côté dans l'ordre général des
choses. A côté du bien qu'elle sait faire, apparaissent çà et
là quelques inconvénients. Toutefois elle redresse avec empressement et répare loyalement ses fautes dès qu'elle a pu
les reconnaître. Ici elle avait accusé à faux le hérisson de
teter les vaches et de grimper aux arbres pour en faire tomber les fruits. Ce racontage n'était pas de son invention; on
le lui avait apporté, elle s'est montrée et trop confiante et trop
crédule en l'accréditant avant d'avoir observé par elle même.
Le fait est que le hérisson ne tète pas plus les vaches que
l'engoulevent ne tète les chèvres. Le voulût-il, le pauvre
innocent, qu'il n'y réussirait point, car sa bouche n'est pas conformée pour cela. Il ne monte pas non plus aux arbres, attendu
qu'il n'est point construit en grimpeur. C'est dommage en
réalité, car on avait imaginé là-dessus un bien joli conte. En
allant ainsi là-haut, à la picorée, ce n'était pas pour manger sur
place le produit du vol. Non, il détachait délicatement ou les
poires ou les pommes les meilleurs et les laissait tomber à
foison. Cette besogne terminée, il descendait, puis se roulait
intelligemment à terre sur les fruits, de façon à les ficher à ses
piquants pour les emporter dans sa retraite, et les manger à

loisir. Le trait est ingénieux, mais il est absolument controuvé.
Le hérisson n'emporte ni pommes ni poires dans sa retraite
par une raison assez péremptoire, peut-être, c'est qu'il n'a
pas de retraite où il puisse accumuler des provisions dont il
n'a que faire d'ailleurs, attendu que, animal hibernant, il
passe tout l'hiver dans ce sommeil particulier que nous avons
déjà vu chez plusieurs et entre autres chez le hamster, le loir,
la marmotte.

L'origine de cette dernière fable (l'autre ne saurait trouver
aucune explication) tient à un fait tout exceptionnel, à un accident qui a obtenu les honneurs de la vulgarisation. Lorsque
dans sa promenade nocturne dont j'ai dit le motif, l'animal
passe, en automne, sous des pommiers ou des poiriers, dans
un verger ou dans des plantations de ces arbres, il a pu arriver, pourquoi pas? il est même arrivé, cela est certain,
qu'une pomme ou une poire, lui tombant sur le dos, s'est
piquée ou accrochée à ses piquants et y est restée fixée sans qu'il
en ait eu, bien entendu, le moindre souci. Au matin, celui qui
l'aura vu, ainsi pourvu, l'a pris pour un voleur, l'a tué et
en a médit. Au lieu d'un fruit, il en mit quatre ; un autre
accrut le nombre ; un troisième plus encore, si bien que

> Avant la fin de la journée
> Ils se montaient à plus d'un cent.

Aux yeux du premier venu, les apparences, j'en conviens,
pouvaient être contre le maraudeur, mais le préjugé doit s'é-
vanouir au raisonnement, à la réflexion, à l'examen de la
structure de l'animal. Il faut ajouter cependant qu'il goûte
assez volontiers aux fruits, mais il n'en mange qu'à défaut de
nourriture animale.

Sur cette affaire de pommes et de poires, il y a une autre
version ou une autre explication. Dans ses rondes de nuit,
régulièrement entreprises en vue d'un gros appétit à satisfaire,
le petit animal, prétend-on, ne néglige rien de ce qu'il rencontre. S'il trouve des raisins ou des fruits à sa portée, il joue
des pattes pour les faire tomber, et le reste se devine ; il ne les
décroche pas à la sueur de son front, en manière de passe-
temps. Il a eu la peine, il aura le plaisir ; il mange bellement

le fruit défendu. Relativement aux poires et aux pommes tombées, s'il en trouve, chemin faisant, à l'heure de la retraite, il procède différemment. Voilà, se dit-il *in petto*, qui me servira de dessert ; ce sera quelque chose à grignotter dans la journée ; emportons de cela autant que nous pourrons, et il se roule adroitement sur cette proie jusqu'à ce que ses piquants s'y soient implantés. Ainsi chargé, il se relève, il se remet sur ses pattes et cherche un point où il puisse passer en sécurité tout le jour.

Ceci a été dit en latin :

Pomorum super hi cumulos se sœpe volutant ;
Inde domum redeunt onerati tergora pomis.

Est-ce bien vrai, au moins ?... ah ! je ne garantis pas le fait, « vous savez... »

Quand on l'a accusé de teter les vaches, on a grossi le grief en l'accusant de le faire à l'égard des femelles pleines jusqu'à ce qu'elles avortassent ; inutile de le défendre davantage de ce crime imaginaire. C'est toutefois, un prétexte tout trouvé pour le poursuivre avec un terrible acharnement. En effet, ainsi que l'a si bien dit M. P. Joigneaux après beaucoup d'autres : « On pousse la cruauté jusqu'à le brûler vivant, à petit feu : plus le supplice dure, plus il y a de plaisir ! » Et l'écrivain judicieux se demande ce qu'on peut reprocher au hérisson pour le maltraiter ainsi. Pour lui, il le voit incapable de nuire, et paraît ignorer les griefs qu'on croit avoir contre le pauvre animal. Alors il ajoute : « Il n'a pas, comme les lézards et les couleuvres, en certains endroits la réputation de teter les vaches et de les mettre à sec (je viens de constater le contraire) ; on ne l'accuse point, comme les belettes qui traversent une grande route, de porter malheur aux voyageurs qui passent en ce moment-là ; on ne le soupçonne pas capable, comme le corbeau sur un toit, de prophétiser la mort de quelqu'un de la maison dans le courant de l'année ; il n'a point, ainsi que la pie, la fâcheuse réputation d'annoncer une calamité quelconque dans la journée même. On le trouve laid, voilà son crime, et c'est aussi celui du crapaud ; et parce qu'ils n'ont rien de séduisant dans les formes et dans le regard, on s'amuse à rôtir le premier, tandis qu'on fait sauter le second en l'air le plus haut qu'on peut, en frappant sur le bout d'une planche disposée en bascule. C'est notre manière de récompenser nos auxiliaires; et aussi longtemps que l'école primaire n'interviendra pas sérieusement et n'enseignera pas à nos enfants ce qu'ils devraient tous savoir, nous aurons à rougir de ces actes de cruauté. »

M. Joigneaux a cent fois raison, mais on se prend à dire avec tristesse en le lisant, qu'il n'a pas épuisé, il s'en faut, la nomenclature des actes de stupidité imaginés de vieille date et soigneusement conservés par la tradition. Tous sont à la charge de l'homme, cet ennemi puissant de tout et de tous, y compris le prochain et à commencer par soi-même.

Ce n'était pas assez que de faire le hérisson réfractaire au poison, la nature l'a doué d'une grande résistance à l'asphyxie. Il nage librement et facilement, mais parmi les mauvais traitements qu'on lui inflige si volontiers et si universellement se trouve l'immersion profonde et prolongée dans l'eau. On suppose qu'ayant une grande aptitude à la natation il doit souffrir davantage d'être maintenu immobile au fond d'une mare ou d'un ruisseau, et on l'y plonge et replonge à diverses reprises pendant dix, douze et quinze minutes chaque fois. Eh bien ! il résiste à ces épreuves renouvelées. Dès qu'on le retire de l'eau où on l'a méchamment tenu, il reprend vite l'usage de ses facultés et se remet à courir comme si de rien n'était. Tout autre animal à sang chaud trouverait en pareil cas une mort très-prompte.

En dépit des services qu'il pourrait nous rendre, nous ne savons ni l'utiliser ni nous l'approprier. On est mieux avisé, paraît-il, sur les bords du Tanaïs et au pays d'Astracan, où, dit-on, on élève ces animaux dans la maison comme les chats dont ils remplissent tous les offices ou à peu près; cependant, on en a vu aussi dans nos climats, en pleine domesticité, obéissant à la voix adoucie du maître, se déroulant alors et se laissant manier sans crainte. Beaucoup plus généralement, car ceci n'est qu'une exception assez rare, ils vivent insoumis, à leur fantaisie, sans souci de commandement, dans les clos et dans les jardins fermés où on les a importés. Une captivité plus étroite semble même être tout à fait dépouillée de charme. L'esclavage leur est le plus souvent odieux, et l'on a vu des femelles, enfermées, dévorer leurs petits. Est-ce la fièvre chaude qui les porte à cette extrémité ou le sentiment de regret de mettre au monde des êtres prédestinés à vivre misérablement en prison?

« J'ai voulu en élever quelques-uns, a raconté Buffon ; on a mis plusieurs fois la mère et les petits dans un tonneau, avec une abondante provision ; mais au lieu de les allaiter, elle les a dévorés les uns après les autres. Ce n'était pas le besoin de nourriture, car elle mangeait de la viande, du pain, du son, des fruits, et l'on n'aurait pas imaginé qu'un animal aussi lent, aussi paresseux, auquel il ne manquait rien que sa liberté, fût de si mauvaise humeur et si fâché d'être en prison. Il a même de la malice et de la même sorte que celle du singe. Un hérisson, qui s'était glissé dans la cuisine, découvrit une petite marmite, en tira la viande et y fit ses ordures. »

Ce trait et le nom du singe m'en rappelle un autre dont j'ai été témoin. Une dame possédait une guenon que peu de ses connaissances aimaient ou caressaient. La bête, à vrai dire, était peu aimable. Elle avait pris en haine une voisine qui hantait fréquemment la maison ; elle ne la voyait pas sans lui faire quelque vilaine grimace. La voisine ne demeurait pas en reste, elle avait toujours quelque mauvais compliment à servir à la singesse, quelque apostrophe mal sonnante à lui envoyer au passage, elles étaient l'une envers l'autre en état d'hostilité permanente. Un jour, la guenon, assise sur la rampe de l'escalier tandis que la dame, bien endimanchée, le montait, fit à celle-ci l'une de ses grimaces les plus significatives. En retour, elle reçut un petit coup d'ombrelle très-sec. Un cri sauvage y répondit. Achevée la visite, la dame parée sortit accompagnée de la maîtresse du logis. Fort occupée, les dames par la fin d'une assez longue causerie dans laquelle les « amies » ne furent point épargnées, la guenon était complétement oubliée. Celle-ci eut plus longue la mémoire. Elle était au même point, sur le haut de la rampe, silencieuse et en observation très-attentive. Au moment où les deux dames prenaient à l'anglaise congé l'une de l'autre, Mira portant une main sous sa queue, y mit quelque chose, puis ramenant le bras en avant, à la hauteur du visage de la visiteuse, elle la barbouilla vivement de ce que vous devinez. J'ai pu constater que Mira ce jour-là n'était point atteinte de constipation. Je me rappelle une jolie capote de crêpe rose qui en eut en veux-tu en voilà. Du reste je vous fais grâce ; rien n'était ni au musc, ni au muguet, ni à la rose, les parfums en vogue à l'époque...

« J'ai gardé, reprend Buffon, des mâles et des femelles ensemble dans une chambre. Il ont vécu, mais ils ne se sont pas accouplés. J'en ai lâché plusieurs dans mes jardins, ils n'y font pas grand mal, et à peine s'aperçoit-on qu'ils y habitent. Ils vivent de fruits tombés ; ils fouillent la terre avec le nez à une petite profondeur, ils mangent les hannetons, les scarabées, les grillons, les vers, et quelques racines ; ils sont aussi très-avides de viande, et la mangent cuite ou crue..... On les prend à la main, ils ne fuient pas, ils ne se défendent ni des pieds ni des dents, mais ils se mettent en boule dès qu'on les touche, et pour les faire étendre il faut les plonger dans l'eau. »

On ne sait pas au juste la durée de la gestation chez la femelle, mais on trouve les nouveau-nés fin mai et en juin. Les portées varient et se composent diversement de trois à sept petits qui naissent les yeux et les oreilles fermés. Ils ont alors la peau blanche et parsemée de poils à la place des piquants qui ne tardent point à pousser.

Buffon en a élevé de fort jeunes, qui lui ont fourni matière à de très-intéressantes observations relativement à leur mode d'alimentation et à leurs mœurs en état de captivité. Je crois devoir en emprunter la substance pour l'instruction de ceux qui, se rendant à l'utilité vraie de l'animal, seraient disposés à en accepter les services productifs.

Quatre jeunes hérissons, âgés de quelques semaines peut-être, car leurs pointes étaient déjà bien formées, et leur mère furent placés ensemble dans une grande volière en fil de fer au fond de laquelle furent déposées des branches d'arbres feuillues pouvant procurer aux habitants une retraite paisible et sombre pour le sommeil.

Pour nourriture, on leur donna, pendant les deux premiè-res journées, quelques morceaux de bœuf bouilli, dont ils su-cèrent la partie succulente sans manger les fibres. Le troi-sième jour, on leur apporta des herbes à lapin, mais ils n'y touchèrent pas. Ils ne parurent pas souffrir, mais la mère livra souvent ses mamelles aux nourrissons.

Les jours suivants, ils eurent des cerises, du pain, du foie de bœuf cru. Ils suçaient ce dernier mets avec avidité, et ne le quittaient pas qu'ils ne parussent rassasiés; ils avaient moins de goût pour le pain, et dédaignaient complétement les cerises. Les intestins crus de la volaille leur plaisaient beaucoup et aussi les herbes et les pois cuits. Une particu-larité étrange, « c'est qu'il n'a pas été possible de voir leurs excréments; il est à présumer qu'ils les mangent. »

Ils boivent peu; la boisson ne leur est pas plus nécessaire qu'aux lapins, ce qui ne les empêche pas de devenir fort gras.

Pour donner à teter, la mère se couche sur un côté, comme la truie. Les petits alors se trouvent plus commodément; ce-pendant, il arrive à ceux-ci de se placer tant bien que mal sous le ventre de la mère, celle-ci étant debout, et de se gaver jusqu'au sommeil inclusivement. Alors la bonne nourrice s'abstient de remuer, de crainte de déranger et de réveiller la marmaille. Est-ce indolence, est-ce amour maternel? qui sait? Quel que soit néanmoins l'attachement de cette mère pour les siens, elle en témoignait encore plus pour la liberté. Celle-ci pour un prisonnier passe décidément avant tout, et le chansonnier avait raison :

Il n'est dans cette vie
Qu'un bien digne d'envie,
La liberté.

En ce qui touche notre hérissonne, elle était de cet avis absolument, et voici comment la chose est racontée par Buf-fon : « On ouvrit la volière pendant que les petits dormaient. Dès qu'elle s'en aperçut, elle se leva doucement, sortit dans le jardin, et s'éloigna du plus vite qu'elle put de sa cage, où elle ne revint pas d'elle-même, mais où il fallut la rapporter.

On a souvent remarqué que lorsqu'elle était renfermée avec ses petits, elle employait ordinairement tout le temps de leur sommeil à rôder autour de la volière, pour tâcher, selon toute apparence, de trouver une issue propre à s'échapper, et qu'elle ne cessait ses manœuvres et ses mouvements inquiets que lorsque les enfants venaient à s'éveiller. Dès lors il fut facile de juger que cette mère aurait quitté volontiers sa petite famille, et que si elle semblait craindre de l'éveiller c'était seulement pour se mettre à l'abri de ses importunités; car les jeunes hérissons étaient si avides de la mamelle qu'ils y restaient attachés pendant plusieurs heures de suite. C'est peut-être ce grand appétit des jeunes qui est cause que les mères, ennuyées ou excédées par leur gourmandise, se déterminent quelquefois à les détruire. »

Il me prend envie de contredire notre grand naturaliste. J'admets avec lui, comme supérieur à tout autre le besoin de liberté, mais je ne saurais croire que la mère tue ses enfants pour n'avoir pas à les allaiter. Chez les animaux l'amour maternel est plus solide que cela. Beaucoup de femelles dévorent leurs petits, mais c'est lorsque la fièvre les dévore elles-mêmes. Que si maintenant je voulais opposer hypothèse à hypothèse, je pourrais trouver d'autres motifs à la façon d'agir de la mère, et supposer que, pressée peut-être d'avoir des nouvelles d'un cher absent, du père des petits qu'elle soigne avec amour, elle se livre à toutes ces tentatives d'évasion dans l'espérance plus ou moins fondée d'en entendre parler sinon de le revoir. Sortie de la volière et libre dans le jardin, ce n'était pas encore la clef des champs. Sachant les petits grassement nourris, elle pouvait espérer encore qu'elle réussirait à franchir les clôtures du jardin comme elle avait réussi à s'échapper de la volière. Une fois libre réellement, qui sait ce qui serait advenu. Une bonne cachette trouvée, elle serait peut être revenue, la bonne mère, chercher sa progéniture, et, lui servant de guide, l'eût amenée nuitamment en lieu sûr. Toutefois, supposition n'est pas raison, et mieux vaut en rester là, je pense, que de continuer à discourir sur ce ton.

La gourmandise du hérisson est grande. Sans constater

précisément le fait, Buffon ne le repousse pas, loin s'en faut. M. Eug. Noël est plus précis et plus affirmatif. Lorsqu'on l'apprivoise, dit-il, cette gourmandise lui devient funeste. Ce serait donc une pierre d'achoppement pour l'élevage.

« J'en ai eu, ajoute-t-il, plusieurs exemples sous les yeux : des hérissons habitués à vivre chez moi en domesticité sont presque toujours morts des suites de leur intempérance. Après des repas trop copieux, une diarrhée affreuse les enlevait en quelques heures.

« On fera donc bien, lorsqu'on voudra avoir chez soi des hérissons, de ne pas trop se préoccuper de leur nourriture, et de leur laisser le soin d'y pourvoir eux-mêmes. Il ne faut pour cela que les laisser vivre en liberté dans les jardins et les herbages. Dans les jardins clos de murs surtout, d'où ils ne peuvent s'échapper, ils sont d'excellents destructeurs de limaces, et ne causent aux cultures aucun dommage appréciable. »

Après avoir dit et répété ces choses sur tous les tons, et avec toutes les formules, j'arrive à un dernier fait contesté et au dernier trait caractéristique de l'espèce.

Il n'a été dans ma pensée, comme il n'est entré dans mon cadre, de ne parler que du hérisson ordinaire (*Erinaceus europæus*, à l'exclusion des espèces voisines qui nous sont étrangères, et sur le classement desquelles les zoologistes ne sont pas encore fixés. Eh bien, on dit généralement qu'il y a deux sortes d'animaux dans cette espèce ou plutôt qu'elle forme deux groupes bien distincts : l'un à groin de cochon, l'autre à museau de chien, et que le premier fournit une bonne viande au garde-manger.

« J'ai pris dans mes piéges, dit M. P. Chapuy, ramassé ou tué, à l'aboi de mes chiens, peut-être bien deux cents hérissons, sans pouvoir établir cette différence de groin à museau. Qu'on m'excuse donc si je ne puis renseigner M. le baron Brisse sur le hérisson comestible. »

M. Chapuy, qui se montre parfois un peu sévère, voire « un petit » dédaigneux pour les savants et pour la science, a bien vite tranché cette question de variétés dans l'espèce. Il n'a sûrement observé le hérisson que dans un rayon assez

limité. Sur ce point, il en a assez vu, il en a assez détruit,
hélas! pour s'être assuré qu'il n'y avait qu'un seul hérisson,
toujours le même, d'accord. Mais cela ne veut pas dire qu'ailleurs, en d'autres contrées, il ne présente pas de ces modifications assez profondes qui constituent des variétés bien ca-
ractérisées. S'il n'en était pas ainsi, il faudrait qualifier le
fait d'exceptionnel, et il le serait effectivement à un point
étrange, puisque les variétés existent presque à l'infini dans
toutes les espèces connues. Pour moi, je n'hésite pas à dire
que le hérisson de nos départements de l'est, par exemple,
n'est plus tout à fait le même que celui de notre midi, et je
regrette de ne pouvoir préciser ici les différences qui les distinguent, faute de me souvenir assez.

Quant à la chair de celui-ci et de cet autre, il est certain
qu'en France nous l'estimons peu..... de confiance apparemment, car je ne sache pas que nous nous mettions en peine
d'y goûter pour savoir au juste ce qu'elle vaut. On en fait
plus de cas en Espagne, où, chose singulière, elle passe pour
viande de carême. Ici donc encore des assertions contraires.
Pour dater de loin déjà, elles n'en sont pas moins tranchées,
et ceux qui ne peuvent avoir dans la question d'opinion personnelle se trouvent fort embarrassés pour dire aussi leur
mot, à l'occasion. C'est un peu le cas particulier où je me
trouve. Me voici pourtant mis en demeure de me prononcer
aussi. De quel côté porterai-je le poids de mon « autorité »?
Vais-je tenir pour ceux qui affirment que viande de hérisson
est morceau délicat; ou bien, laissant courir ma pensée à la
suite de celle de Buffon, confirmée par l'avis de beaucoup
d'autres, vais-je la repousser comme un aliment détestable?...
Eh bien, non, je ne serai point aussi absolu; je m'arrêterai
au *mezzo termine* formulé en ces termes pas une plume com-
pétente, celle de M. Jos. Lavallée. « Ils est plus facile qu'on
ne pense, dit-il, de concilier ces différentes opinions. Il en est
du hérisson comme de tous les animaux sauvages, en vieil-
lissant ils deviennent durs et coriaces. Ainsi l'auteur de la
vieille *Maison rustique* recommande bien de ne point conserver dans un parc de sanglier qui ait dépassé quatre ans,
parce qu'après cet âge leur chair ne peut plus être mangée.

Ceux qui trouvent mauvaise la chair du hérisson seront tombés sur de vieux animaux, tandis qu'une bête jeune et grasse, accompagnée d'une suffisante quantité de morilles et de champignons, peut fournir un plat digne d'un gourmet. »

Voilà donc rendue la sentence. Bon ou mauvais le hérisson suivant que... Il en est ainsi dans une foule de circonstances pour tout et pour tous. Vues de près les choses, je m'aperçois que, bien souvent, c'est à la sauce à faire valoir le poisson. Il en est peut-être bien ainsi du hérisson, mais je n'y ai pas été voir.

Au point de vue de l'utilisation de la dépouille de l'animal, les choses ont bien changé. Autrefois la peau servait de vergette et de frottoir pour démêler ou sérancer le chanvre. Aujourd'hui l'industrie emploie des engins moins primitifs et plus complets quant au résultat.

La Société protectrice des animaux a très-ouvertement blâmé un chapelier qui se permet d'employer des peaux de hérisson pour couvrir ses casquettes et leur donner un caractère original...

Je pourrais allonger beaucoup l'histoire du hérisson de certains épisodes plus ou moins intéressants, au moins dois-je en mentionner quelques uns. Il semble s'apprivoiser sans difficulté, à condition qu'on le place en lieu convenable, d'où rien de déplaisant ne le chasse. Il se familiarise assez vite avec tous les habitants du logis, se nourrit de ce qu'on lui présente et, de son côté, cherche ce qui lui est agréable dans la maison, dans la cour, au jardin, dans les granges et dans les greniers, faisant guerre active aux souris et aux rats, qu'il sait découvrir et surprendre. On en a vu vivre à la même écuelle avec des souris, mais l'oubli des convenances gastriques n'était jamais de longue durée. Un beau jour, les compagnes de captivité disparaissaient égorgées par l'ami capricieux des journées précédentes.

Franklin a raconté ce fait. Un hérisson et un chien introduits ensemble dans une grande cage habitée par des singes, devinrent pour ceux-ci des jouets malheureux. Bafoués, tourmentés, maltraités, les deux étrangers contractèrent amitié et s'associèrent dans un intérêt de commune défense. Il cou-

chaient l'un près de l'autre et se consolaient à leur manière
d'une infortune bien imméritée.

La boisson des hommes ne répugne pas au hérisson, qui,
si on lui offre vin ou eau-devie, en prend jusqu'à se griser,
le malheureux! Il n'est pas alors plus beau à voir que l'i-
vrogne, car tant que dure l'ivresse, il se comporte de même.

On lui a parfois prêté un esprit de taquinerie dont il n'est
pas capable. On a dit, si je me souviens bien, que pour se
donner le malin plaisir de tourmenter un potentat du règne
animal, il se glissait traîtreusement dans la tanière de l'ours,
et se donnait pour passe-temps la tâche de le harceler avec
ses piquants jusqu'à ce que, de guerre lasse, le gros animal
vidât les lieux. Affreux racontage et pure calomnie. Il a un
bien autre labeur et une bien autre tâche, la destruction des
nuisibles. C'est par ce côté qu'il me plaît et qu'il nous sert.
Ne lui donnons pas des ridicules qu'il n'a pas, et laissons-lui
l'utilité qu'il a.

Le dernier trait est celui-ci : le hérisson est un hibernant.
Je ne sais trop où M. Chapuy a trouvé l'assertion contraire. Il
la rapporte comme contradictoire, et trouve prudent de ne
prendre parti ni pour ceux qui disent blanc ni pour ceux
qui disent noir. La sagesse des nations n'est que bien avisée
lorsqu'elle recommande expressément de ne pas mettre le
doigt entre l'arbre et l'écorce, entre l'enclume et le marteau,
mais on ne court aucun risque ici à prendre couleur, car la
vérité n'a rien d'obscur : le fait est là, aussi patent pour le
hérisson que pour la marmotte, que pour le loir, que pour le
hamster, précédement étudiés.

« Parmi les animaux hibernants, dit le docteur Chenu dans
son *Encyclopédie d'histoire naturelle*, le hérisson est un de ceux
qui s'engourdissent le plus facilement et le plus profondément.
Il tombe dans l'état léthargique quand le thermomètre est
encore à six et même à sept degrés au-dessus de zéro. En se
réveillant, il lui faut de cinq à six heures pour reprendre
sa température ordinaire, et si une excitation ou une température plus élevée l'éveille, il retombe ensuite dans son
engourdissement quand cette même température vient à
changer. »

Cela revient à dire : si profond que soit le sommeil, il cède à une élévation brusque et momentanée de la température. En cela rien d'exceptionnel, rien que de très-naturel, et par là s'explique très-bien comment en certains hivers M. Chapuy a pu en prendre dans ses sentiers d'assommoirs, même au mois de décembre.

Voilà plusieurs fois déjà que j'ai l'occasion de présenter au lecteur des animaux dits hibernants. Le hérisson, venant à cette place, me fait penser qu'il peut y avoir un certain intérêt, une dose certaine d'utilité à donner quelques renseignements sur cette aptitude spéciale, et à faire connaître les éclaircissements physiologiques que celle-ci a apportés à l'étude des phénomènes de la digestion. *Hic est locus*; j'entre en matière.

On nomme hibernation ou hivernation la faculté propre à certains animaux, en assez grand nombre, de passer plusieurs mois de l'année dans un sommeil léthargique, dit sommeil d'hiver ou hivernal. Le mot n'est pas d'une exactitude rigoureuse, car ce sommeil prolongé n'a pas toujours et nécessairement lieu en hiver. Ainsi les tenrecs, très-proches parents des hérissons de nos pays, qui habitent l'île de Madagascar, passent dans le sommeil les trois mois les plus chauds de ce climat équatorial. Des poissons, des serpents, quelques oiseaux des régions chaudes se comportent de même. Toutefois, cet état spécial qu'on a entendu désigner par le mot hibernation parce qu'il s'observe surtout dans la saison et pendant la durée des froids, correspond toujours à l'une des saisons extrêmes de l'année. A cela il y a un motif déterminant, — le manque d'alimentation, l'interruption temporaire de certaines conditions nécessaires à l'existence chez certains animaux. L'ours, le montagnard, n'habite que des points impraticables pour lui pendant l'hiver. Il s'endort dès que la chasse, dont il vit, lui devient impossible, et ne se réveille que lorsque la chasse lui est de nouveau permise. Ce n'est pas M. le préfet qui lui délivre le permis, mais celui-ci n'en est ni moins officiel ni moins sûr. Les hivernants dont il a été parlé plus haut, ceux qui pourront nous occuper plus loin, se nourrissent d'aliments, — insectes ou graines, — qui man-

quent à certaines époques. N'ayant alors rien de mieux à faire,
ils se replient sur eux-mêmes pour dormir et s'endorment
plus ou moins profondément pour tout le temps de la disette.
C'est que pendant l'hibernation, ou mieux pendant leur sommeil prolongé, en quelque saison de l'année qu'ils s'y livrent, les animaux ne mangent pas. Chez eux la circulation
se ralentit peu à peu, la respiration devient insensible, et la
température du corps se refroidirait plus que ne le comporte
la vie si l'instinct ne leur avait appris qu'ils doivent, — l'heure
venue, — prendre la précaution de se mettre convenablement
à l'abri dans une retraite commode. Si les oiseaux qui émi-
grent, par nécessité de vivre, et de remplir en tous temps à
d'immenses distances leur rôle d'expurgateurs, n'avaient
point été appropriés à cette grande mission, ils auraient dû
aussi dormir chaque année pendant un laps de temps variable, comme le font quelques-uns. Pour les voyageurs donc
l'émigration tient lieu de l'hibernation. Cette situation est,
au contraire, habituelle aux reptiles et aux batraciens. Enfin,
on l'observe chez beaucoup de poissons, de crustacés, de
mollusques, de vers et d'insectes.

Le sujet m'attire par les applications qu'il peut trouver
dans le gouvernement des animaux domestiques. Je lui donnerai donc quelque développement tout en faisant effort pour
ne le rendre pas par trop scientifique.

Le sommeil prolongé des hivernants n'est pas plus la mort
que le sommeil ordinaire, que le sommeil très-court de
chaque jour. On ne comprendrait pas l'existence, la vie, sans
alimentation de l'être vivant. Les hibernants passent toute
la durée du sommeil sans nourriture venant du dehors, mais
ils s'entretiennent au moyen d'une véritable nutrition intérieure. Il en est ainsi de l'animal qui jeûne pendant la veille,
ou bien auquel on ne distribue pas en suffisance les aliments.
Celui-ci et ceux-là vivent, en totalité ou en partie, aux dépens
de leur propre substance; ils la reprennent en l'empruntant
à toutes les parties de l'organisme pour la leur restituer sous
une nouvelle forme, avant d'être détruite et éliminée. Il en
résulte que les organes se restaurent au détriment de la masse
commune. Menacé de ruine, l'édifice répare ses brèches avec

ses propres matériaux : une fois usés ces derniers, la vie cesserait comme s'éteint la lampe qui a usé toute son huile.

La machine vivante a donc en réalité trois modes d'alimentation : 1° l'alimentation extérieure par les substances venues
du dehors ; 2° l'alimentation intérieure, ou celle qui pendant
l'abstinence s'effectue aux dépens des matériaux mêmes de
l'organisme ; 3° enfin l'alimentation mixte, opérée tout à la
fois par des aliments en quantité insuffisante et par la substance des organes.

Le premier mode est le seul réparateur et profitable ; non-
seulement il répare la matière vivante qui a été détruite par
les besoins spéciaux de l'organisme ou par des actions mus-
culaires quelconques, mais d'ordinaire il dépasse les limites
d'une simple compensation et suffit aux exigences de l'accroissement : c'est le cas de tous les jeunes animaux qui se déve-
loppent ; c'est aussi le cas de ceux que l'on soumet au régime
de l'engraissement ; c'est encore et surtout le cas des hibernants, qui ont à faire pendant la veille ample provision de
matériaux nutritifs, dont la dépense aura lieu pendant le
long sommeil de l'hibernation.

Le second mode est désastreux et fatal pour ceux qui se
trouvent en face d'une abstinence prolongée au delà des ressources mêmes de l'organisme. Il entretient la vie de la même
manière que la substance alimentaire venue du dehors, tant
que les actes vitaux trouvent matière à travail, matériaux
à emprunter, après quoi tout est fini. Mais l'usure des matériaux ou le terme de leur emploi est d'autant plus éloigné
que leur accumulation a été plus grande dans la machine.
L'animal maigre, par exemple, se trouvera bien plus promptement au bout de son rouleau que celui dont l'embonpoint
est moyen, et ce dernier plus vite aussi que l'animal très-
gras. Il y a pourtant une limite à ce travail d'emprunt forcé.
Les animaux soumis pour une cause quelconque à l'abstinence ne sauraient perdre environ, et au plus, que les trois
cinquièmes d'eux-mêmes, ce qui n'est pas déjà trop mal.

Il est facile de se rendre compte du troisième mode d'alimentation. Il est pauvre et défectueux. Si la matière vivante
qui se détruit sous l'influence des phénomèmes physiolo-

giques et par l'effet de la destination des animaux est compensée par l'introduction des aliments extérieurs, il y a équilibre ou état stationnaire de l'organisme ; s'il n'y a que remplacement partiel ou incomplet, l'amaigrissement et l'atrophie se produisent ; enfin s'il n'y a aucun apport du dehors, l'usure arrive bien vite à son terme.

C'est l'expérimentation directe et l'observation qui ont fait de tout cela une science certaine, des vérités de fait. Voyez un cheval énergique et musculeux, mais maigre, qui, par une cause quelconque, est brusquement privé de toute nourriture. Peu après, au bout de quelques jours seulement, sa physionomie est changée. Il a le poil terne, le flanc creux ; ses forces ont diminué à ce point qu'il se tient debout avec peine ; il chancelle en marchant. Bientôt il est forcé de se coucher. La peau et les extrémités se refroidissent, les sueurs surviennent, puis les convulsions de l'agonie. La vie est menacée ; elle ne peut s'entretenir longtemps, faute d'éléments pour la reconstitution du sang et de combustible pour la calorification. A l'autopsie, on trouve les preuves d'un appauvrissement poussé jusqu'à ses dernières conséquences dans tous les organes essentiels, dans les muscles et jusque dans les os, dont la moelle a disparu ; quant à la graisse, il n'y en a plus nulle part. A chaque système l'absorption a impérieusement demandé l'aumône ; chaque partie a donné au prorata de ses ressources jusqu'à épuisement complet. L'ensemble en a été soutenu d'autant, puis lorsqu'il n'a plus rien reçu s'est affaissé pour ne plus se relever.

Et les mêmes faits, dit M. le professeur Colin, dont les travaux physiologiques ont fort éclairé cette importante question, les mêmes faits se reproduisent invariablement sur tous les animaux maigres, chiens, chats et volatiles. On a donc pu formuler avec certitude cette loi :

« La durée de la vie chez les animaux privés d'aliments est, toutes choses égales d'ailleurs, proportionnée : 1° à la provision intérieure capable de reconstituer le sang et d'entretenir la calorification ; 2° à la lenteur avec laquelle les provisions sont consommées.

En effet, pour si abondante que soit la provision de matière nutritive, si elle s'use vite, prompte est la fin. Dans le jeune âge, par exemple, alors que les fonctions opèrent à toute vitesse, la privation d'aliments fait maigrir avec une grande rapidité. Les petits chiens qu'on sépare de leur mère perdent toute la graisse accumulée au foie en moins de quarante-huit heures, et les petits oiseaux dont le vol est incessant ne vivent pas plus d'une ou deux journées si la nourriture vient à leur manquer.

« Dans sa prévoyance infinie, ajoute M. Colin, la nature prend soin d'éloigner toutes ces causes d'excitation à l'égard des animaux qui doivent vivre longtemps de leur provision intérieure. Elle fait d'un animal à sang chaud un animal à sang froid ; elle le pousse dans un repaire à l'abri des alternatives trop marquées de la température, ralentit sa respiration, la circulation et les exhalations de toutes sortes ; elle le plonge dans la torpeur et paralyse tous ses mouvements. Par cet artifice, qui affaiblit tout à la fois les excitations du dehors et celles du dedans, elle fait vivre un petit mammifère pendant toute la mauvaise saison avec ce qu'il userait aisément en un mois s'il était actif et éveillé : témoin le hérisson. A supposer qu'il s'endorme maigre, il ne passe point l'hiver, et meurt assez rapidement. Celui qui a, au contraire, un panicule graisseux épais et les épiploons bien chargés de graisse est en mesure de passer du mois de novembre au mois de mars sans rien prendre. A son réveil, il reste même encore quelque chose, car il a besoin d'être prémuni contre les jours froids qui peuvent se prolonger d'une manière intempestive. Étant éveillé, un hérisson du poids de 1,035 grammes perd par jour 8 gr., 6 ; c'est 8 gr., 3 par kilogr. de poids vif. Au bout de sept semaines, il est réduit, en mangeant quelquefois, au poids de 905 gr., et dès lors il s'engourdit pour se réveiller au bout de quatre mois environ. Durant son sommeil de 112 jours, il perd en somme 230 grammes, ou presque le quart de sa masse, soit 2 gr., 05 par chaque période de vingt-quatre heures. Par suite de son sommeil, sa perte journalière se trouvait donc réduite juste au quart de ce qu'elle était pendant la veille. C'était une économie considérable. Si l'animal eût dépensé engourdi ce qu'il dépensait éveillé, il eût en un mois consommé ce qui lui a

suffi pour quatre ; par conséquent, avant la fin de décembre
il eût épuisé la provision qui devait le nourrir et le chauffer
jusqu'à la fin de mars.

« Ce qui arrive au hérisson arrive également à la marmotte,
au loir, à la chauve-souris, à tous les animaux dits hibernants. Quelque chose d'analogue se reproduit chez tous les
reptiles et les invertébrés.

« Chacun sait que l'escargot des haies et des vignes, à l'approche des froids, se cache dans des excavations humides,
retire tout son corps au fond de sa coquille, et en ferme
exactement la porte au moyen d'un opercule solide sécrété
par la peau. Il est ainsi préservé de l'action directe de l'air,
de sorte qu'il respire et transpire seulement par les pores de
son enveloppe calcaire. Cinquante escargots à coquille
exactement close et bien essuyée pesaient ensemble 904
grammes. Du 12 novembre au 1er mars, ils perdirent 42
grammes, en 109 jours, soit 0 gr. 38 par chaque période de
vingt-quatre heures. Au printemps, lorsqu'ils eurent fait
sauter leur opercule, ils perdirent 1 gr., 15 par jour, c'est-à-
dire trois fois autant que pendant l'engourdissement : c'est
donc aussi par économie de nourriture et de combustible que
l'escargot se calfeutre si exactement en hiver. En fermant sa
porte, il peut vivre trois mois avec la substance qu'il eût
usée en un s'il l'eût laissée ouverte.

« En présence de ces faits, on reste frappé de la simplicité
et de l'uniformité des phénomènes qui entretiennent la vie
pendant l'abstinence chez tous les animaux, depuis le mammifère le plus parfait jusqu'à un mince coquillage. Il semble
que le fond des choses est partout le même, avec quelques variantes. Entre le cheval calme, qui use seulement 2 kilogr. 1/2
de sa substance par jour, et le cheval fiévreux, qui en brûle
15 à 16 dans le même laps de temps, il faut voir le même
rapport qu'entre le hérisson engourdi et le hérisson éveillé,
ou entre l'escargot dont la porte est fermée et celui dont la
porte est ouverte.

« Combien d'autres rapports ne trouverait-on pas entre ces
phénomènes et une foule d'autres? Entre l'animal éveillé et
l'animal endormi il y a sans doute quelque chose du contraste

qui existe entre l'hibernant actif et l'hibernant engourdi. C'est
que le sommeil est réparateur à double titre, et par lui-même
et parce qu'il réduit dans une proportion considérable, le
chiffre des déperditions. Le malade qui ne dort plus est bien vite
épuisé ; ceux qui souffrent du froid et de la faim ont grand
avantage à dormir. Et voyez donc ce qui se passe chez les
animaux à l'engrais. L'oie, immobile dans sa cage étroite
et obscure, a bientôt le foie gras qu'elle ne prendrait jamais
en liberté. Le bœuf acquiert difficilement de l'embonpoint
s'il se donne trop de mouvement dans une étable éclairée et
aérée, ou bien s'il y est inquiété par les insectes. Il faut fermer la porte, boucher les fenêtres, adoucir la température,
provoquer l'assoupissement, la torpeur, éloigner en un mot
tous les genres d'excitation capables d'activer les pertes de
l'organisme.

« En résumé, l'animal sans aliments du dehors en emprunte
à lui-même une quantité équivalant à celle qui lui fait défaut :
peu si le sang se détériore lentement et si les excrétions ont
une faible activité, beaucoup, au contraire, si le fluide nu-
tritif s'altère vite et si la calorification est surexcitée. Cela
doit être, l'animal vit toujours de la même manière ; son
sang se reconstitue, dans tous les cas, par des matériaux de
même nature ; sa température se maintient par l'oxydation
des mêmes combustibles. Ces matériaux et ces combustibles
viennent du dehors ou du dedans : là est toute la différence. »

A cet ordre d'idées et de faits se rattachent des considérations physiologiques d'un très-grand intérêt, mais un peu
trop savantes pour le cadre où je veux renfermer ce livre.
Cependant il me faut bien dire l'essentiel sauf au lecteur à
tourner le feuillet si la substance ne lui agrée pas tout à fait.

La ration intérieure que l'animal soumis à l'abstinence
prend sur lui-même n'est pas autrement composée, au
fond, que celle dont il puise les éléments dans la nourriture venant du dehors. Ce sont toujours des aliments plastiques, comme on les nomme (fibrine et albumine) et des
aliments respiratoires représentés par la graisse. Quantitati-
vement, cette ration est d'autant moindre que la graisse y
prédomine davantage. Voilà pourquoi chez l'animal hiber-

nant, constitué pour supporter de longs jeûnes, si non pour souffrir de la faim, la provision alimentaire est formée surtout par de la graisse. S'il en avait été autrement, si la graisse avait dû être représentée par de la chair musculaire, par exemple, la provision aurait dû être six fois plus grande, car 1 kilogr. de la première contient six fois autant de carbone que 1 kilogr. de muscle. Si donc un animal gras dépense, en un temps donné, 1 kilogr. de graisse et 2 kil. de muscle, le même animal maigre, et toutes circonstances égales d'ailleurs, dépensera 8 kilogr. de sa chair musculaire dépourvue de matière grasse; et les deux rations seront simplement équivalentes.

Après avoir principalement employé à son entretien, à son alimentation intérieure, la plus grande partie de la graisse qui était en lui, l'animal ainsi obligé de vivre sur lui-même subit des changements par lesquels s'accuse la maigreur à ses différents degrés. Mais la graisse n'est pas seule dépensé, puisque les aliments plastiques sont aussi nécessaires que les aliments respiratoires à l'entretien de la machine. On reconnaît facilement alors les atteintes que reçoit le système musculaire. Les emprunts auxquels celui-ci est forcé de faire honneur se décèlent un peu plus ici, un peu moins là, un peu plus tôt en certaines régions du corps, un peu plus tard en certaines autres. Alors les interstices s'accusent ou se creusent, les faisceaux s'isolent, les expansions s'amincissent, la fibre perd sa souplesse. On dirait que le muscle tend à s'exprimer, qu'il perd plus particulièrement ses sucs, ses principes extractifs. Ce qui en reste est une manière de canevas à demi desséché, devenu dur et sans saveur. Aussi cette chair n'a plus ses caractères propres ni ses qualités propres; elle est fade, elle est indigeste ou tout au moins d'une digestion moins facile et d'une pauvreté extrême. Tout cela se produit par un travail plus ou moins lent ou plus ou moins rapide; mais il est aisé de comprendre que la chair sucée à ce point par les absorbants, pendant une longue abstinence et jusqu'à l'émaciation, n'est plus et ne peut plus être ce qu'elle est en son état normal. Et cela explique pourquoi l'animal sacrifié dans des conditions plus ou moins voisines d'une maigreur occasionnée par l'insuffisance de nourriture, surtout si un régime pareil concorde avec la souffrance maladive ou des travaux excessifs, ne fournisse à la consommation qu'une viande détestable, qu'un pauvre aliment. C'est celui-là qu'on qualifie à bon droit de vache enragée. La vache enragée a des analogues dans toutes les espèces domestiques et plus particulièrement dans celle du cheval, qu'on a la rage de vouloir nous faire manger en guise de bœuf.

Je voudrais bien abréger, et pourtant ces notions, d'une très-réelle importance pour la pratique, sont peu répandues lorsqu'elles devraient être du domaine commun.

Une chose importe essentiellement à savoir. L'alimentation d'un animal est comme une affaire de doit et avoir. Si la recette est égale à la dépense, il y a balance : dans les autres cas il y a ou déficit ou reliquat, perte ou gain. Dans toutes les situations, si considérables ou si faibles que soient les besoins, quelles que soient les exigences de la machine, quelles que soient les qualités nutritives de la ration, tout aboutira nécessairement à l'un de ces trois termes : équilibre ou *statu quo*, appauvrissement ou augmentation des forces vitales.

Le maintien de l'équilibre, cherché avec soin, s'obtient aisément dans la pratique.

L'augmentation est plus fréquemment dans les besoins ; elle est une condition de profit dans l'élevage des jeunes, dans l'entretien de tous les animaux de rente et dans la spéculation bien menée de l'engraissement des bêtes que l'on prépare pour la consommation.

L'appauvrissement est la pire condition. C'est l'insuffisance de l'alimentation qui le produit. En l'occurrence, il faut, j'insiste sur ce fait, il faut que l'organisme prenne en lui de quoi faire l'appoint de la nourriture. C'est alors une place assiégée, dit M. Colin, dont la résistance peut être théoriquement calculée avec une rigueur mathématique : elle tiendra en raison directe de ce qu'elle peut fournir, et en raison inverse de ce qui est réclamé : en d'autres termes, elle résistera d'autant plus que son approvisionnement sera plus considérable, et que celui-ci sera dépensé avec plus de lenteur. C'est absolument comme dans le cas d'abstinence absolue.

« Dans le plan de la nature, reprend M. Colin dans son magnifique travail, l'alimentation insuffisante est par moments, pour beaucoup d'animaux, un accident fort ordinaire. Tous les herbivores des régions tempérées, et surtout ceux des climats froids, souffrent de la disette pendant l'hiver, lorsque la végétation suspendue ne laisse plus sur le sol que de chétifs débris. Forcé de se contenter souvent de quelques touffes d'herbes de plantes désséchées et fanées, d'écorces et de minces arbustes, ils usent, pour compléter leur insuffisante ration, la provision de graisse qu'ils ont amassée pendant la belle saison ; ils maigrissent alors, et sans doute quelques-uns périssent avant le retour du printemps. Les carnassiers eux-mêmes passent par des périodes de pénurie dont ils ont plus ou moins à souffrir.

« C'est pour se soustraire aux inconvénients de cette insuffisante alimentation (je le disais un peu plus haut) qu'un grand nombre d'espèces de toutes les classes, mammifères, oiseaux, poissons, insectes même éprouvent des migrations bien connues. Les uns se contentent de descendre des montagnes dans les plaines, où la température plus douce n'a pas entièrement suspendu la végétation, et c'est à cela que se bornent ordinairement les déplacements des herbivores. Quelques antilopes africaines, chassées des plaines arides par la sécheresse, s'en vont en grandes troupes vers les régions où le sol est couvert de verdure. Les martes, les hermines, les lemmings, quittent à de certains moments les froides montagnes de la Scandinavie pour se disperser dans les plaines voisines. Mais les oiseaux surtout effectuent des déplacements plus lointains. Il faut que les palmipèdes du Nord, les oies, les grues, marchent, à l'entrée de l'hiver, vers les régions tempérées, où les étangs, les marais et les cours d'eau ne seront point couverts de glace ; il faut que l'hirondelle, quand l'air se dépeuple d'insectes, s'en retourne dans les pays chauds, que la bécasse fuie les hautes montagnes, de bonne heure couvertes de neige, pour se répandre dans nos forêts et nos plaines.

« Il y a là une fatale nécessité, à laquelle l'animal menacé de la famine ne peut se soustraire. Il doit partir, qu'il soit bon ou faible voilier, qu'il aime ou non les longs et rapides déplacements. Le rossignol, qui nous était arrivé à la floraison de l'aubépine, est contraint de partir sans bruit en septembre, bien qu'il y ait encore des larves dans nos bocages ; la fauvette de nos buissons, le petit rouge-gorge, bien engraissés, s'expatrient à la même époque, au risque de devenir en route la proie des rapaces ; la caille, lourde et enveloppée dans son manteau de graisse, doit trouver la force de traverser la Méditerranée. Les mauvais voiliers s'en tireront de leur mieux. La poule d'eau et le râle feront une partie de leurs étapes à pied ; les pingouins, les manchots, aux courtes ailes, émigreront à la nage, tant qu'ils trouveront des cours d'eau pour les transporter.

« Quant à ceux qui ne peuvent changer périodiquement de patrie, comme l'ours, le lent hérisson, la lourde marmotte, la taupe, les loirs, et d'autres pour lesquels l'hiver est une saison de famine, il ne reste qu'une ressource : s'engourdir, afin de ralentir l'activité des pertes et de faire durer plusieurs mois une provision que la veille userait en quelques semaines. »

Voilà pour ceux qui vivent en état de nature ou plutôt dans toute leur indépendance. Voyons ce qui arrive pour ceux dont l'homme a fait la conquête ou a réduits en l'état de domesticité, qui n'est pas toujours, il s'en faut, le plus haut degré de civilisation qu'ils soient susceptibles d'acquérir sous de favorables influences. La prévoyance du maître, en effet, devrait au moins s'appliquer à les soustraire en tous temps aux effets de la disettte. Loin qu'il en soit ainsi, beaucoup ont à souffrir de la faim, surtout dans les contrées où l'agriculture n'obéit pas à la loi ascendante du progrès et où sont nécessairement restreints, toujours insuffisants, les approvisionnements d'hiver. Attachés à la glèbe, ils ne peuvent rien par eux-mêmes, et leur condition est souvent bien malheureuse.

On sait ce qui se passe à cet égard en beaucoup de fermes menées au hasard ou inintelligemment administrées. L'abondance et la richesse de la belle saison incitent à tenir un grand nombre de têtes de bétail qui vivent abondamment, consomment au delà des quantités rationnelles de la saison et absorbent une grande partie des réserves que l'expérience conseille impérieusement de faire pour les longs mois d'hiver. Celui-ci alors amène l'insuffisance forcée de l'alimentation à des degrés variables, qui descendent trop souvent jusqu'à la pénurie extrême des nourritures substantielles. Dans ce cas on supplée, en tant qu'on le peut, par des aliments peu nutritifs, soit, — en l'espèce, — par la paille, que l'âge appauvrit de plus en plus chaque jour. L'insuffisance est notoire, et maintenant nous savons quels seront ses résultats certains (1). Il faut les redire cependant. Celui-là qui croit pouvoir faire passer la mauvaise saison à son bétail, sans pertes trop considérables, en lui donnant à manger seulement de la paille, se trompe d'une étrange façon, car son bétail, se nourrissant aussi de sa propre substance, à titre de complément nécessaire à la ration insuffisante qu'il reçoit, ne demeure pas entier et se détruit en partie. M. Colin a bien mis en relief la chose dans l'exemple suivant.

« Si, dit-il, un bœuf pèse 500 kilogr. au commencement de novembre, il est réduit à 400 k. à la fin d'avril. S'il y avait cinq paires de bœuf à l'étable, il n'en reste plus en réalité que quatre. Les quatre paires restantes auront mangé la cinquième : c'est la reproduction vivante du songe de Pharaon.

« On dira : mais une fois le printemps venu, et avec lui les herbes tendres, les bœufs reprendront promptement ces 100 kilogr. perdus, et la cinquième paire sera retrouvée. Sans doute la belle saison et les fourrages verts vont faire

---

(1) Je ne veux pas accuser toujours l'homme d'ignorance et d'imprévoyance, car la disette ne vient pas toujours par sa faute. Je sais donc faire la part des circonstances de force majeure, et précisément à l'heure où j'écris (février 1868) les journaux m'apportent un terrible exemple a l'appui de cette assertion que l'inclémence des saisons place parfois nos animaux domestiques dans une situation bien critique. Lisez plutôt :

« — Des rapports navrants nous parviennent des gouvernements situés au delà de Moscou. A Rinzau, les paysans ont vendu presque tous leurs chevaux à des prix insignifiants, 3 à 5 roubles (12 à 15 fr.), parce que les fourrages manquent et qu'ils se voyaient contraints d'employer, comme dernière ressource, la paille de leurs toits pour nourrir ces animaux. Les aliments sont à des prix fabuleux ; les magasins d'approvisionnements sont vides. »

récupérer à ces bœufs les pertes de l'hivernage, et néanmoins la perte restera. Avec le fourrage que chaque bœuf consommera pour revenir à 500 kilogr., il serait allé à 600. La cinquième paire est toujours perdue, car avec l'herbe qui la restitue, on en aurait obtenu une sixième. Elle est bien perdue, et même en grande partie pour le fumier. L'atmosphère l'a reçue presque en entier à l'état de vapeur d'eau et d'acide carbonique. »

Je ne pousserai pas plus loin cette très-intéressante étude de zootechnie pratique. J'en ai assez dit, je suppose, pour montrer aux esprits judicieux que le savoir a du bon, et que tout ce qui est science ou examen approfondi et raisonné des choses les plus usuelles ne doit pas être systématiquement repoussé par les praticiens. Parmi ces derniers, il en est peu qui, au commencement de l'hivernage, n'ayant de nourriture que pour quatre paires de bœufs, consentent à vendre la cinquième, qui tout l'hiver durant vivra ici en parasite, forçant à prendre sur le nécessaire des quatre autres de quoi se sustenter elle-même en partie. A la fin de la campagne, ils auront réduit, sans utilité comme sans profit, leur étable d'un cinquième; perte considérable, que renouvellent chaque année, sur une très-grande échelle, la routine, l'inexpérience, le défaut de calcul; perte facile à éviter pour ceux qui auront pris la peine de comprendre comment les choses se passent dans ces machines vivantes qu'il s'agit de conserver au complet, dans toute leur énergie et dans leur pleine valeur. Pour les uns et pour les autres, je répète ceci, à savoir :

Pour suffire à l'exercice de ses fonctions, et particulièrement à l'entretien de la chaleur, tout animal a besoin d'une certaine somme de matière organique. S'il lui en manque une partie dans la ration extérieure, il faut de toute nécessité qu'il la tire de lui-même, qu'il l'emprunte à sa propre substance. Or, si la ration est d'une moitié, d'un tiers, d'un quart inférieure à ce qu'elle devrait être, l'appoint d'une moitié, d'un tiers, d'un quart, est pris dans les provisions de l'économie. Voilà pourquoi l'amaigrissement est en raison directe du degré d'insuffisance de l'alimentation.

LA TAUPE.

La taupe n'est pas, ainsi qu'une académie dont s'est malicieusement occupé M. de Voltaire — une fois en sa vie, — une petite fille bien sage qui n'a jamais fait parler d'elle. Loin de là, elle a eu souvent les honneurs et la honte de la publicité. J'entends par là que si les uns ont vanté ses aimables qualités et ses vertus champêtres, d'autres ont retourné la médaille pour en montrer le revers sans atténuation. Ceux-ci l'ont peut-être faite encore plus noire qu'elle n'en a l'air, mais ceux-là se sont évertués à la blanchir peut-être au delà de la vérité vraie. Pour la juger, partisans et détracteurs se sont placés avec une flagrante partialité aux pôles opposés. En prêtant à chacun une oreille complaisante, on arriverait à cette déclaration paresseuse, autrefois attachée à la mémoire d'un grand homme : elle fait trop bien pour en dire du mal; elle fait trop de mal pour en dire du bien. Ce ne serait pas une appréciation suffisante. Comme toute chose, la bête a sans doute du bon et du mauvais, des avantages et des inconvénients. Il y a donc en cette espèce, dans la relation qu'elle a avec tout ce qui est nôtre et nous touche, une somme de bien et une somme de mal. Reste à déterminer laquelle des deux l'emporte suivant les circonstances.

Pour l'animal, il ne se modifie pas; il reste lui-même partout et toujours. Ce qui le fait autre, ce sont des situations différentes. De là est venue cette question : la taupe est-elle un animal utile ou nuisible? question étrange autant pour ceux qui plaident énergiquement en faveur du petit quadrupède que pour ceux dont l'opinion contraire le poursuit avec le plus d'acharnement. C'est donc avec raison que M. de Norguet a écrit ce passage : plus on étudie les questions de zoologie agricole, plus on lit les traités, les articles de Bulletins qui ont rapport à ces questions, et plus on reste persuadé qu'il ne faut jamais généraliser les idées, ni appliquer à tout un pays ce qui, — vrai pour certaines régions de culture, — est néanmoins faux pour d'autres points. C'est le tort de beaucoup d'agronomes de croire à l'infaillibilité d'un système qu'ils ont trouvé bon chez eux, sans se douter qu'un peu plus loin le climat, le sol, les cultures ont changé, les insectes nuisibles ou utiles ne sont plus les mêmes, et que ce qui est vérité en deçà de telle zone peut-être mensonge au delà. C'est grâce à ces jugements tout d'une pièce que le moineau a été réhabilité sans restriction, que les corbeaux ont été déclarés exclusivement utiles et que les taupes sont devenues presque indispensables.

Commençons donc par bien connaître la taupe. Cela fait, nous verrons dans quelles situations elle offrira des avantages, dans quelles autres, la somme du mal l'emportant, il y aurait inconvénient à la laisser croître et multiplier dans toute sa fécondité, inconvénient à ne pas lui livrer une guerre acharnée.

I.

On reconnaît facilement la taupe commune. Le signalement de l'animal (fig. 14) est devant tous les yeux. On ne le confond avec aucun autre : corps petit et trapu, comme cylindrique; tête large en dessus, allongée en cône, terminée en pointe par un boutoir armé à l'extrémité d'un osselet particulier qui sert de tarière pour percer et soulever la terre, qui constitue aussi un organe délicat de toucher. Point d'oreille externe, bien que l'ouïe soit très-fine, des yeux si petits, et si bien cachés sous

Fig. 14. — La taupe commune.

les poils, qu'il faut les chercher pour les voir : la bouche très-fendue, luxueusement armée de dents faites pour broyer les enveloppes plus ou moins résistantes du corps des insectes, proie habituelle du petit. La queue courte. Les membres très-courts : les antérieurs aussi épais et robustes que les postérieurs paraissent relativement grêles et faibles, très-distants les uns des autres par la manière dont sont avancés ceux de devant. Cette disposition est particulièrement remarquable dans le squelette (fig. 15). Portez aussi votre attention sur les mains, instruments merveilleusement disposés pour déchirer l'intérieur de la terre et en rejeter les débris de côté. Courtes mais solides, elles agissent avec force et aussi puissamment que des pelles ferrées, vivement et énergiquement maniées. Leur large paume est tournée en de-

hors de façon à écarter les terres fouillées par des doigts armés d'ongles plats, résistants, tranchants. Quand ces mains travaillent au commandement d'une volonté énergique, sous la pression du besoin, le museau va de l'avant et entre comme un coin vigoureusement poussé; alors la bête avance si rapidement entre deux terres qu'elle y semble nager. La force principale est dans les régions antérieures du corps, dont le système musculaire est très-développé. En effet, les muscles du cou sont énormes; très-gros sont aussi les muscles qui font jouer les membres antérieurs. Aussi l'animal fouit avec une étonnante facilité. Proportionnellement, il y a moins de volume et moins de force dans l'arrière, non qu'il soit pauvre, mais simplement dans les dimensions ordinaires. Che-

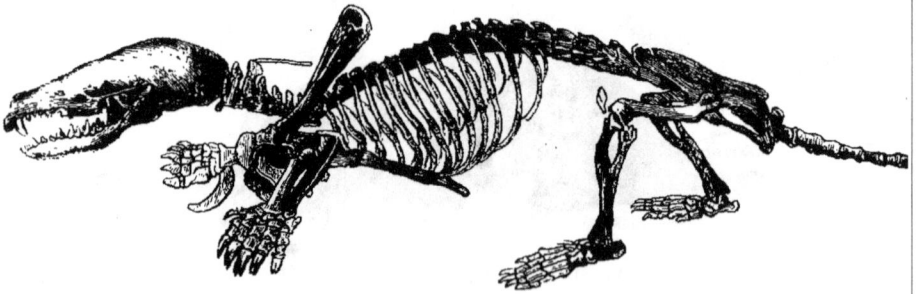

Fig. 15. — Le squelette de la taupe commune.

minant souterrainement, dans les galeries qu'elle creuse à son usage, la bête devait être basse pour se mouvoir à l'aise et rapidement. Il en résulte sans doute quelque gêne pour courir sur terre, car le ventre traîne à peu près sur le sol. Malgré cela, pour des efforts non prolongés, la vitesse ne manque pas à la taupe, car si on la poursuit, elle s'échappe avec une telle rapidité que l'œil ne saurait suivre l'action de ses membres. Dame! il y va de la vie. Le pelage, d'un noir velouté, est fin, serré, doux comme la soie; le cuir est très-ferme. Doué d'un très-robuste appétit satisfait avec voracité, le petit quadrupède a un embonpoint constant. Le mâle et la femelle paraissent avoir l'un pour l'autre un attachement vif et réciproque, sans désirer d'autre société, et la fuyant pour s'en tenir à de douces habitudes de repos et de solitude. Ils possèdent, dit Buffon, « l'art de se mettre en sûreté, de faire en un instant un asile, un domicile; la facilité de l'étendre et d'y trouver, sans en sortir, une abondante subsistance. Voilà sa nature, ses mœurs et ses talents, sans doute préférables à des qualités plus brillantes et moins compatibles avec le bonheur que l'obscurité la plus profonde. »

Tout cela a besoin de quelques développements. Voyons donc plus complétement, et son habitation et son mode d'alimentation.

Bien qu'ils s'aiment avec tendresse, le mari et la femme vivent chacun chez soi et font deux lits. Leur habitation distincte forme un système de galeries particulières, d'où ils sortent rarement et qu'ils n'abandonnent que lorsque la nécessité les oblige à déménager. C'est plus particulièrement à l'approche du printemps que les taupes, ces locataires libres du sous-sol, donnent ou prennent congé de leur dernière demeure, sans demander quittance des termes échus qu'elles ont payés, au jour le jour, en cherchant dans un rayon plus ou moins prolongé, leur pain quotidien. Ceci est œuvre de prévoyance. En quittant un terrain choisi en vue de la saison d'hiver, on en a épuisé toutes les ressources alimentaires. Le domicile était confortable, on en avait contracté la douce habitude, et l'on y resterait volontiers, car l'amour du changement n'est pas ici passion dominante. On ne quitte donc de chères pénates que contraints et forcés. Il faudra construire ailleurs, non plus pour soi seulement, mais en prévision de la famille, dans un lieu d'élection où la victuaille foisonne, car on caresse à l'avance les joies de la maternité, le bonheur de se vouer laborieusement au nourrissage des petits, aimables créatures dont les exigences seront abondamment satisfaites. Les voilà donc, ce papa et cette future maman, les voilà associés pour la recherche d'un canton favorable. Or, les conditions voulues ne sont point aussi simples qu'on pourrait le supposer. Elles se rapportent à la situation des lieux, à leur exposition, à la nature du terrain, à la richesse de son contenu sous le rapport alimentaire. On apprend aux cultiva-

teurs à semer, à récolter, et à mettre en réserve grains et
fourrages dans la proportion du nombre de têtes de bétail
qu'ils peuvent rationnellement entretenir dans leurs étables.
Ce sont des connaissances analogues, non moins étendues
et non moins sûres, qu'il faut aux taupes en quête d'une nouvelle installation. Et quand toutes choses ne vont pas précisément à souhait, il y a lieu de modifier les plans et d'adopter
toujours des mesures conformes aux circonstances. On agit
diversement, par exemple, suivant les saisons et les propriétés
du sol. Pour les temps froids, on fouille plus profondément et
l'on s'établit de manière à se trouver au niveau des retraites
des divers insectes et des vers dont on se nourrira, tandis que
pour les mois chauds de l'année, où ces bestioles se rapprochent davantage de la surface, on creusera moins domicile
et galeries. Dans les sables, les racines des végétaux s'enfoncent peu, les insectes qui en vivent font nécessairement de
même, alors les galeries de la taupe rasent pour ainsi dire la
couche arable, qu'elles affleurent en se montrant en saillie.
Au contraire, quand le terrain est à la fois gras et léger, ces
routes souterraines sont pratiquées à une plus grande profondeur. Or, ceci inflige plus de travail, car dans cette nature de
sol, la bête se creuse des galeries dont le développement est
pour le moins quatre fois plus considérable que dans les sables purs. Quand elle a le choix, elle s'établit en bon lieu, à
l'abri des inondations, — seul fléau qu'elle ait à redouter, —
en terrain meuble et fertile, elle fuit particulièrement les
endroits pierreux et rocailleux, les marécages, ou seulement
les terres humides.

Il nous faut la montrer en travail. Elle a ses heures d'activité et de repos. Elle dort paisiblement pendant la nuit, mais
elle est aussi matinale que le soleil. A l'heure où celui-ci paraît ou doit paraître, commence et s'achève promptement la
première tâche du jour, et son déjeuner terminé, elle fait une
sieste de quelques heures ; à neuf heures elle fait son second
déjeuner, elle dîne à midi ; elle maraude, elle goûte à trois
heures et elle fait son cinquième repas, le meilleur ou le plus
copieux, au coucher du soleil. Elle ne passerait pas une bonne
nuit si elle ne se donnait souper fin et abondant. Lorsqu'une

circonstance quelconque l'a dérangée à l'une de ses heures, lorsque la prudence lui a fait une loi, — *dura lex*, — de rentrer au logis avant d'avoir suffisamment garni son estomac, ou lorsqu'elle a des petits à nourrir, elle prend sa revanche au repas suivant, et n'en travaille qu'avec plus d'ardeur. Elle n'est pas fainéante, et, comme certain prélat de ma connaissance, elle officie merveilleusement..... à table. Elle aime la solitude et le silence, le moindre bruit la dérange et l'inquiète, à moins qu'elle ne soit au garde-manger. Elle perçoit les sons les plus faibles, et se garde bien de bouger quand elle a pu entendre les pas d'un ennemi. Elle a moins d'activité en hiver qu'aux beaux jours, mais elle n'a pas le sommeil des hivernants, car elle pousse la terre à toutes les époques de l'année. « Les taupes poussent, disent les gens de la campagne, le dégel n'est pas loin. » Cela ne veut pas dire que le froid leur convienne beaucoup. Indépendamment de la couche de graisse qui les enveloppe sous la peau, et de l'épaisse fourrure qui les couvre en manière de pardessus, elles recherchent en hiver les endroits les plus chauds. Les jardiniers profitent de l'occasion pour les prendre autour de leurs couches aux mois de décembre, de janvier et de février. Par contre, aux temps des grosses chaleurs, elles recherchent volontiers les lieux frais et ombragés.

C'est à l'aide de la tête que la taupe soulève la terre où elle fouille pour former le soupirail par lequel elle se débarrasse de tous les débris qui encombreraient ses galeries et obstrueraient son passage. On ne connaît que trop ces petits monticules, qui ont reçu le nom de taupinières et qui font le désespoir des faucheurs.

Buffon a donné une bonne description du domicile de la mère, de celui dont elle prend possession au commencement du printemps, quand a sonné l'heure du berger. Elle le construit avec amour, ce qui est déjà beaucoup dire et aussi avec une parfaite intelligence de la situation. D'aucuns prétendent que le mari lui donne un vigoureux coup de main, et que si elle conserve la direction des travaux, l'autre pioche vigoureusement et prend pour lui la plus grosse part de la fatigue. C'est bien ; la femelle, qui est dans une position intéressante, doit tout à la fois se ménager et être ménagée. C'est prudent et sage.

Les voilà donc à la besogne. Le plan a été dressé avec soin. De devis il n'a point été question ; les cinq ou les dix pour cent de l'architecte ne préoccupent en rien les entrepreneurs. Ceux-ci travaillent pour eux et « ça se reconnaît » à la façon dont est menée la chose. A tout propriétaire faisant bâtir ou travailler, je souhaite ouvriers, chefs et simples exécutants aussi habiles, aussi précautionneux, aussi ardents, aussi intelligents. Tout va bien ici ; tout a été soigneusement prévu, rien ne sera ni négligé ni oublié. Trouvez-moi donc cela au pays des « boulettes, » là où l'on a imaginé ce dicton anti-économique : « faire et défaire, c'est toujours travailler. » La vérité y est, c'est certain ; mais l'utilité, les avantages, l'ordre, la bonne administration, le profit, y sont-ils ? Demandez à ceux qui versent incessamment les produits de leurs sueurs dans les caisses publiques si ce gaspillage ou ce pillage font bien leur affaire. En être réduit à pouvoir être administré comme administrent les taupes, ce n'est peut-être pas très-flatteur pour l'espèce humaine.

Pour revenir à nos petites bêtes, elles ont souterrainement pénétré au point central de leur établissement projeté. Elles en connaissent la hauteur, le degré d'élévation non au-dessus de la mer, mais au-dessus des cours d'eau les plus rapprochés dont la crue pourrait troubler leur quiétude. Je le répète au passage, puisque l'occasion s'en présente, elles ne craignent rien tant que le débordement des rivières ou des ruisseaux du voisinage. L'inondation les surprenant, on les voit fuir à la nage, et, pénible labeur, immense détresse, faire tous leurs efforts pour gagner les terres plus élevées, leur ancre de salut. Sans hésiter dans la direction à suivre, elles mettent le cap sur ce point, mais combien périssent avant d'arriver au port ? Sans parler des petits qui, trop jeunes pour fuir, sont noyés dans le berceau où ils sont nés. La manière dont elles se trémoussent et se reconnaissent en cas d'inondation, réfute victorieusement et matériellement l'opinion vulgaire qui fait de la taupe un aveugle, un animal complétement privé de la vue. J'ai déjà dit qu'elle a des yeux.

Si elle sait les mettre à l'abri de toute atteinte dans sa vie souterraine, elle s'en sert merveilleusement lorsque la nécessité l'oblige à courir hors de terre : n'a donc rien de fondé cet autre dicton, populaire en Bretagne : « Si taupe voyait, si sourd (sobriquet de la salamandre terrestre) entendait, tout le monde finirait. »

L'existence du monde, — puisque monde il y a, — a des attaches moins fragiles.

Les taupes, ces êtres intelligents ces mineurs émérites, savent donc, pour les crues moyennes, mettre leur nid à l'abri des inondations ; mais elles ne sont pas plus que nous exemptes des atteintes des crues exceptionnellement hautes. C'est alors qu'elles en sont victimes.

Quoi qu'il en soit, elles travaillent en vue des nichées ; elles commencent par pousser, par élever la terre et former une voûte assez haute. Elles laissent des cloisons, des espèces de piliers plutôt pour en soutenir l'édifice, et elles les espacent scientifiquememt. Elles pressent et battent la terre, la mêlent avec des racines et des herbes, la rendent si dure et si solide pas dessous que l'eau ne saurait pénétrer la voûte. L'architecture la plus expérimentée n'a rien imaginé de mieux, toutes les règles ont été observées et le dôme résistera. Absolument au-dessous est la chambre, le gîte. En son milieu s'élève un tertre. Là sera le nid, doux et chaud comme tous les nids faits par une mère. Il sera composé d'herbes fines et de feuilles souples, moelleuses, apportées du dehors. Remarquez, je vous prie, la précaution de placer le nid proprement dit au sommet du tertre élevé sous la voûte. Ceci répond toujours au désir d'éloigner des petits toute humidité, à plus forte raison toute approche insolite des eaux, conséquemment tout danger pour la vie, voire pour la santé. C'est que les chers nourrissons, au nombre de 2 à 5, naîtront nus, et sans autre défense que celle dont savent les entourer la prévoyance et l'amour maternel, deux sentiments très-perspicaces. Aussi vont-ils au-delà de ce que je viens de dire, car nos deux travailleurs opèrent, autour du bienheureux tertre, un véritable drainage ; ils percent, dans tout le pourtour de la salle voûtée, des trous en pente qui descendent plus bas. Ce sont de véritables égouts, mais ils serviront à deux fins. S'étendant de tous côtés, menant dans toutes les directions, ils seront comme autant de routes ou sentiers souterrains que la maman fréquentera pour aller dans tous les sens à la recherche de la nourriture de la famille. Bon chasseur, elle explore tout le rayon, et saura y trouver, comme en un garde-manger, la ration de chaque jour. L'établissement de ces routes ou conduits nécessite un déblayement de terre assez considérable. Aussi, lorsque, aux époques de la mise-bas — en mars et vers le milieu de l'été, — on voit un certain nombre de taupinières réunies sur un espace restreint, on est à peu près assuré qu'il y a un nid de taupe au centre de cet espace. C'est ainsi qu'on est trahi par ses proches. Les exigences de situation ont forcé la mère, qui se cache pourtant avec une extrême sollicitude dans le sein de la terre, à écrire à sa manière à la surface du sol : — Ici est ma nichée, mon trésor; ici sont mes enfants, ceux pour qui je donnerais et mon sang et ma vie.

Choyés qu'ils sont et fortement nourris par l'active sollicitude de la maman, les petits grandissent vite et lui donnent toutes les joies et tous les bonheurs. Il s'agit à présent de faire leur éducation. Il n'y a que chez l'homme où l'enseignement professionnel soit encore une question à résoudre ; il a existé chez les bêtes du jour où elles ont été créées et mises au monde, pour y rester, — comme une loi imprescriptible, — jusqu'au jour de leur dissolution absolue.

Donc il faut apprendre le travail à toute cette taupinaille aux heures consacrées de père en fils et de mère en fille à l'activité corporelle : la mère explique à ses petits comment ils devront s'y prendre pour fouiller adroitement et puissamment pousser. Après avoir clairement exposé la théorie, on passe à l'application, et sur le terrain de la pratique, prêchant d'exemple, mettant la main à la pâte, l'industrieuse maman montre comment il faut faire en... faisant, en pratiquant. Alors chacun s'essaye et travaille à de nouveaux cheminements souterrains. Petite, très-petite besogne pour commencer; mais bientôt la force augmente, l'émulation vient et aussi le savoir. Alors tous y vont gaiement, et la besogne de chacun, réunie à celle des autres, forme un ensemble qui satisfait moins les jardiniers et les cultivateurs que l'institutrice. Et puis n'y a-t-il pas, d'autre part, des mâles, — les pères, — qui travaillent de leur côté et bouleversent le sol avec vigueur pour se procurer la nourriture dont ils vivent, — eux aussi.

Tous ces braves gens ont leur façon d'agir, et facilement on les reconnaît à l'œuvre, comme l'ouvrier de toutes les classes. Les indications qu'ils donnent sont infaillibles. Les grosses taupinières isolées désignent et signent la manière de faire du mâle. Plus petites et moins élevées, elles accusent le travail moins énergique de la femelle; irrégulières dans leur forme sont les poussées en zigzag des jeunes.

Les traces superficielles, établies comme passage d'un point à un autre, ont aussi leurs variantes, visibles et appréciables. Les mâles, surtout lorsqu'ils recherchent les femelles, les font longues, droites, larges et hautes. On sent l'ardeur et la puissance. Ce sont gens très-décidés et connaissant tous les avantages de la ligne droite, ils ont des vues très-arrêtées, et ne prennent pas pour les réaliser des chemins de traverse dont la longueur retarderait d'autant l'instant du bonheur. C'est alors principalement qu'ils vont à toute vitesse; pleins de fougue, en moins d'une heure ils franchissent les 50 à 60 mètres qui les séparent de leurs belles. Les femelles sont moins pressées ou moins énergiques; elles avancent avec moins de rapidité et festonnent davantage. Est-ce question d'art, esprit de calcul, réserve ou retenue? Elles se montrent moins impétueuses, sans être moins aimantes et moins tendres assurément. On les dit l'un et l'autre, l'époux et l'épouse, très-fidèlement attachés pour la vie. C'est un bon exemple, que ne donnent pas toujours ceux qui, parmi les humains, se sont très-solennellement juré foi et hommage par-devant monsieur le maire. Restent les jeunes. Celles-ci, les jeunes taupes, trahissent leur présence ou leur passage par des traces plus légères et sinueuses. Les grands et les petits travaillent tous aux mêmes heures. Sous ce rapport les habitudes sont héréditaires et ne varient pas; mais tout le monde a pu remarquer que l'activité est bien autre par un temps doux et serein, lorsque le terrain est sec et le soleil vif sans trop d'ardeur, que lorsque le temps est pluvieux, ou froid ou très-chaud. La taupe aime ses aises, et les prend à sa guise. Qui donc pourrait à juste titre le trouver mauvais ? Elle ne demande rien à personne. Si elle se fait heureuse, disons à sa louange qu'elle est l'instrument de son propre bonheur. C'est encore un bon exemple qu'elle nous donne, et dont nous ne savons pas profiter. Ce n'est pas elle qui perd à cela, mais nous apparemment.

Le gîte de la taupe, — en faire la remarque est presque superflu, — est le lieu où elle se tient aux heures du repos, où elle élève sa petite famille et reçoit les confidences de son amoureux. D'ordinaire, — en tant que cela est possible, — il est placé sous un arbre, — près d'une haie ou bien au pied d'un mur. De ce centre, je l'ai dit, elle fait partir une foule de boyaux irréguliers formant un vrai labyrinthe, dont elle connaît pafaitement tous les détours, toutes les voies, toutes les issues. Pour l'établir, rien ne lui fait obstacle, rien ne l'arrête ; elle perce le mur qu'elle rencontre sur son passage ou pénètre sous les fondations. Elle agit de même en face d'un ruisseau et se construit un cheminement solide, étanche, sous son lit. On admire le tunnel qui est sous la Tamise ; la hardiesse du travail étonne. Toutes proportions gardées, est-ce qu'il est plus admirable ou plus étonnant que le labeur de la taupe, mené sans hésitation d'une rive à l'autre de ce gros ruisseau ? Je soupçonne fort que le savant ingénieur qui a proposé la construction d'un tunnel sous la Manche, en vue de relier plus étroitement l'une à l'autre l'Angleterre et la France, d'avoir tout simplement étudié la manière de faire de la taupe lorsqu'elle a besoin de franchir à pied sec ce cours d'eau au-delà duquel elle doit trouver l'abondance pour elle et pour les siens.

C'est aussi, il faut le dire, le plus grand labeur de la bête qui seul comporte cette audace de conception et d'exécution. Dans l'œuvre de la taupe il y a, — comme deux choses principales : le gîte et la route ou grand boyau. C'est pour établir celui-ci, dont tous les autres chemins ne sont que des ramifications ou des accessoires, que l'animal va presque toujours droit et ne se détourne ni pour un ruisseau ni pour un mur. M. Haussman n'est qu'un plagiaire. Quand il ne respecte ni ce grand hôtel, ni ce beau-jardin public, ni ce monument, par cela seul qu'il ne l'a pas bâti, ni ce lieu sacré où devaient reposer à perpétuité les cendres des nôtres ; il prend tout simplement exemple sur ce petit animal, qui perce devant lui, sans respect pour rien ni pour personne. Disons à la décharge du quadrupède qu'il travaille sous terre, sans y voir même aussi loin que son nez, et que le célèbre préfet de la Seine, travaillant au grand jour, est tenu, en bonne conscience, d'y voir un peu plus clair que la taupe dans nos idées, dans nos intérêts, dans nos sentiments. La taupe a donc aussi son immense rue, qu'elle mène comme elle l'entend, à travers tous les *impedimenta* souterrains, à des distances parfois très-prolongées, à plusieurs centaines de mètres du gîte. Il n'est pas toujours construit assez profondément pour qu'on n'en puisse pas reconnaître extérieurement l'existence au léger affaissement de la terre, à la pâleur maladive, à l'état plus ou moins souffreteux des plantes sous les racines desquelles passe cette grande voie, ce boulevard Haussman. Il est même assez ordinaire que ce boyau devienne une voie de grande communication pour un certain nombre de taupes, qui la fréquentent volontiers après avoir établi un simple branchement pour venir la prendre au sortir de leur gîte formé en un point plus ou moins éloigné.

Puisque je parle encore du gîte, je constate que la taupe le place de préférence en des endroits élevés pendant l'hiver et les temps pluvieux, et que dans la belle saison elle vient, en vertu de ses idées de confort, l'établir dans les vallons, et plus particulièrement dans les prés, où elle trouve fraîcheur dans le sol et toute facilité à travailler celui-ci. Pendant la durée des grandes sécheresses, elle se déplace encore, pour être mieux alors ; elle se réfugie le long des fossés qui ont conservé un peu d'eau ou sur le bord des ruisseaux et sous les haies les plus touffues, les plus ombreuses.

A droite et à gauche du boyau principal sont une foule de petits chemins ou de ramifications accessoires formées aux heures du repas pour la recherche de la nourriture. Leur étendue est très-variable, nécessairement subordonnée à l'appétit de la bête et à l'abondance de la proie ; leur profon-

deur aussi varie à raison de la profondeur à laquelle se tiennent suivant les saisons, les insectes dont elle fait sa pâture
habituelle. Elle est apte à s'enfoncer autant que les circonstances le permettent. On ne s'en étonne pas lorsqu'elle travaille à son aise et sans être inquiétée, car alors elle prend
son temps et enlève les déblais qui lui feraient obstacle; mais
en d'autres occasions, lorsqu'elle est pressée par la crainte,
lorsqu'elle se sent en danger, par exemple, jusqu'où peut-
elle aller perpendiculairement? On a mesuré jusqu'à 0^m,50
de profondeur. On peut croire que c'est un rude labeur.

Lorsqu'elle établit ses boyaux ordinaires, elle fait généralement, à chacune des heures où elle pousse, de 3 à 9
taupinières. Voilà qui donne une idée des bouleversements
qu'elle produit. A supposer qu'ils soient utiles, c'est au
mieux assurément; dans la supposition contraire, on voit à
quel point elle dérange et nuit.

Les taupinières résultant du travail par suite duquel est
construite la grande route partant du gîte ou y ramenant
suivent sa propre direction et signalent son tracé. On les observe à égale distance les unes des autres et espacées de 8 à 10
mètres. Celles des boyaux accessoires sont généralement placées sans ordre, d'un volume inégal et plus ou moins rapprochées. Dans les terres récemment remuées par les instruments de culture et très-meubles, le travail de la taupe ne
forme aucun monticule. La petite bête ne prend pas la
peine de rejeter la terre à la surface du sol, elle se glisse
comme si elle nageait entre deux eaux, et on la voit s'avancer
assez vite, seulement couverte de la légère couche de terre
qu'elle soulève.

Chaque taupinière est reliée à sa voisine par un boyau
souterrain. Aussi lorsqu'on ouvre avec un instrument quelconque l'un de ces boyaux, dès que la taupe s'en aperçoit
elle vient réparer la brèche. Cela veut dire qu'elle surveille
son domaine tant qu'elle l'occupe. Elle voit un danger dans
le dérangement apporté à son œuvre. En réparant le dommage elle se met à l'abri du danger et, on l'assure, à l'abri
du courant d'air qui se précipite par l'ouverture faite au
boyau. Comment se fait la réparation? En fermant le point

ouvert, au moyen d'une voûte en terre ayant la forme d'une taupinière oblongue. C'est une pièce au trou purement et simplement.

Ce que la taupe fait pour un boyau accessoire au moment où elle le fréquente, à plus forte raison elle le fait sur la route permanente parcourue incessamment. Elle le fait de même pour une taupinière fraîche à laquelle il serait arrivé malheur. Elle ne souffre donc aucune détérioration; toutes les avaries dont elle a connaissance, elle les répare sans tarder. Pourquoi l'homme n'est-il pas à cet égard aussi soigneux que la taupe? Que de logis sont dévastés par incurie! La taupe ne commet pas cette faute; son logement et tous les chemins qu'elle parcourt sont toujours en bon état. Que ne la chargeons-nous de présider à la restauration de nos bâtiments et à l'entretien de nos voies de communication, petites ou grandes.

Tous ces renseignements, toutes ces indications ont leur utilité, et cette utilité apparaîtra bientôt, lorsque j'étudierai avec le lecteur les moyens de se livrer à une chasse fructueuse de la taupe partout où sa présence devient dommageable.

II.

Quel est le régime alimentaire de la taupe? Cette question, — bien simple, — a été longtemps discutée. Cependant toute incertitude a cessé. Le régime de la petite bête est exclusivement animal; les végétaux, les plantes, n'y entrent pour aucune part. Buffon a contribué à propager l'erreur contraire en disant : il faut à la taupe « une terre douce, *fournie de racines succulentes*, et surtout bien peuplée d'insectes et de vers, dont elle fait sa principale nourriture. » La proposition est vraie, à la condition d'exclure absolument du régime « les racines succulente ». Ces dernières étant du goût de certains insectes, dont la taupe à son tour est très-friande, attirent ces insectes, qui en vivent. C'est pour l'insecte que vient la taupe, non pour les racines. Ceci maintenant est hors de doute. Le petit quadrupède est un carnassier; il se nourrit

de viande, de proie vivante, d'aliments riches, capables de créer
et d'entretenir en lui la somme des forces physiques dont il a
besoin pour entreprendre et mener à bien les travaux pénibles que lui impose sa mission de nettoyer, expurger le sol
aux diverses profondeurs où il est occupé par les ennemis
souterrains de la culture, par les dévorants actifs des racines
des plantes les plus précieuses à l'homme.

« La taupe, écrivait Buffon, ne se trouve guère que dans
les pays cultivés. » Eh, sans doute ! elle habite là où elle
doit rencontrer la proie qu'elle est appelée à détruire : où
sont le plus nombreux les ennemis des plantes civilisées
se trouvent de même les destructeurs nés de ces dévorants.
Là est le bienfait. Le mot n'est que juste. En effet, si active
que soit la destruction résultant de l'appétit de l'insecte,
plus grande encore est l'activité de l'animal préposé à sa
destruction. Cela devait être, car les populations des insectes
sont autrement considérables que ne pouvaient l'être celles de
leurs ennemis.

La faculté dominante chez la taupe, a dit avec raison
M. Eug. Noël, c'est la faculté digestive. Le fait a été constaté
par maints observateurs. « La taupe n'a pas faim comme les
autres animaux, disait Geoffroy Saint-Hilaire, ce besoin est
chez elle exalté jusqu'à la frénésie ; la gloutonnerie com-
mande toutes ses facultés. Rien ne lui coûte pour assouvir
sa faim ; elle s'abandonne à sa voracité : quoi qu'il arrive,
rien ne l'arrête, pas même la présence de l'homme . » Il faut
donc qu'elle dévore incessamment, ajoute M. Eug. Noël, car
« quelques heures de jeûne la tuent. » C'est peut-être aller un
peu loin. Certaines expériences sur des taupes captives justifient
cette assertion à quelques égards, mais les expérimentateurs
ont peut-être bien un peu forcé l'interprétation de certains
faits. Un très-gros appétit a été donné à nombre d'animaux, et
entre tous à ceux qui nous rendent les meilleurs services,
mais je n'en connais pas qui succombent fatalement à quelques heures de privation de nourriture. La taupe, au surplus,
n'est pas incessamment occupée à manger, et je la vois constamment trop grasse pour supposer qu'un jeûne d'aussi courte
durée puisse la faire mourir d'inanition : J'appuie mon opi-

nion sur les faits précédemment rapportés à l'occasion des hivernants.

Quoi qu'il en soit, M. Eug. Noël dit encore : « Aucune machine ne donne une idée de l'activité prodigieuse de l'estomac de la taupe. Il faut donc travailler avec une ardeur sans pareille pour se procurer en quantité suffisante les vers, larves, bestioles de toutes espèces nécessaires à sa subsistance. Elle est de plus une mère de famille excellente. Nulle femelle n'aimerait plus qu'elle à voir ses petits gavés ; mais quelque activité, quelque dévouement qu'elle y mette, jamais ils ne lui disent assez. Ce sont des entonnoirs à victuaille. Eh bien, cela seul ne suffit-il pas à nous faire comprendre le rôle important des taupes dans le nettoyage du sol? La tâche que les oiseaux accomplissent dans l'air, elles s'en acquittent sous le sol avec la même activité, le même soin, la même prestesse. La rapidité de leurs forages et de leurs courses souterraines confond notre imagination : le sol semble avoir pour elles la fluidité de l'eau. Ce qu'elles dévorent d'insectes malfaisants est incalculable. Sans elles, vraisemblablement en beaucoup de contrées, toute végétation serait impossible. Les *mans* ou *vers-blancs* seuls, dont elles sont si friandes, deviendraient en quelques années un irrémédiable fléau.

« Un horticulteur me faisait remarquer un plant de fraisiers dans lequel des taupes s'étaient établies. Ce plant, quoique un peu bouleversé çà et là, était couvert de fraisiers vigoureux, chargés de fruits et de fleurs ; au contraire, dans une autre partie du jardin où les taupes ne s'étaient point encore établies, tout était mort, dévoré par les mans, qui, on le sait, sont tellement avides des racines des fraisiers, que quelques agronomes en plantent au pied de leurs arbres à fruit pour les préserver contre la voracité de ces larves, qui les laissent pour leur plante de prédilection. »

M. Noël est on ne peut plus affirmatif. D'autres que lui ne le sont pas moins, mais tout autant. Cependant, cette affirmation si nette et si décidée a trouvé dans le passé et trouve encore dans le présent d'énergiques contradicteurs. La lutte continue ; sera-t-elle donc éternelle?

« La destruction des larves de hannetons, écrit à son tour un agriculteur émérite, M. Villeroy, est certainement le plus grand service que puissent nous rendre les taupes, mais ce service leur est contesté. Récemment un fermier, dont les prés sont chaque printemps couverts d'une multitude de taupinières, a fait insérer dans un journal un article contre les taupes, dans lequel il dit qu'elles ne détruisent pas les larves de hanneton. J'ai voulu m'assurer de la vérité du fait; je me suis procuré une taupe vivante, et je l'ai mise dans une caisse où elle a dévoré les larves de hanneton que je lui ai données. La taupe est d'une voracité extraordinaire; il semblerait qu'elle peut manger toujours. Elle mange non-seulement des vers, des larves, mais de la viande crue ou cuite, et elle ne touche à aucune racine, elle refuse toute nourriture végétale: c'est un fait dont je me suis assuré il y a déjà longtemps...

« J'ai donné à une taupe, à sept heures du soir, sept grosses larves de hanneton et douze petites; le lendemain matin il n'y en avait plus. Je lui ai alors donné vingt-quatre petites larves d'un an et à onze heures tout était dévoré; ainsi elle a mangé quarante-trois larves en seize heures; peut-être en aurait-elle mangé plus si elle les avait eues; et on peut ainsi se faire une idée de l'énorme destruction de larves et de vers dont nous sommes redevables aux taupes. » Plusieurs expérimentateurs, entre autres, M. J. Crevaux, ont renouvelé, en les variant, les mêmes expériences, et ont obtenu les mêmes résultats.

Mais M^r. F. Villeroy me semble être resté de beaucoup en deçà des capacités digestives de la petite bête; 43 larves en seize heures, qu'est-ce que cela, mon Dieu! Elle n'en a pas pour une creuse dent. Le docteur Gloger, un Allemand patient, qui l'a étudiée à fond, détermine les espèces dont elle se nourrit. En premier lieu viennent les vers blancs, que seule elle peut atteindre en hiver dans les profondeurs du sol auxquelles le froid les force à descendre; et en second lieu les chenilles de racine, les limaces, les lombrics, puis par aventure les mulots, les campagnols en bas âge, les petits des rats, les musaraignes, les jeunes des belettes, des putois, que sais-je encore? toutes sortes de chair fraîche lorsque le hasard ou sa bonne fortune lui en apportent. Toutefois, son régime se compose surtout des petites bestioles dévorantes nommées les premières : ce sont elles, en effet, qui forment habituellement son menu. Eh bien, elle les mange par grandes quantités et une quarantaine par repas ne lui suffirait pas. Elle est plus avide que cela : très-heureusement pour nous, elle en dévore par jour un tas au moins égal au volume de sa taupinière, disent les uns ; une masse égale à trois fois son propre volume, disent les autres. Est-ce exagéré ? Pour moi, je n'en sais rien ; mais je vois tous les observateurs constater à l'envi que la bête jouit réellement d'un furieux appétit. Elle est animée de rage quand elle s'élance sur sa proie, a dit Geoffroy-Saint-Hilaire. Sans avoir la crainte des dangers qui peuvent la menacer, elle si craintive pourtant, elle attaque résolument les grosses proies par le ventre, et les dévore vivement. Elle mange avec avidité les oiseaux, les grenouilles, les courtilières... ; seul — de tout ce monde qui grouille dans les parages qu'elle fréquente — le crapaud ne paraît pas être dans ses goûts gastronomiques. Mais, encore une fois, elle ne tombe sur tout cela que par occasion ; elle est particulièrement conformée pour donner la chasse aux petites bestioles : essentiellement insectivore, il est dans son rôle, avant tout, de chercher et de trouver les insectes souterrains partout où ils se tiennent, à toutes les profondeurs où ils se réfugient eux-mêmes soit pour vivre, soit pour subir les diverses évolutions auxquelles ils sont condamnés. Tant pis sans doute pour ceux des autres qui se trouvent sur sa route ; ils la gênent, et les tuer pour s'en repaître n'est pas pour elle une grosse affaire.

Ce point devait être mis en saillie, car il a été contesté, notamment en ce qui touche aux larves du hanneton. J'éprouve toujours un sentiment pénible lorsque, me heurtant à des idées contraires, je les vois faisant l'obscurité à plaisir là où il faudrait incessamment apporter la lumière ; lorsque je m'assure qu'elles nuisent au développement de la vérité en semant le doute, et en entretenant des préjugés qu'il importe toujours de dissiper. Certes, s'il y a une chose indubitable et bien avérée dans l'histoire de la taupe, c'est que la larve du hanneton entre pour une grosse part dans son régime ordinaire lorsque cette larve se trouve abondamment dans les terrains qu'elle visite, dans les terres qu'elle est tenue d'expurger pour vivre. Eh bien, ce fait est nié purement et simplement, mais à la légère et sur des apparences qu'on ne prend pas la peine d'approfondir. Cependant la chose en vaut la peine. Je le crois du moins, et pour mon compte je veux la sérieusement réfuter.

Voyons donc comment se produit et sur quels étais se pose l'opinion qu'il me semble utile de combattre à cette place.

« Dans ma jeunesse, écrit M. Carrière, j'ai vu bien des prairies *infauchables*, par suite des monticules élevés à leur surface par les taupes, et pourtant on n'y trouvait des vers blancs que très-rarement. C'est, — peut-être bien, — qu'ils avaient été mangés. Mais non, car la taupe habite souvent des prairies où l'on ne rencontrerait pas une larve de hanneton, ainsi que le démontre d'ailleurs l'étaupinage fait avec soin. Il en est de même dans les jardins maraîchers, que la taupe bouleverse, et où le ver blanc ne donne lieu à aucune plainte. » — Eh bien, qu'est-ce à dire? La taupe ne se nourrit pas exclusivement de larves de hanneton, et de ce qu'elle habite des terres où il n'y en a pas en quantités appréciables, cela ne signifie pas, je suppose, qu'elle ne les détruit pas là où elles existent et où elle sait les saisir. Ce premier argument est donc de nulle valeur. Au surplus si les maraîchers n'ont à exercer aucune récrimination contre les mans, en est-il de même de la chenille des racines, de la taupe-grillon, des limaces? Je sais bien qu'on prétend aussi que la taupe ne détruit pas autant de courtilières que certains le disent, et je m'aperçois qu'à force de contester qu'elle mange ou ceux-ci ou ceux-là, on arrivera à laisser croire que cette petite bête, si famélique et si vorace pourtant, vit de rien ou de l'air du temps. Cela n'est pas sérieux. Pour notre plus grand profit, elle vit largement, elle consomme abondamment. D'accord, répondra M. Carrière, mais elle ne fait pas aux vers blancs la chasse active que vous supposez. Qu'elle en mange, c'est possible, mon Dieu, je le veux bien après tout, mais qu'elle en soit friande et gourmande, voilà qui assurément mérite confirmation. « Je ne serais même pas étonné, ajoute-t-il, qu'elle en mange comme faisaient nos pères de la luzerne, dans des temps d'affreuse disette et lorsqu'ils ne pouvaient faire mieux. » Tenez, écoutez encore :

« En allant et venant dans le jardin de M. Lachaume, à Vitry, nous remarquions à chaque instant des fraisiers dont les feuilles, un peu fanées, tombaient sur le sol, ce qui est un signe certain d'attaque ou d'atteinte par le ver blanc. Nous en arrachâmes un grand nombre afin d'exterminer les larves rongeuses. Parmi celles-ci, il y en avait plusieurs qui étaient placées tout près des galeries des taupes, soit sur le côté de celles-ci, soit parfois comme suspendues au-dessus. — La conclusion peut se deviner ; la voici : si les taupes étaient aussi friandes de vers blancs qu'on le dit, elles n'auraient pas manqué de manger ceux qui se trouvaient ainsi sur leur passage. S'il en était autrement, c'est qu'elles n'auraient pas de *flair.* »

Ce second argument ne me paraît pas péremptoire, et je le trouve un peu forcé dans les conséquences qu'on prétend en tirer. Eh quoi ! pour prouver le goût très-prononcé de la taupe pour les larves du hanneton, il faudrait qu'il n'en restât pas une seule dans les terres qu'elle explore. Cela n'est pas raisonnable. Je citais plus haut des faits de préservation de plants de fraisiers par suite de la fréquentation de la taupe, et ces plants étaient à proximité d'autres complétement détruits et que n'avait pas protégés la présence du petit quadrupède. Ceci a déjà une signification assez précise. Est-ce que la taupe peut détruire *tous* les vers blancs, s'écrie M. F. Villeroy ? En certaines années, il y en a de telles quantités qu'elle ne suffit point à la besogne. Ce qu'il y a de sûr néanmoins, c'est qu'elle s'y emploie très-activement, et s'il ne s'agit que d'opposer un fait à un fait, à votre tour écoutez : « J'ai un pré abîmé par les lombrics, gros vers de terre que vous connaissez. Ce pré donne très-peu d'herbe, et il est hérissé de petites buttes de terre moulinées qui sont les déjections des lombrics. Il y a cependant beaucoup de taupes, et le mal qu'y font les vers est chaque année le même ; ils y sont probablement en trop grand nombre, comme dans d'autres prés les vers blancs, pour que les taupes puissent les détruire. »

Nier que la taupe mange habituellement des larves de han-

neton, c'est tout simplement nier l'évidence. Un autre expérimentateur, M. F. Pouchet, a voulu vérifier le fait et connaître
tout au long le régime du petit animal. « Il est essentiellement insectivore, dit-il; jamais, au grand jamais, il ne ronge
les racines d'aucun végétal. Sur plus de 200 taupes que j'ai
eu l'occasion de disséquer; dans le but d'éclairer cette discussion, jamais je n'ai rencontré de débris de plantes dans leur
estomac. Celui-ci était constamment rempli de fragments de
vers de terre, de mans, de hannetons, et de divers autres insectes. Quand, ce qui était rare, j'y rencontrais quelques
fragments de radicelle, ils n'y avaient assurément été introduits que parce qu'ils s'étaient trouvés embrassés par la proie
sur laquelle l'animal s'était précipité. »

Je pourrais accumuler les faits et les preuves, car nombre
d'écrivains et d'observateurs ont fait comme M. Pouchet, des
autopsies concluantes. Je m'en tiens à ce qui précède, la démonstration me paraissant suffisante et satisfaisante en tous
points.

Mais je veux revenir sur le doute qui subsiste encore
sur ce point : le régime de la taupe est-il exclusivement animal? Ce qui a pu faire supposer qu'elle vivait aussi de substances végétales, c'est la réunion des matériaux du nid, au
point d'élection où elle demeure. Ces matériaux ont été consi-
dérés comme ayant fait ou devant faire partie de provisions de
bouche. La taupe ne se livre à aucun travail d'approvisionnement; elle consomme ses aliments sur place, aux endroits même
où elle les découvre. Les végétaux qu'on trouve accumulés au
gîte sont destinés à la couche des petits, auxquels ils font litière.
Les tiges des jeunes céréales et surtout du blé entrent fréquemment dans la confection du lit d'hiver des adultes, à
plus forte raison encore dans la confection du nid préparé à
l'intention des petits. Comment sont-ils apportés? On a guetté
et surpris la bête en ce travail. Elle vient dans ses traces superficielles, déchausse la plante et, la tirant par la racine,
elle la fait descendre sous terre. C'est entre ses dents qu'elle
l'emporte. Geoffroy Saint-Hilaire a compté dans un seul nid
402 tiges de blé, encore peu élevées, mais bien conservées
avec leurs feuilles entières. « J'ai moi-même observé ce fait,

dit M. de Norguet, en suivant au printemps dans les champs
les soulèvements du sol pratiqués par des taupes : on voit
alors disparaître les tigelles tirées en dessous, à mesure que
la trace les déchausse en fendant le sol. » Et moi j'ai vu mieux,
j'ai trouvé de belles feuilles de lys sous une énorme touffe de
cette plante.

La taupe n'éprouve pas seulement la faim, mais la soif, et
mettrait à satisfaire ce second besoin autant d'ardeur ou d'in-
trépidité qu'elle en montre lorsqu'il s'agit d'assouvir le premier. Cela doit être dans une mesure relativement égale.
Mais on dit à cet égard des choses que je puis répéter sans m'en
rendre tout à fait garant.

Pour parer au besoin de la soif, assure-t-on, l'animal ouvre
un boyau qui aboutit à un ruisseau ou bien à une flaque
d'eau voisine, ou bien encore il creuse une citerne dans laquelle puissent se rassembler les eaux de pluie. C'est pousser
loin la prévoyance ; mes très-sincères félicitations.

Un vieux taupier, ajoute-t-on, a souvent trouvé dans la
partie la plus basse des couloirs les plus profonds, un trou
vertical. C'est le réservoir *ad hoc*, l'abreuvoir, le magasin spécial
des eaux où vient se désaltérer la taupe. Elle peut y descendre
ou en remonter suivant l'abondance. Comme dans toutes les
citernes du monde, le niveau varie suivant qu'il a fait sec ou
que les pluies ont été plus fréquentes.

Les taupes expirent, a dit M. Flourens, lorsqu'on les laisse
un seul jour sans manger. D'autres ont enchéri sur l'assertion, et je lis à la suite : « Si la taupe était seulement une
demi-journée sans rencontrer de nourriture dans un champ,
elle périrait. » Selon toute apparence, les deux vérités se valent. Je fais à M. Flourens le reproche de n'avoir pas, dans
toutes ses expérimentations, suivi la méthode arithmétique.
Jamais il n'a fait ou donné les preuves de ses opérations. La
preuve d'une expérience, c'est une contre-expérience bien
faite en vue d'une démonstration inattaquable. Il a tenu une
ou plusieurs taupes captives ; mais pendant combien de jours
les unes et les autres ? Celle qui est morte après une journée
de privation d'aliments, combien aurait-elle vécu dans les
conditions nouvelles où elle se trouvait en mangeant à bouche

que veux-tu ? A côté d'elle, — soumise à une abstinence complète, — il aurait fallu en nourrir une ou plusieurs autres afin de voir et de dire ce qui serait advenu dans les deux cas.

Ce qui est vrai, c'est que la taupe ne supporte pas longtemps la captivité ; seule la vie libre lui convient. Quant à ce jeûne d'une demi-journée seulement, et qui serait suivi de mort immédiate, c'est tout simplement l'un de ces propos en l'air qu'en langage familier on nomme des « écoute s'il pleut ». « La taupe, dit M. de Norguet, ralentit beaucoup sa chasse pendant l'hiver, bien qu'elle ne s'engourdisse pas comme on l'a cru ; elle approfondit alors ses galeries et ne consomme plus en nourriture que la moitié peut-être de ce qu'elle absorbe pendant la belle saison. » Voilà qui atténue singulièrement l'idée qu'on se fait sur l'insatiable besoin de nourriture qui pousse partout et quand même la petite bête. M. de Norguet est certainement dans les limites de la vérité lorsqu'il s'exprime comme je viens de dire, et sa conviction est entière sur ce point, car il y revient par deux fois de peur que le trait n'échappe à l'attention du lecteur. « A l'approche de l'hiver, écrit-il donc encore, les taupes se cantonnent et établissent un domicile plus profond et plus abrité, placé ordinairement au milieu d'une large galerie terminée à chaque extrémité par une grosse taupinière. Elles ne s'y engourdissent pas, comme on l'a cru longtemps, mais leurs fonctions vitales se ralentissent, le besoin de nourriture est moins vif, et se proportionne à la difficulté plus grande de rencontrer le butin habituel. »

A la bonne heure, nous voici dans le droit commun. Ce n'est pas sans plaisir que j'y rentre, tant il m'aurait coûté de mettre, sans rime ni raison, la taupe hors les lois de la vie. Elle s'enfonce donc davantage en terre à l'approche des mauvais jours. A cela il y a une raison, soyez-en sûr. Eh bien, cherchons-la. Mais elle est toute trouvée, et je l'ai déjà indiquée.

Bien qu'elle n'aime à l'excès ni le froid ni le chaud, et qu'une température moyenne fasse beaucoup mieux l'affaire de la taupe, ce n'est pas pour se soustraire aux frimas, contre lesquels, à la rigueur, elle me paraît suffisamment armée, qu'elle fouille profondément le sol et qu'elle en fréquente des couches moins superficielles. C'est tout simplement pour y suivre les insectes dont elle fait sa pâture. Préposée qu'elle est à contenir les populations de ces bestioles et à les empêcher de déborder, toutes facilités lui ont été données pour atteindre sa proie.

Contrairement à une opinion encore trop répandue, le froid ne tue ni les vers, ni les chenilles des racines, ni les limaces, ni les larves d'aucune sorte. Loin de là, il est un gage de sécurité pour tous, car ceux qui vivent par eux, — et entre tous l'oiseau, — sont plus ou moins atteints par les grandes rigueurs de l'hiver, dont ils se préservent malaisément, tandis que, descendant d'autant plus profondément dans le sol que s'accroît l'intensité du froid, eux, — les insectes, — n'ont plus rien à redouter de leurs ennemis du dehors. Le seul qu'ils aient à craindre maintenant, à toutes les profondeurs, c'est la taupe dont les appétits restent ouverts. On en avait fait un hibernant. Si elle avait dû dormir paisible, comme la marmotte, pendant toute la saison du froid, aucun obstacle n'eût été opposé à la réussite de ces myriades d'œufs, de chrysalides, de larves qui dès le retour du printemps ravagent pour vivre les cultures les plus précieuses de l'homme. La science n'a pas encore mesuré les forces vives de toutes ces générations de déprédateurs; mais elle a essayé par ci par là d'établir le nombre approximatif de quelques existences sur des espaces limités. Tablant alors sur une donnée à peu près sûre, elle a pu laisser soupçonner en partie la vérité vraie. Alors les chiffres deviennent effrayants, et le compte des pertes infligées à la société par les sinistres que supporte l'agriculture atteint à des proportions vraiment colossales. Des évaluations faites dans la Seine-Inférieure, et que nul n'a pu considérer comme exagérées, ont porté à 25 millions de francs la valeur des récoltes dévorées et anéanties par les larves du hanneton pendant la seule année 1866. Quelle avait été la somme des pertes occasionnées par les auteurs de ces larves? Quelle a été la somme des pertes causées par celles-ci revenues à l'état de hanneton? Ces nombres confondent l'imagination. Qu'ils servent au moins à faire reconnaître la nécessité de ménager les dévorants de cet insecte maudit sous les diverses formes où il se produit, à l'état de arve et dans sa condition d'insecte parfait, à moins que ne se présentent des moyens plus efficaces d'en avoir raison, auquel cas il y a urgence à les appliquer dans la mesure même de leur efficacité. Ainsi envisagée, la destruction de l'insecte prend une très-grande et très-réelle importance. Se multipliant sous les efforts d'une agriculture progressive et riche, les déprédateurs de nos récoltes ne peuvent être contenus que par des moyens de repression très-actifs et très-puissants. J'en veux donner un exemple.

Des primes offertes en 1866 par le conseil général de la Seine-Inférieure ont amené la destruction [de 37,000 kilogrammes de mans ou larves de hannetons. Le poids moyen d'une larve étant de 2 gram. 2, c'est 168 millions de vers blancs qui ont été détruits en une année, du 4 septembre 1866 au 26 août 1867. Combien aurait-il fallu de taupes pour manger cette masse d'insectes? Je ne sais et ne me mettrai pas en souci de l'apprendre, car tout aussitôt une considération préalable, une question préjudicielle, comme disent les jurisconsultes, m'arrête. Or, cette question se pose en ces termes dans ma pensée : quels n'auraient pas été les bouleversements du sol opérés par la taupe parmi les cultures les plus précieuses et les plus soignées pour arriver à une pareille destruction? Ceci pourra revenir un peu plus bas. Pour le moment, j'ai à en finir avec le point soulevé : le froid ne tue pas les insectes, comme on le croit trop généralement encore.

Laissons à l'écart les chenilles et un grand nombre de mouches qui, à l'état d'œufs ou de chrysalides, s'enveloppent soigneusement et douillettement de triples et quadruples capitonnages de gomme, de soie, de laine, de bourre, de feuilles, pour traverser les mauvais jours et s'éveiller pleins de vie au renouveau. Laissons aussi les limaces et les limaçons, qui prennent également leurs précautions avec une admirable prévoyance, et ne nous occupons que de la larve du hanneton, bête trisannuelle et vorace que mange si volontiers la taupe, à qui elle donne fort à faire avec ses évolutions diverses. On les trouve en effet à des profondeurs bien variables aux différentes époques de l'hiver, de 0^m,10 à 0^m,90 ; on dit même jusqu'à 2^m. Mais ceci, je ne l'atteste point : moitié me semble déjà bien honnête. Dans des recherches multipliées, échelonnées de novembre 1866 à décembre de l'année suivante, recherches dont le résultat a été communiqué à l'Académie des sciences par leur auteur, M. J. Reiset, il ne paraît pas qu'on en ait trouvé au-delà de 0^m,90. Le point moyen pour toute l'année serait de 0^m,40, mais les moyennes n'ont rien à voir ici. Toutefois, un fait remarquable s'est produit, et a été constaté pendant l'hiver de 1867, à savoir : le thermomètre placé sous le sol, à cette dernière profondeur, n'a jamais atteint le point zéro comme minimum, alors que la température de l'air est descendue pendant plusieurs jours à 15 degrés au-dessous de zéro. La terre, il est vrai, était couverte d'un beau manteau de neige qui la protégeait, elle et ceux qui s'étaient réfugiés dans son sein, — contre des gelées rigoureuses et persistantes.

Il ne faudrait pas croire cependant que les vers blancs demeurent très-près de la surface du sol tant que dure la chaleur. Dès le mois de juin, a constaté M. Reiset, les mans, devenus adultes, avaient regagné une profondeur moyenne de 35 centimètres, pour se transformer en chrysalides. C'est un éloignement de deux mois environ, après quoi elles remontent jusqu'aux racines, qu'elles dévorent activement jusqu'à l'heure marquée pour une nouvelle retraite. Je soupçonne d'ailleurs que le ver blanc ne résisterait pas beaucoup plus aux effets d'une chaleur très-intense qu'à l'action d'un froid trop rigoureux.

« Quand les larves commencent à opérer leur mouvement de migration vers les profondeurs du sol, dit M. Reiset, elles semblent, pour ainsi dire, prévoir que la saison approche où l'abaissement de la température deviendra successif et ira chaque jour en augmentant. Elles prennent la précaution de s'abriter en octobre, alors que le thermomètre sous-sol indique encore 10 degrés au-dessus de zéro ; puis, à mesure que la couche de terre vient à se refroidir, par la fonte des neiges ou les pluies glaciales, elles gagnent peu à peu des profondeurs plus grandes, pour remonter ensuite vers la surface dès qu'elles éprouvent le sentiment d'une élévation continue de la température. Ce mouvement ascensionnel est déjà très-accusé le 23 février 1867, encore bien que le thermomètre sous sol n'indique que + 7°, 1. Cette température est inférieure à celle où les larves ont commencé à descendre en octobre, mais elle est de beaucoup supérieure à la moyenne fournie par le thermomètre sous-sol pour le mois de janvier. Cette moyenne atteint seulement + 2°, 8. On a compté pendant ce mois quinze jours de gelée avec neige, et huit jours de pluie.

« Il est nécessaire de remarquer qu'en quittant la surface du sol, dans lecourant d'octobre, les mans se retiraient gorgés d'aliments, tandis que leur empressement à remonter, vers la fin de février, peut s'expliquer assez naturellement par un besoin de nourriture dont l'insecte vorace a été privé depuis cinq mois. Cependant, il me parait difficile de nier l'influence de la température sur les évolutions de la larve. »

L'état de la température exerce une influence indéniable sur le plus ou moins de profondeur à laquelle s'enfoncent les larves, mais les époques déterminées par la nature pour l'éclosion du ver blanc, lequel sort d'un œuf et successivement pour les diverses métamorphoses qu'il subit avant de revenir à l'état de hanneton, sont autant de causes certaines d'éloignement des racines dont il se nourrit, ou de descente à des profondeurs variables dans la terre. Eh bien, toutes ces évolutions de haut en bas et de bas en haut, la taupe les exécute dans la chasse à laquelle elle se livre, — elle, — pour vivre. La finesse de l'odorat, qui est très-grande chez elle, doit beaucoup lui servir alors, car ce n'est pas un mince travail que de poursuivre ainsi ces bestioles au sein de la terre. Il faut qu'elle soit dirigée par un instinct bien sûr sous peine de rentrer bredouille au logis. Mais alors le rôle qui lui est départi ne serait pas rempli, et son gros appétit se trouverait mal d'erreurs de ce genre. D'ailleurs, il faut bien s'avouer que si le rude labeur auquel se livre l'animal pour trouver la pâture dont il a un si pressant besoin n'aboutissait pas à une réparation complète des forces dépensées, celles-ci ne se renouvelant pas, la vie cesserait bientôt dans ce petit organisme qui fonctionne, au contraire, à si grand résultat. Il faut de toute nécessité que les exigences de « messer Gaster » soient satisfaites en entier et en temps opportun. Certaine fable nous l'a fort bien dit :

> S'il a quelque besoin, tout le corps s'en ressent.

La nature a sagement prévu toutes choses. Lorsqu'elle a créé l'expurgateur des airs, elle lui a donné la vue la plus perçante et l'aile, sans lesquelles il n'aurait pu accomplir une tâche qui a ses difficultés. A l'expurgateur des eaux elle a donné l'aptitude à la natation et la faculté de séjourner dans l'eau. Elle a pourvu l'expurgateur des couches plus ou moins profondes de la terre du sens de l'odorat le plus exquis et d'une force musculaire peu commune; or, pour que cette dernière ne fît pas défaut à l'activité d'un ouvrier qui devait presque être infatigable, elle en a fait un carnassier; elle a voulu qu'il se nourrît d'aliments azotés; que son régime se composât de matériaux roborants. Les mans sont dans cette catégorie. M. J. Reiset a eu la curiosité d'y aller voir, et voici ce qu'il nous apprend à cet égard. « J'ai trouvé, dit-il, qu'à l'état naturel les vers blancs contiennent en centièmes : eau, 81,06, et matières solides sèches, 18,94. La matière solide, desséchée à 120 degrés, donne en moyenne 7,06 d'azote pour 100. » — Voilà le secret ou la source musculaire de la taupe. Si elle en dépense beaucoup, elle en crée beaucoup aussi en se nourrissant abondamment et substantiellement. Ceux de nos ouvriers qui mangent de la viande, qui boivent du vin et du café, sont autrement forts et puissants à l'ouvrage que ceux dont le régime a pour base la châtaigne, le blé noir ou la pomme de terre, et dont la boisson est plus particulièrement l'eau, plus ou moins claire et salubre des fontaines ou des puits.

III

Voilà des siècles que la cause de la taupe est en instance,

et devant la science et devant l'agriculture, double tribunal dont les décisions demeurent parfois indéfiniment pendantes. Elle a eu, elle a encore des partisans très-chauds et des adversaires très-vifs, avocats pour et avocats contre, également tenaces et obstinés dans leurs convictions, également fermes dans leurs conclusions. Ceux-ci l'accusent, les autres la défendent. Pour les premiers, elle est un animal nuisible; pour ceux qui l'aiment, au contraire, elle doit être classée parmi les plus utiles. Tous sont absolus. Les uns ne lui trouvent que des inconvénients et la traitent comme un coupable en faveur duquel il n'y a même pas lieu à invoquer le fait des circonstances atténuantes; mais les amis se récrient, et, glissant très-légèrement sur quelques reproches très-fondés, nient les inconvénients et font valoir très-haut les services qui constituent des avantages. D'un côté, on se montre partial, mais de l'autre on va jusqu'à l'injustice. Et, je le répète, il y a longtemps que les choses en sont là. Il en résulte qu'en certains lieux, en dépit de l'utilité grande que d'aucuns lui accordent, on lui fait une guerre à outrance, tandis qu'ailleurs sur des points où elle n'est pas venue toute seule, on tente de l'acclimater en lui demandant de se plaire, de travailler avec ardeur, de croître et de multiplier autant que dame nature lui en a donné la puissance.

Ce que voyant, après avoir mis ses lunettes, bien entendu, mère la taupe prit un jour la résolution de venir exposer elle-même sa cause à l'un de ses avocats d'office les mieux disposés. Celui-ci, qui avait nom — le père Montreuil, — retint le plaidoyer et l'imprima avec cette épigraphe, quelque peu malicieuse, extraite des œuvres de Jacques Bujault, un maître très-accrédité et un illustre patron : « C'était l'année où les bêtes parlaient; en certains pays ça se voit encore. »

Du plaidoyer j'ai retenu quelque chose; peut-être bien l'essentiel : j'en ferai mon profit si le lecteur veut bien le permettre, et j'ai dans l'idée que le bon père Montreuil ne m'en voudra pas si j'aide à propager les arguments favorables à sa vieille amie, la mère la taupe :

— Bonjour, père Montreuil, dit-elle familièrement en entrant; une poignée de main, mon vieux, et causons, ou plutôt laissez-moi dire, sans souffler, tout ce que j'ai sur le bout de la langue et ailleurs, car j'en ai gros sur le cœur.

— Eh bien! allez, ma petite mère, ne vous gênez point; défilez tout au long votre chapelet. M'est avis, en effet, que vous avez la langue bien pendue ce matin, et que celui qui vous a coupé le filet ne vous a pas volée. Allez, allez, ma petite mère; je serai tout yeux pour vous admirer dans votre belle robe de velours noir, et tout oreilles pour entendre vos paroles dorées.

— Ne m'agacez pas, l'ancien; car je ne suis pas déjà de si bonne humeur, et c'est quasiment des reproches que je viens vous faire; oui, des reproches, car vous avez dit du bien de toutes les bêtes de la création, des oiseaux du bon Dieu que vous aimez bien, je vous le pardonne tant ils sont jolis, mais aussi du chat-huant et du crapaud, deux horreurs; vous n'êtes pas difficile, père Montrueil, dans vos affections, mais je les vaux peut-être bien, et pourtant vous n'avez rien dit encore de la pauvre taupe. Est-ce juste cela? Jardiniers et cultivateurs, ceux qui vous regardent comme un oracle et tiennent tous vos enseignements pour paroles d'Évangile, nous ont en abomination, nous maudissent et nous persécutent, nous autres, qui leur rendons pourtant de signalés services.... Lesquels? — Je lis ce point d'interrogation sous vos deux épais sourcils, blanchis par l'âge avant que tout savoir vous soit venu, à ce qu'il paraît. Eh bien! je vas vous les dire puisque vous prenez les airs de les ignorer encore. Ah! vous êtes donc si bien de ce temps-là, tout au commencement de votre siècle, où, sur les plaintes du ver blanc et l'accusation directe du substitut Hanneton, on créa, — c'est un peu bien drôle, — on créa dans la bonne ville de Pontoise, célèbre à plus d'un titre, une école spéciale de taupiers, où l'on enseignait le crime, où l'on prêchait l'extermination de notre malheureuse espèce; un beau métier que faisaient là, — pas vrai? — les professeurs du nouvel institut. Ceux-ci pourtant eurent du succès; ils firent des élèves qui, eux-mêmes, sont passés maîtres. Leurs amis ont chanté leurs hauts faits; plusieurs sont devenus fameux, et je m'étonne, en vérité, qu'on ne leur ait pas encore élevé des statues sur les grandes places de vos petites villes. C'est monsieur le Hanneton, — un « feignant » qui coûte cher, — qui aurait été heureux de venir chaque printemps donner tête baissée là dedans et baiser au front son imbécile protecteur. Un taupier, Dieu que c'est laid! un grand vieux, sec et maigre, avec un air rêveur et soucieux comme un quelqu'un qui a des remords, armé d'une longue pelle et portant sur l'épaule un long bâton au bout duquel pendent des taupes en signe de trophée, en témoignage d'une criminelle adresse. Et pourtant, il faut bien que je le confesse, cet homme commet moins de meurtres qu'il ne s'en donne les apparences; il est moins coupable en fait que ne le sont en intention ceux qui le payent pour nous attraper toutes. Pas si simple, ce grand animalier; il s'assure des rentes faciles en ne nous détruisant que le moins possible, dans le plus petit nombre qu'il puisse. Il fait montre de talent, mais il ne va pas au delà, et c'est déjà bien assez pour nous. Si, par son fait, nous portons le deuil de quelques-unes des nôtres, par son fait également parfois, celles-ci nous vengent de l'aveuglement de nos ennemis. Suspendues par la patte à un arbre, le long des chemins et tout à l'entrée du village, nos camarades son bientôt en proie à la putréfaction. En cet état de dissolution, elles attirent des mouches qui souvent, en les quittant, viennent prendre place sur quelque partie de vous mêmes, la figure, les bras, ou se poser sur quelque animal. Cet attouchement, bien qu'on l'ait nié, — quelle vérité n'a pas ce destin? — a ses dangers, et, plus fréquemment qu'on ne pense, inocule un poison promptement mortel. Plus mauvais que moi s'en réjouirait; je me borne à vous donner, en passant, un salutaire avertissement. Enterrez au moins nos morts, ceux que, si méchamment et si légèrement, vous faites passer de vie à trépas. Autrefois, vos grands pères, ça ne remonte pas plus loin dans le temps, tiraient meilleur parti de nous-mêmes. Les bonnes femmes, comme vous dites, sans aucune intention de flatterie, avaient su découvrir en nous plus d'une propriété médicinale, et nos vertus curatives vous fournissaient à tout le moins un honnête prétexte pour nous poursui-

vre ou pour nous prendre, — sans courir — dans vos infer-
nales attrapes. Vous ne savez plus rien de ces choses, car
vous ne savez seulement pas vous souvenir. Je me sens en
veine de vous les rappeler; la langue me démange toujours,
et d'ailleurs je veux tout dire en une fois, n'ayant point envie ni de revenir ni de recommencer.

Plus maltraités que nos petits, vos enfants sont fréquemment pris de convulsions pendant leur dentition. Eh bien, on
avait imaginé de leur appliquer sur la tête, comme préserva-
tif, une peau de taupe façonnée en calotte. Était-ce bien
trouvé?

Mais le foie desséché était administré contre les vapeurs et
les tranchées, administré avec succès, car il les guérissait...
Ah! la crédulité humaine!...

Reduit en poudre, — il y avait la façon, dont je ne parlerai
pas, — le cœur était le remède de la hernie. La chirurgie de
de nos jours en sait peut-être bien plus long!

La graisse jouait son rôle, — un rôle merveilleux, — dans
la colique et le mal de dents, qu'elle devait mettre dehors.
Pauvres gens!

Et le sang, ah! celui-ci arrêtait la gangrène et faisait
repousser une forêt de cheveux sur les têtes les plus chauves.
A bon entendeur salut!

Il fallait bien aussi un fébrifuge aux mains de cette médecine primitive; la fièvre est si fréquente en certaines contrées
et accable si fortement le pauvre monde! Le fébrifuge était là
très-sûr dans son action sur les malades, à la condition que,
saisissant une taupe pleine de vie, ils eussent le triste courage de l'étouffer dans la main. La chose était hardie, mais
elle laissait un grand pouvoir à qui avait su l'accomplir.
Celui-là en effet, rien qu'en touchant, guérissait écrouelles
et cancer, — deux grandes afflictions de l'espèce humaine.

A défaut de la main de ce privilégié, la taupe restait fidèle
à ses vertus curatives. Il s'agissait de la réduire en cendre et
d'en faire de simples applications pour supprimer écrouelles
et compagnie; pour conjurer la fistule, le rhumatisme, la lè-
pre et le mal caduc, toutes choses inconnues aux taupes; *con-
traria contrariis sanantur.* Père Montreuil, mettez donc de cet

ingrédient-là dans votre queue de rat; ça vaudra peut-être bien autant que le bon tabac que vous n'y avez pas.

Bonne à toutes sauces la taupe. Ce qu'elle vaut rôtie, je viens de vous le dire; voyons à présent ce qu'elle vaut bouillie. Le bouillon de taupe donné aux enfants à l'heureu où on les couche fait qu'ils ne se salissent point en dormant. Avis aux mères qui ont quelque souci de la propreté.

Ne riez pas dans votre barbe, mon vieux; tout cela est imprimé dans de gros livres, très-sérieux et très-savants, que des fonctionnaires à émoluments fixes, érudits et poudreux, conservent avec soin dans les bibliothèques de vos villes.

Voilà bien des paroles pour rien, n'est-ce pas? Eh bien, causons mieux: puisque je suis venue pour vous entretenir des services que j'ai la prétention de vous rendre, faut bien que j'arrive à la question; m'y voilà.

A vos dépens vous avez appris à connaître le hanneton; tous en ce monde vous l'avez vu à l'œuvre. Pendant sa courte vie aérienne, il vous a causé assez de dégâts pour que vous soyez bien fixés sur tout le mal qu'il peut faire à vos cultures arbustives. Il les ronge et les dévore à tel point que c'en est une désolation pour plusieurs années. En voilà un dont l'appétit vous coûte cher. Il ne se montre pourtant que comme une sorte d'éphémère, pour contracter mariage et mourir; son intéressante épouse vit quelques jours de plus. Elle a pour mission de pondre en un lieu sûr des œufs que j'ai comptés et dont le nombre dépasse 80. Des amateurs, qui, on le croirait du moins, ne savent seulement pas les quatre premières règles de l'arithmétique, ont dit 25 ou 30; mais moi, qui ai voulu voir de près, je vous dis la vérité: elle pond, — la féconde bestiole, — plus de 80 œufs et les dépose en divers endroits, très-attentivement choisis de peur qu'il ne leur arrive malheur. Ah! ce n'est pas elle qui les mettrait tous dans le même panier; elle est mieux avisée que cela, je vous en avertis, car c'est fort bon à savoir.

C'est de cet œuf de hanneton que sort le ver blanc. Celui-ci vit dans la terre pendant trois longues années. Il ronge les racines de vos plantes, de vos blés, de vos herbes, de vos arbustes, de vos plus grands arbres; il entre dans vos pommes de terre et dans vos betteraves, et s'y loge à la façon de certain rat dont on vous a conté l'histoire,

Dans un fromage de Hollande.

Là dedans il vit en chanoine, et devient gros et gras, sans souci de la récolte. Demandez aux planteurs de betteraves quelle part il se fait, et quelle il leur laisse; adressez la même question aux pépiniéristes, à ceux qui cultivent en petit ou en grand ou une chose ou une autre, et vous m'en donnerez des nouvelles de celui-là. Caché et silencieux, il ne fait pas autant d'esbrouffe que père et mère, mais il vous nuit bien plus encore, et ce n'est pas peu dire.

Eh bien, où donc est le chasseur adroit, patient, actif, intelligent, infatigable, de ce destructeur obstiné de toutes vos cultures? Où? Mais tout simplement dans la peau de ces taupes que vous exécrez. Tout leur travail est à cette fin; elles le poursuivent avec acharnement, elles en mangent des quantités prodigieuses, et parmi vous autres beaucoup ne s'en doutent pas, d'aucuns même le nient. Plus justes et mieux informés, d'autres se sont dit qu'au lieu de payer tribut aux taupiers de profession, mieux serait et bien plus profitable aussi de leur payer volontairement la dîme à elles, de les laisser croître et travailler paisiblement au lieu de les détruire et de leur faire fête, comme à des bienfaitrices, au lieu de songer à les exterminer jusqu'à la dernière. D'autres, qui ont quelque peu espionné des destructeurs assermentés, s'étant assurés que parmi les plus fins il fallait classer les taupiers, qui se bornaient à répartir plus également les existences, en transportant là où elles manquaient celles qui se trouvaient de trop en certains lieux, ont imité ces braves gens et en ont introduit sur des domaines dont elles avaient négligé de prendre possession et où leur présence était cependant devenue nécessaire. Cela revient à dire peut-être : s'il faut des taupes, pas trop n'en faut, comme vous dites, chez vous, de la vertu. Soit. Sur ce point, je passerai condamnation, et vous ne direz pas que je n'entends point raison.

Que les taupiers, qui les premiers ont trouvé le joint, fassent donc école à l'avenir, et qu'au lieu de se cacher pour faire sournoisement si bonne besogne, ils se livrent ouvertement à leur utile métier de propagateurs et de conservateurs des taupes. Que les agriculteurs se rendent compte ; qu'ils prennent la balance du juge éclairé et consciencieux ; qu'ils mettent dans un plateau le tort peu considérable que nous lui faisons ; qu'ils placent dans l'autre la somme des services rendus, et ils rangeront parmi leurs amis les taupiers intelligents que je signalais ou dénonçais tout à l'heure. Ce qui me déplaît en ceci, à moi, la mère la taupe, c'est la cachotterie. Que parmi vous le règne du mensonge soit fini, même pour les taupiers ! Ainsi soit-il !

Ce n'est pas tout. Nous ne vivons pas de cette larve seulement. Vous avez d'autres ennemis, dont nous vous débarrassons tout aussi bien et avec un égal appétit, une égale ardeur.

Il y a des vers fort estimés de certains pêcheurs, voire des plus passionnés, les pêcheurs à la ligne, un instrument dont je ne veux pas dire de mal. Mais si, en vue du plaisir ou de l'utilité de la pêche, les achées jouissent de la considération distinguée de ceux qui les recherchent pour attirer le poisson dans leurs filets ou à leurs hameçons, les cultivateurs les envoient bien à tous les diables, et ils n'ont pas tort. Qui donc fait ici, au profit de la culture, l'office nécessaire de diable ? — Eh, mon Dieu ! la taupe, qui les dévore par masses, sans fin ni trêve.

Les jardiniers n'ont pas assez d'imprécations contre nous. Oh ! je sais leurs griefs. Nous bousculons un peu les terres, nous dérangeons la symétrie de leurs travaux, et nous laissons après nous des boyaux par lesquels pénètre sous les racines un peu trop d'air. Je ne dis pas non, car je ne veux pas mentir. Mais vous avez judicieusement formulé ce dicton : On ne saurait charpenter sans écailles. Dans tous ces jardins foisonne l'ennemi, — le ver blanc, — le ver de terre — et la courtilière ou taupe-grillon, — un homonyme, comme vous diriez, que je renie. Est-ce que pour les atteindre, pour les joindre et en purger le sol, il ne faut pas que je les suive à la piste. Il me faut donc ouvrir des passages. Mais je n'agis de la sorte que pour vous secourir, que pour détruire vos ennemis les plus faméliques. Cette taupe-grillon, que je mange avec tant de

satisfaction, comment se conduit-elle envers vous? Elle occupe les jardins les plus riches, elle s'y promène à ma manière, en creusant aussi de petits chemins souterrains et en
formant des monticules de terre, le tout proportionné à ses
minces dimensions. Mais dans quel but voyage-t-elle de la
sorte à travers vos planches et sous vos couches les plus plan-
tureuses, juste au niveau des racines des légumes les plus
délicats, pour les couper? Ce n'est plus ma méthode. Elle vous
nuit, je la punis en la croquant, et ce régal m'est doux, ingrats que vous êtes. Après mon passage, si utile à vos intérêts, venez rétablir l'ordre et ne craignez point une peine
suscitée par un service rendu, car le plus grand avantage est
encore de votre côté.

Je pourrais en dire plus long, car je ne suis pas au bout
de mon rouleau, mais si, convaincu après mûre réflexion,
vous vous décidez à prendre « un petit » ma défense, comme
on aurait dit du temps de Louis le treizième, vous saurez
suppléer à mon insuffisance.

Adieu donc, père Montreuil, rappelez-vous vos meilleurs
jours, ceux où vous avez su défendre des affligés, et réhabi-
liter des condamnés. *Errare humanum est*, dit-on quelquefois
chez vous. Hélas! je ne le sais que trop bien, moi qui ai tant
à me plaindre de la justice des hommes.

Ainsi parla la mère la taupe, après quoi elle se retira comme
elle était venue, en se cachant de son mieux. Par bonheur,
c'était un jour férié, les cabarets étaient pleins, elle put reprendre la route qu'elle avait suivie une heure auparavant et
rentrer sans encombre en son gîte.

Voyons en substance comment il a été répondu à son plaidoyer.

IV.

Ah! par exemple, s'est écrié tout aussitôt le berger Pastureau, elle nous la baille belle, la mère la taupe. Je ne lui sa-
vais ni autant d'éloquence, ni autant de subtilité à la commère. Elle se moque agréablement des préjugés de nos
anciens qui ne lui étaient bien que trop favorables; mais

elle-même, est-ce qu'elle parle autrement qu'un livre? Moi,
qui la vois travailler depuis plus de quarante ans, je sais peut-
être bien de quoi elle est capable; je dis tout net qu'on a raison
de la honnir et de l'exterminer. A l'entendre, elle n'est rien
moins que l'utilité en chair et en os; ceux qui, se permettant
de la contredire, essayent de la remettre à sa vraie place,
manquent de sens et de raison. Pour une bête, c'est un peu
leste en parlant à notre personne. Elle a de l'aplomb. Sous son
raisonnement, tous ses inconvénients se changent en avantages. Comme elle interprète donc sa façon d'agir dans les
jardins. Jardiniers, mes amis, vous n'êtes que des sots : loin
de vous nuire, je vous sers; loin de m'abominer, vous me
devez des actions de grâces. Laissez-moi faire, laissez-moi
passer; je suis pour vous un auxiliaire incomparable; vos cultures transcendantales ont mille ennemis; seule je puis les
sauvegarder : me gêner, me traquer et m'atteindre, c'est
œuvre de stupidité, car c'est propager la vermine qui vous
ruine.

C'est tout à la fois de l'audace et de l'ironie. Écoutez ses
beaux discours à la sournoise, mais sachez ce qu'en l'occurrence parler veut dire.

Sème, sème avec soin, dit-elle *in petto* au bon jardinier,
sème choux, oignons, carottes, etc.; ratisse avec art plates-
bandes et allées, mets la dernière main à tous ces travaux, qui
me plaisent; hâte-toi pourtant d'en finir, méticuleux lambin,
car je suis pressée de passer après toi..... Et la maudite tient
parole. A la première heure, dès l'aube suivante, sûre de faire
ripaille dans ces terres richement fumées et fraîchement remuées, elle vient les mettre à sac par-dessous en bousculant
tout, à la surface, en détruisant l'ordre laborieusement établi
quelques heures auparavant.

Ne faut-il pas lui savoir un gré infini de son aimable visite
et de sa délicate attention? Mais si vraiment; elle le demande.
Quelques coups de râteau, dit-elle, suffiront à éparpiller les
terres que j'ai soulevées par-ci par-là. De quoi vous plaignez-
vous cependant? Je mange comme quatre, comme dix; mon
insatiable appétit vous débarrasse de bestioles nuisibles que,
par milliers, je transforme incessamment en déjections ferti-

lisantes. Celles-ci, je les mêle aux terres que je remue; elles
en sont imprégnées et deviennent pour vos cultures un engrais excellent. Sans vous coûter bien cher, je ne travaille
pas tout à fait gratis; mais de toutes les charges qui pèsent
sur vous, croyez-moi, la plus légère est bien celle que je vous
impose. — Oui, c'est ainsi que la chétive pécore tourne à
son profit tout ce qui est en réalité dommage pour nous-
mêmes. Mais aura-t-elle le dernier mot? J'espère que non, et
je poursuis.

Suivez-moi dans les prés; là vous apprécierez mieux la valeur des arguments d'avocat dont elle nous assourdit. Au
jardin, j'en conviens, un coup de râteau est vite donné au
passage. Si donc les taupes n'y sont pas en nombre trop considérable, et si, comme le prétend la bavarde qui est venue
défendre l'espèce entière, elles mangent les insectes qui rongent au pied arbres, légumes, et fraisiers, toutes nos plantes
d'utilité ou d'agrément, eh bien, j'y consens, qu'on fasse
quartier, en nombre contenu, aux utiles, ou mieux aux indispensables.

Mais cela est-il possible dans les prés, où elles foisonnent, où
leur population s'est tellement accrue que l'opération du fauchage y arrive à des prix excessifs pour un résultat fort peu
satisfaisant? J'en connais par centaines d'hectares des prés
dont la surface est incessamment hérissée par le travail constamment renouvelé de la bête. C'est là qu'on peut surtout
juger de son activité infernale. Ah! oui, elle est un géo-
logue infaillible et un mineur infatigable. Ceux qui le disent
ne mentent point; mais raisonnons « un petit, » comme elle
dit, ses travaux, plus intéressants pour les membres de l'Institut que pour les propriétaires de prairies.

Vous savez quand elle pousse, — la mère la taupe; un peu
avant le renouveau, elle commence pour ne plus s'arrêter qu'à
la menace de la mauvaise saison. C'est donc pendant toute la
durée de la végétation active, et tandis que l'herbe pousse
elle-même à notre profit, que la bête va, vient sans cesse, et
multiplie ces affreuses buttes de terre qui font la surface de
la prairie si inégale et si désagréablement raboteuse. Ses
amis disent à cela qu'il faut les étendre ou les régaler. C'est

plus tôt dit que fait, et je voudrais bien les voir, — eux les amis, — à cette besogne impossible, si ce n'est en hiver jusqu'à l'époque où, l'herbe grandissant, il n'est plus permis d'aller la fouler et la chagriner pour éparpiller ces monticules du diable. Il faut donc les laisser, et vraiment on les laisse, ce qui fait qu'à la fauche l'herbe se perd. Comment elle se perd, le voici : Fatigué de heurter à tout moment sa faux contre les buttes, le faucheur est astreint à toutes sortes de précautions et n'avance pas autant qu'il le voudrait. Malgré cela, son instrument coupe encore plus souvent que l'ordonnance ne porte les fameuses taupinières, et quand la chose s'est renouvelée un certain nombre de fois, la faux, abîmée, a besoin d'être aiguisée et rebattue plus souvent qu'à son tour. Pour éviter en partie de la heurter, le faucheur élève l'instrument et ne rase pas le tapis de très-près. Il y a donc bien des inconvénients : perte d'herbe partout où elle n'est pas fauchée rez-terre; lenteur dans le travail du faucheur ; perte de temps résultant de la nécessité d'aiguiser et de battre la faux plus fréquemment que pour un travail ordinaire. En résumé perte de foin et perte d'argent.

Ce n'est pas tout. Il y a des prairies dont le produit serait presque nul si on ne les irriguait pas. Or, parmi les prairies de cet ordre, beaucoup sont établies en des points élevés et dans des contrées où l'eau est aussi rare que nécessaire. Eh bien, la mère la taupe aime particulièrement à vivre sous ces bienheureuses prairies. Elle s'y trouve à merveille, supposons-le, mais le propriétaire, qui est d'un autre avis, tout autant que moi, l'exècre. Voyez donc s'il n'y a pas de quoi lui vouer une haine à mort. On lui a tant de fois mis sous les yeux cet aphorisme agricole : — point de fourrages sans prés, point de bétail sans fourrages, point de fumier sans bétail, point de grain sans fumier, — qu'il s'est décidé à créer de vastes prairies sur des terres à peu près improductives. Ce n'est pas chose toujours aussi simple qu'on pourrait le dire. L'eau n'est pas tout près, et de grands travaux deviennent nécessaires pour l'amener au point convenable et, de là, la distribuer suivant les convenances du sol, de la saison et des plantes. Le voilà donc à la besogne et n'épargnant rien, faisant tout sciemment et consciencieusement, tirant mille combinaisons à l'aide du niveau, pratiquant à grands frais mille petits courants indispensables à la répartition des eaux, à l'enrichissemeet du sol, aux besoins des plantes, à l'activité féconde de leur végétation. Tout a été fait et bien fait. On a semé, et maintenant on attend en pleine sécurité la récolte. Elle serait venue ; mais en même temps qu'on opérait avec tant d'art à la surface, mère la taupe, la vertueuse, s'est emparée du dessous en compagnie de quelques amies et connaissances. Elle adore la vie de famille. La nouvelle colonie a prospéré ; en quelques années, grâce à d'amoureux penchants, la population a grandi, grossi, et des centaines de galeries souterraines correspondent aux rigoles superficiellement établies pour l'irrigation. C'est une véritable calamité, car les eaux trouvant au passage les trous des taupinières, s'y précipitent et ne produisent plus l'effet attendu. Adieu l'espoir de la récolte ; l'herbe pousse sans régularité et l'abondance ne vient pas.

Telles sont les œuvres de ce brillant orateur ; il n'a de stratégie que pour notre ruine à nous tous, qui vivons des fruits de l'agriculture. En vérité, je vous le dis, il ne faut point y aller à la légère quand il s'agit de patronner ou celui-ci, ou celui-là, ou cet autre. La taupe n'est ni un ami, ni même un auxiliaire pour l'agriculteur, c'est tout simplement le plus grand scélérat que puissent avoir à leurs trousses les paysans qui fauchent et qui labourent. Si le mot n'est pas parlementaire, je le retirerai, quoique à regret, et je me contenterai de dire que la bête doit tout au moins être rangée dans la catégorie des importuns que le cultivateur doit s'appliquer spécialement à faire mourir. Assez de fausse sensiblerie ; l'heure est venue de remettre toutes choses en leurs lieu et place. Je n'entends conseiller aucune cruauté inutile, mais je combats énergiquement toute faiblesse ridicule.

— Notre berger se fâche, mais il n'a pas fini ; la justice veut que je lui laisse la parole jusqu'au bout. Aussi bien, sa riposte embrasse-t-elle tous les points du cercle dans lequel se trouve enfermée cette importante question de l'utilité ou des inconvénients de la taupe. Il reprend :

— Oui, la taupe est notre ennemie ; non, elle n'a ni les

vertus ni les avantages dont veulent bien la parer ses plus honnêtes partisans. A l'opposé de la boîte de Pandore, ses galeries ne sont point l'entrepôt de toutes les richesses agricoles. Non et non, elle ne détruit pas, jusqu'au dernier, les myriades d'insectes qui nous gênent. Non, cent fois non, la terre n'est pas mieux labourée par ses petites pattes que par la charrue et la herse; non encore, elle ne draine pas si bien le sol humide des prés ou des champs que nos récoltes, si on la laissait aller en libre pratique, n'auraient à souffrir ni de la chaleur ni de la pluie. Voilà de sottes exagérations; tant pis pour ceux qui les commettent; l'épithète y est, je la maintiens.

Nous ne sommes plus au temps du père Adam, au beau milieu du paradis terrestre. L'harmonie primitive, qui a sûrement existé alors entre tous les êtres de la création, n'est plus celle de l'époque actuelle. Bien des choses ont été changées; les conditions sont bien différentes. En ce temps-là donc, — celui de l'harmonie universelle, — la taupe, çà se peut après tout, ne troublait pas ou troublait peu l'ordre établi dans les jardins, dans les champs, dans les prés, et nul ne songeait à supputer, comme il y a nécessité à le faire aujourd'hui, le notable dommage que peut causer sa désespérante activité. Et il en était sûrement de même de tous les autres dévorants dont l'agriculture redoute à bon droit aujourd'hui les trop grandes déprédations. Le mulot, par exemple, si justement accusé en maints lieux de ruiner la récolte des céréales, n'était même pas troublé dans l'œuvre de sa digestion. Et le ver du hanneton, ce fléau du moment, que les amis de la taupe croient pouvoir combattre efficacement par elle, grignottait à son aise, sans qu'on s'en occupât, les racines des plantes et des arbres. Malgré cela, ces derniers ne s'en paraient pas moins luxueusement d'une fraîche feuillée dont il prenait sa part, tandis que les jolis oiseaux du bon Dieu chantaient, en face de lui, joyeux de le prendre au vol et de le porter aux nichées, en attendant la maturité des grains.

Tout était donc pour le mieux alors; mais depuis nous avons à l'infini multiplié les produits, les subsistances, les provisions. En faisant l'abondance, nous avons fourni à tous les êtres qui suivent notre destinée des moyens de prospérer aussi. Une

trop grande exubérance a créé des nécessités nouvelles. Trop
nombreuses, et gênantes par cela même, certaines espèces
ont été condamnées, poursuivies à outrance, détruites ou par
trop réduites. Ceci a déterminé d'autres conditions. En détruisant l'oiseau, par exemple, le destructeur-né de l'insecte,
celui-ci a eu le champ plus libre. Vivant bien, il a pullulé,
pullulé au point de devenir un fléau. Maintenant, il déborde
de toutes parts, et pour le contenir, pour faire rentrer ses
générations en des limites plus étroites ou plus rationnelles,
l'agriculture va partout sollicitant des moyens d'action et de
destruction. Pour cela, vraiment, elle s'adresse à Dieu et aux
saints. Les amis de la taupe la lui présentent avec confiance
et persévérance; mais l'agriculture ne mord pas volontiers
à cet hameçon-là. Tout à fait apte à mesurer le dommage très-
apparent qu'elle en reçoit, le cultivateur distingue plus malaisément les services ou les bienfaits, si bienfaits il y a. On
lui répond : Que la taupe fasse payer ses avantages, c'est possible. Mais entre deux maux il est au moins sage de ne pas
se livrer sans défense au pire ; m'est avis, au surplus, qu'il
serait encore mieux de les combattre tous deux.

Mon gros bon sens se révolte à cette idée un peu cocasse :
en dépit des dommages qu'ils te causent, mon pauvre vieux,
protége tel animal ou telle plante.

En fait de plantes, en voilà que l'expérience a forcé de
classer parmi les espèces vénéneuses. Garde-toi de les arracher. En aspirant les gaz délétères, elles assainis
ce que les savants nomment l'atmosphère; et de plus elles
purgent le sol que tu cultives des mauvais sucs qu'il renferme.
— En voilà une imagination, quel est donc l'imbécile qui
consentirait à s'y conformer !

Pour en revenir à la mère la taupe, est-ce que, si tout
mon avoir est dans un pré que je draine avec soin et que je
fume de mon mieux, je pourrai l'aimer ou la ménager lorsqu'elle viendra traîtreusement rompre mes digues, obstruer
mes canaux et rendre presque impossible le passage de ma
faucheuse et son utile emploi. Du diable, non; et loin de
lui faire fête, je l'exterminerai bel et bien.

Mais, obstiné que vous êtes, me crie-t-on, le ver blanc

mangera les racines de vos herbes, et votre faucheuse, la perfection du genre, demeurera inactive sous le hangar. Oh ! que nenni, mon beau diseur, si cette autre bête me menace, je la tuerai comme j'aurai tué la taupe, son émule dans le mal. Guerre à celle-ci, guerre à celui-là, guerre à tous les nuisibles jusqu'à leur complète extermination. Depuis longtemps l'Angletere n'a plus un seul loup ; elle en a été infestée. Poursuivons nos ennemis sans paix ni trève ; que chacun s'y emploie, et nous en aurons raison à la fin ; c'est mon *delenda Carthago*, comme nous disait, l'autre soir, l'instituteur de la commune, dans sa classe d'adultes.

V.

La cause est entendue. Les deux parties ont parlé dans leur pleine liberté ; accusation et défense ont usé des mêmes droits. Il reste à peser le pour et le contre, afin de conclure équitablement.

Si j'écarte les exagérations qui forment comme les entours naturels du procès, je trouve que ces deux adversaires, si animés dans la forme, sont tout près de s'entendre quant au fond. Tout en prêchant chaleureusement chacun pour son saint, ils se sont loyalement fait de mutuelles concessions. « S'il faut de la taupe, a dit la mère, pas trop n'en faut ; j'en conviens. » Et Pastureau, le fougueux berger, passant condamnation sur certains points, relativement aux jardins, entre autres, a passé aussi à côté d'une grande concession faite par les ennemis de la taupe, concession qu'ils formulent ainsi : là où la taupe perce les digues, obstrue les rigoles et chagrine par trop les espaces à faucher, guerre à mort, car sa présence équivaut à un fléau, à la ruine ; mais dans la plaine et dans les jardins, partout où le ver blanc détruit les récoltes, qu'on importe son dévorant et qu'on le choye ; c'est à merveille. Ne soyons pas exclusifs, laissons à chacun, — laboureur ou jardinier, — le soin d'apprécier dans son propre intérêt et de reconnaître si l'existence de la taupe, réprimée ou contenue dans sa fécondité, cause plus de profit que de ravages.

A la bonne heure. Ainsi posée la question, toute difficulté disparaît. En certaines situations la taupe sera utile en certaines autres elle serait nuisible. Dans le premier cas on comprend qu'on la laisse librement agir ; il n'y a point à s'étonner dans le second cas si on la chasse et si on la pourchasse à outrance. Ce ne sont pas des idiots mais des gens bien avisés ceux qui en Angleterre sont allés acheter des taupes sur des points où l'on cherchait à les détruire pour en semer dans des terres où leur intervention était devenue nécessaire. Ce ne sont pas des destructeurs aveugles non plus ceux qui, ignorant les ravages du ver blanc, mais se souvenant de leurs semis de lin ou de betteraves bouleversés, de leurs plants de tabac retournés, de leurs potagers labourés, se décident à les frapper d'ostracisme et à les jeter dehors jusqu'à la dernière. Ceux-ci ont raison, mais les autres n'ont point tort. Une sage précaution à prendre lorsqu'on émet une opinion fondée, c'est de ne pas en faire une règle universelle, imposée à tous les lieux et à toutes les situations. Les avocats des taupes ont trop oublié cette recommandation et ne se sont en rien préoccupés des circonstances ou des différences locales. En l'espèce, il y aurait eu à tenir compte de plusieurs éléments; il y avait à étudier la question dans ses rapports particuliers avec les faunes les coutumes, les climats, les assolements.

D'autre part, on a quelque peu grossi les inconvénients et faussé les interprétations en prêtant à la taupe des dommages qui ne sont pas exclusivement les siens. On a dit : elle dévore les racines des plantes, cela n'est pas. Mais elle ouvre des galeries par lesquelles arrivent plus facilement aux plantes certains rats, — des mulots, — qui les rongent et font périr le végétal. Ceux-ci mêmes viennent prestement, à la face du ciel, au beau milieu de graines nouvellement semées, font un trou autour duquel s'élèvent les déblais, — c'est une variante de la taupinière sans en être une, — et de là pénètrent la terre pour se repaître des graines attendries et gonflées par le premier travail de la germination. Les pois semés en primeurs sont particulièrement visités de cette façon. Eh bien la taupe, lorsqu'elle trouve ce rongeur ainsi occupé, ne lui pardonne pas ce méfait; elle le dévore, et il ne revient plus.

Que de semailles de pois manquent de la sorte! et que les planteurs seraient heureux de se savoir protégés contre de pareilles déceptions par la bonne mère la taupe! Cette dernière est encore accusée de trouer les digues, et par là de causer quelquefois des dommages d'une extrême gravité, des inondations fort inopportunes, par exemple. Je n'entends pas dire qu'elle soit absolument innocente du fait, mais elle a pour émule en la chose certains rats, sortes d'amphibies d'une immense activité, et dont elle endosse les œuvres. Ne la chargeons pas des fautes des autres. Ne lui attribuons ni en plus ni en moins les avantages et les inconvénients. C'est en faisant strictement sa part que nous la jugerons sainement : elle a droit à toute impartialité.

Elle amène à la surface du sol une terre meuble et vierge. Ceci vaut quelque chose et serait même très-généralement apprécié s'il ne restait pas, comme conséquence, une inégalité du sol, dont le vieux berger a particulièrement fait ressortir le peu d'agrément, voire en certains cas, les inconvénients un peu exagérés.

C'est que toutes les buttes de terre formées à la surface et particulièrement gênantes pour la coupe des récoltes, ne sont pas nécessairement le fait de la taupe. Les fourmis aussi en élèvent, qui sont façonnées en cône et qui ne sont pas moins incommodes pour le travail de la faux ou pour les instruments perfectionnés qu'on nomme faucheuse et moissonneuse. Si même les fourmilières ne sont pas plus nombreuses, c'est que la mère la taupe ne fait aucune façon pour les dévorer. Découvrir une fourmilière doit être une bonne fortune, car il y a là, pour le gros appétit de la maman, tout à la fois quantité et qualité.

Le vieux pastoureau consent à ce que le jardinier pardonne à la taupe ses travaux de mineur et les taupinières dont elle émaille planches et plates-bandes du jardin, à raison des services rendus, chemin faisant, et du peu de temps que peuvent lui prendre les petits raccords à faire çà et là, sur sa route, en allant et venant; mais nous avons vu quelle sévérité il déploie en parlant des taupinières des prairies. Sur ce terrain il se montre intraitable : s'il n'avait rien exagéré, je serais avec lui. Le mal dont il parle ne se produit qu'à deux conditions, savoir : ou bien la population a pris des proportions par trop grandes, auquel cas il y a lieu de mettre ordre à l'exubérance, ou bien l'étaupinage ayant été négligé, le nombre des taupinières s'est accru au point de rendre effectivement la récolte très-malaisée. C'est au taupier, à un chasseur sérieux de taupes, qu'il faut confier le soin d'une dépopulation rationnelle ; c'est à l'emploi opportun et raisonné de l'étaupinoir qu'il faut demander la destruction des taupinières et des fourmilières, le nivellement complet du sol par le régalage des terres soulevées et amoncelées à la surface du sol par les taupes ou par les fourmis.

L'étaupinage est aux prairies ce que le coup de râteau du jardinier est au jardin. Toutes proportions gardées, l'opération est la même : le râteau travaille en petit et avec toute la délicatesse voulue pour ménager, autant que besoin est, des plantes qui ne se trouveraient pas bien d'être brusquées ; l'étaupinoir opère en grand, exécute rapidement et à frais relativement peu élevés un travail qui, loin de nuire au gazon, lui donne une façon favorable. On perd un peu trop de vue ce côté de la question, qui a son importance, et dont les bons effets s'ajoutent à celui que, seul ou à peu près, on se propose en étaupinant, en éparpillant les monticules terreux afin que les instruments de la récolte trouvent une surface aussi unie, aussi libre que possible, et ne soient pas à tout moment empêchés dans leur jeu sur les plantes.

Le cultivateur qui se montre si vif contre la taupe donne bien souvent prise contre lui-même en négligeant la plupart des soins intelligents que nécessite le bon entretien des prairies. L'étaupinage, malgré ses avantages marqués et non contestés, est loin, hélas ! d'être au nombre des pratiques usuelles. Il se fait au jour le jour, pour ainsi parler, dans les prés irrigués, avant que l'herbe commence à pousser et pendant la première phase de la végétation ; mais ailleurs on n'y pense pas toujours et on l'opère rarement. Cependant, il est des contrées tellement labourées par l'œuvre incessante de la taupe qu'on est forcé de lui opposer le travail actif et répété de l'homme. Dans ces conditions, l'étaupinage cons-

titue une dépense assez forte et nécessite si on le fait à bras
un certain personnel, qu'on aimerait mieux utiliser autrement
et sur d'autres points, car l'activité la plus grande de mère
la taupe coïncide précisément avec le temps des labours du
printemps et la dernière saison de l'ensemencement. Mais je
reviens sur ce fait, et je veux le souligner : là où l'étaupinage devient un travail si considérable, c'est qu'on a permis
à l'espèce de croître et multiplier au delà des besoins. L'auxiliaire utile, indispensable de l'opération, c'est la chasse du
taupier, par trop négligée jusque là.

Il serait oiseux de m'arrêter à décrire la manière d'étaupiner à bras. Quiconque peut tenir une houe, une bêche, une
pioche, est propre à détruire ces monticules détestés dont la
terre doit être assez exactement éparpillée sur l'herbe qu'elle
rechausse. Mais ce mode, à moins qu'il ne soit pratiqué au passage par des pradiers de profession ou par des ouvriers pré-
posés à l'irrigation, revient à un prix élevé tout en occasionnant une perte de temps considérable.

Pour abréger la durée du travail et pour en diminuer
d'une manière notable les frais, on a imaginé des instruments
ad hoc; ce sont les étaupinoirs. Ils ont en l'espèce une utilité
si haute que je cède au désir de les faire connaître.

L'étaupinoir est une sorte de herse traînée par des mo-
teurs; la plus grande rapidité de la marche du cheval doit l'y
faire atteler de préférence.

Comment cet instrument n'est-il pas d'un usage plus répandu? Qu'à raison de la rareté des bras et du prix de la
main-d'œuvre on répugne à faire exécuter l'étaupinage
à la main, si urgent qu'il apparaisse, il n'y a point à s'en
étonner; mais qu'on le néglige lorsqu'il peut être pratiqué
économiquement par un engin d'un emploi si simple et d'un
prix si peu élevé, voilà qui n'est plus facile à comprendre.
On étaupine peu par incurie et bonnement parce que l'opération n'est pas dans l'habitude. En fait d'habitude néanmoins,
il y en aurait ici une excellente à prendre, — celle de donner
aux prairies une façon à l'étaupinoir. Les sociétés d'agriculture et les comices agricoles feraient œuvre méritoire en appelant l'attention des cultivateurs sur l'utilité de cette opéra-

tion et sur le moyen le plus économique de la pratiquer.

Coupe-taupe a été le premier nom donné à l'étaupinoir. Il l'a promptement perdu. Cela devait être, puisqu'il n'a pas pour office de couper les taupes, mais seulement d'égaliser à la surface le sol des prairies en rasant les taupinières. L'étaupinoir est tout simplement une herse à étaupiner.

Le premier qui ait été construit a reçu et a conservé le nom de l'inventeur, — Arnoult. J'en offre quatre figures de 16 à 19 qui en donneront une idée suffisante au lecteur.

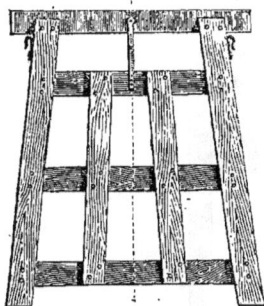

Fig. 16. — Plan de l'étaupinoir Arnoult.

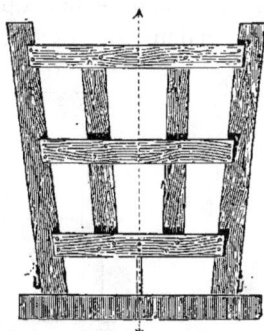

Fig. 17. — L'étaupinoir Arnoult, vu en dessus.

Fig. 18. — L'étaupinoir Arnoult, vu de face.

Fig. 19. — L'étaupinoir Arnoult, vu de profil.

Plusieurs années d'expérience en ont largement fait ressortir les avantages.

1° Sa charpente est assez lourde pour qu'aucune taupinière ni aucune fourmilière ne puisse échapper au tranchant de son couteau, qui les coupe de la manière la plus expéditive.

2° Les terres séparées par cette première opération sont écrasées, émiées, et uniment répandues sur la prairie par les différentes pièces composant la charpente.

3° En faisant passer l'étaupinoir sur toute la surface d'un

pré, non-seulement il en retranche toutes les buttes, mais encore il unit les différentes inégalités qui peuvent s'y trouver et gêner plus tard la marche rapide des instruments de fauchage.

4° Enfin, au dernier étaupinage, qui a lieu lorsque les herbes commencent à pousser, l'opération produit sur leur végétation le même effet que l'emploi du rouleau sur la végétation des céréales.

Mathieu de Dombasle, qui avait reconnu l'utilité de l'étaupinage et qui en a fortement recommandé la pratique, a quelque peu modifié le coupe-taupe-Arnoult, ainsi que l'indiquent les deux figures 20 et 21.

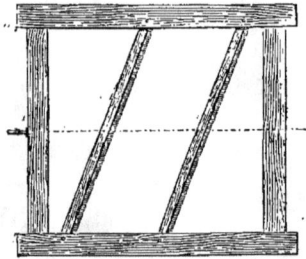

Fig. 20. — Étaupinoir de Roville, vu par dessus.

Fig. 21. — Le même, section verticale, suivant MN.

Deux chevaux sont nécessaires à la traction de l'étaupinoir. Celui-ci fonctionne alors avec rapidité et d'une façon tout à fait satisfaisante. Dans les prairies précédemment négligées, dans celles où les vieilles taupinières sont très-nombreuses, durcies ou même gazonnées, on est obligé de faire passer deux fois l'instrument, mais l'opération est si expéditive qu'on aurait tort de ne pas la compléter. Alors la surface des prairies est bien égale, la fauchaison s'exécute en entier avec autant de facilité que de perfection.

Schwerz n'est pas moins favorable à l'étaupinage des prés. Pour en rendre l'application usuelle, il avait imaginé, lui aussi, un instrument spécial, — le *rabot des prés*, dont je donne deux figures également (fig. 22 et 23). Un seul cheval suffit à la traction de celui-ci. Quand il est mis en mouvement, deux lames de fer, très-fortes, tranchent les taupinières, les monticules quelconques par la base, et des branches d'épines, placées comme en la dernière figure, en étendent la terre soulevée.

Adoptez, dirai-je, le mode d'étaupinage qui vous conviendra le mieux, mais étaupinez vos prés. Et, ce faisant, vous ne trouverez plus la mère la taupe ni aussi incommode ni aussi nuisible. Ses services alors vous coûteront peu, j'ose dire même qu'ils seront productifs, car je ne saurais en bonne

Fig. 22. — Rabot des prés de Schwertz.

Fig. 23. — Rabot des prés, de Schwerts.

conscience mettre à son compte les frais de l'étaupinage. Celui-ci, portant avec lui son bénéfice propre, compense largement par une augmentation de produit la dépense qu'il a occasionnée. En fait, la nécessité de supprimer taupinières et fourmilières n'est qu'un heureux prétexte à saisir pour donner aux prairies une façon qui en accroît le rendement et la qualité.

VI.

La question précédemment étudiée est résolue. La taupe n'est pas un parasite, mais un être utile à divers degrés. Là où ses services ne peuvent être suppléés, il faut l'appeler et la tolérer en raison même de l'urgence et de l'étendue des services qu'on attend de son activité naturelle et forcée. Là où ses services ne sont plus nécessaires, il y a lieu de la remercier et de contenir sa population dans les limites les plus étroites. Là où ses travaux sont une gène, un inconvénient sans compensation, il faut la chasser à outrance.

Voilà, je pense, les faits à retenir en ce qui concerne la petite bête. Ils conduisent à l'examen des moyens à employer pour se livrer à sa chasse fructueusement. Ne plaisantons pas. Ceci a été élevé très-haut; il ne s'agit rien moins que d'un art, — l'art du taupier. En se reportant à l'étude des mœurs de l'animal, les principes de cet art se trouvent très-simplifiés.

On ne prend aisément la taupe que lorsqu'elle travaille superfoiellement. Ce n'est qu'alors non plus qu'on peut la trouver incommode. Ses boyaux profonds passent inaperçus, et tous les insectes qu'elle détruit en les façonnant péniblement, si elle ne s'en était pas nourrie, auraient ajouté leurs dévastations à celles de leurs pareils, qu'elle cherche encore à l'époque où recommence et se renouvelle son travail extérieur. Je voudrais qu'on ne perdît pas de vue complétement les destructions de larves et d'insectes, profondément réalisées pendant l'hiver, lorsque, venu le printemps, il est question de décider du sort de la taupe.

Veut-on simplement l'éloigner de points circonscrits, sans la détruire, on en trouve les moyens dans toutes les mauvaises odeurs qu'elle n'aime point et qu'elle n'affronte pas. Très-sensible est son odorat; et tout ce qui le blesse, elle le fuit avec soin, sans insister davantage. C'est ainsi qu'elle se retire de tous les endroits où l'on dépose intentionnellement de la fiente de porc, des noix bouillies avec du sulfate de fer, de la résine, du purin, de l'urine, du poisson pourri, du goudron, des décoctions de tabac, etc., etc.; on n'a vraiment que l'embarras du choix. On peut introduire dans ses galeries des gaz délétères, des vapeurs sulfureuses, de la fumée de tabac, de feuilles de noyer, etc. On la fait dérailler en couchant dans ses boyaux des bâtons épineux, des petites branches de saule. Pour elle, c'est l'imprévu, c'est une menace;

elle s'éloigne et ne revient pas. Ce sont là des moyens de protection pour des semis ou pour des cultures qui auraient à souffrir du passage de la taupe, ce ne sont pas des moyens de destruction de l'animal. Celui-ci quitte des lieux où il n'est plus en pleine sécurité pour aller prendre possession de points plus paisibles. L'instinct de conservation veille avec la même sollicitude chez tous les animaux; il leur donne en temps opportun les salutaires avertissements, qui peuvent les sauvegarder.

Là donc où, par suite de considérations particulières, la taupe a été décrétée d'utilité réelle, si l'on éprouve le besoin de l'éloigner momentanément des couches ou de certaines plates-bandes ensemencées, on y réussira à l'aide de ces substances puantes ou de ces vapeurs suffoquantes. C'est ainsi que peut se concilier la protection à lui accorder en certaines circonstances avec la conservation des plantes ou des semis qu'elle visite et qu'elle endommage en cherchant sa nourriture avec plus de brutale précipitation que de ménagements respectueux et de minutieuses précautions.

S'il s'agit de les atteindre ou de les tuer, il y a des poisons variés et nombre de piéges spéciaux.

Relativement aux poisons, on a composé toutes sortes de recettes, plus fameuses ou plus vantées les unes que les autres. On y a fait entrer les matières les plus subtiles et on les a déposées dans les galeries. La façon dont bourre la terre la mère la taupe en avançant doit le plus souvent les lui faire éviter; d'autre part, la finesse de l'odorat peut la prévenir et l'empêcher de toucher à l'appât. C'est bien là ce qui arrive le plus ordinairement, car on semble avoir à peu près renoncé aux tentatives d'empoisonnement des taupes. Il y a plus, après avoir beaucoup vanté des formules qu'on avait pu croire infaillibles dans leurs effets, on a dû reconnaître que l'office du poison était d'un bien mince secours. Sous quelque forme, a-t-on dit, que les poisons végétaux soient présentés à la taupe, ils ne sont pas propres à la faire périr, car « tous ces appâts restent le plus souvent dans les trous sans être touchés ». Ceci est formel. Eh bien, tout aussitôt on l'oublie pour dire cette autre chose : « On réussirait mieux avec les poisons minéraux; par exemple, en saupoudrant d'arsenic un porreau frais, un oignon de Colchique, des vers de terre ou des larves de hannetons, et en les plaçant aux extrémités des coupures faites aux galeries. L'animal viendra de temps en temps se prendre. » Paroles en l'air que n'appuie aucune expérience, voire aucun fait rigoureusement observé. Pourquoi les poisons minéraux seraient-ils plus efficaces que les autres? Qu'est-ce qui autorise une pareille assertion? Rien. L'expérience, au contraire, a démontré que la taupe ne touche à aucune substance végétale. Ne serait-il pas étrange qu'elle vînt précisément manger celles qu'on aurait eu la délicate attention d'empoisonner à son intention?

Tout compte fait, à supposer même que quelques bêtes vinssent, par exception ou par aventure, mordre aux substances empoisonnées, il est certain que le moyen d'une grande et active destruction ne se rencontre pas là.

Restent la chasse et les piéges.

La chasse se fait diversement.

Prendre les taupes à la main nécessite une connaissance parfaite des mœurs de l'animal, une grande sûreté de coup d'œil et aussi beaucoup de décision et de promptitude. Il faut, aux heures du travail, surveiller attentivement les terrains habités ou fréquentés par des taupes, et saisir le moment où elles soulèvent la terre, où elles poussent, pour les enlever d'un coup de bêche ou de houe, vigoureux et subit. Il y a des taupiers assez habiles dans cet exercice pour ne jamais manquer la bête. La méthode est à la fois simple, efficace et peu coûteuse.

Comme tout chasseur diligent, le taupier de profession qui s'arrête à ce mode de destruction va guetter les ouvrières à la première heure. Quand une d'elles a donné le signal, il approche doucement, sans bruit : la belle entendrait pousser l'herbe, à plus forte raison perçoit-elle facilement la pression d'un pas trop lourd ou trop brusque sur le sol. A l'ordinaire, elle entend confusément et suspend l'ouvrage comme pour se rendre compte. Alors il faut attendre patiemment et sans mettre ses yeux dans la poche, car il faut voir tout ce qui se

passe aux alentours. A moins qu'elle n'ait été sérieusement effrayée, la taupe est demeurée ; alors elle recommence à pousser : lorsque la taupinière se forme, on donne vivement
le fameux coup de bêche en dessous, et on enlève la bête.
Lancée avec la violence de la précipitation, celle-ci revient
à terre, étourdie, et facilement on la prend vivante ou on la
tue.

Quand, par la disposition des travaux extérieurs précédemment décrits, on a reconnu l'endroit où s'élève une nichée,
on réussit fréquemment à prendre la mère et les petits, en
coupant toutes les galeries qui aboutissent au gîte. Mais cette
besogne demande le concours prompt et simultané de trois
ou quatre personnes : un seul homme n'y suffirait point.

Il y a des chiens, il y a aussi des chats, qui se montrent
très-habiles destructeurs de taupes. « Les chiens à fouans
(nom vulgaire de la taupe dans le département du Nord), bien
connus et très-appréciés aux environs de Lille, sont d'excellents auxiliaires pour la chasse des taupes, dit M. de Norguet.
Il serait donc utile que chaque fermier possédât un de ces
chiens, bien dressé, qui l'accompagnerait toujours dans les
champs. Il en est dont la finesse d'odorat est remarquable ;
mais il faut qu'ils y joignent la promptitude et l'adresse, car
une fois manquée du premier coup de museau ou de patte,
la taupe est sauvée. En vain le chien s'acharne à creuser la
terre, le gibier est déjà bien loin. Il est même essentiel de ne
pas laisser les chiens s'habituer à faire d'énormes trous qui
ressemblent à des terriers, où ils s'engloutissent tout entiers ;
c'est un défaut à corriger tout d'abord. Ceux dont l'instinct est
sûr et dont l'éducation est bien faite abandonnent la taupinière dès que la taupe est manquée, et vont plus loin recommencer avec plus de précautions un nouveau guet. »

Avec de pareils chiens la profession de taupier ne serait
qu'une sinécure. Un jour viendra sans doute où nous utiliserons plus complétement l'instinct dominant de cette précieuse
espèce, celui de la chasse. Alors beaucoup de vermine sera
détruite à des prix de revient nuls ou insignifiants. C'est surtout aux campagnards qu'il faut ouvrir les idées sur ce point.
Ils nourrissent à rien faire des millions d'animaux qui ne de-

mandent qu'à travailler dans leur intérêt et à leur profit ex-
clusif, à eux, les maîtres.

En attendant qu'on utilise plus complétement et plus judicieusement les petits talents de société des chiens, il y a bien
nécessité parfois de recourir aux taupiers, à la condition de les
surveiller de près eux-mêmes, afin de s'assurer qu'ils font
bonne besogne, et qu'ils gagnent loyalement leur salaire. On
sait qu'il n'en est pas toujours ainsi, et que divers moyens de
tromperie ont été imaginés et audacieusement mis en pratique. Ces moyens visent un double but, celui de laisser vivre
des animaux dont les dommages incessants appellent une intervention permanente du destructeur, et celui d'assurer à ce
dernier une rémunération supérieure au prix des services
rendus. C'est une double coquinerie dont rient volontiers ceux
qui ont la « délicatesse » de la commettre.

La découverte de l'une de ces tromperies faisait dernièrement la tour de la presse. Tous les organes de la publicité
l'ont reproduite, — *ne varietur*, — sans en changer un mot. La
voici en toute sa teneur.

« A Monthey, en Suisse, on s'obstine, comme en bien d'autres endroits, à exterminer les taupes, malgré leur incontestable utilité (1). La municipalité y accorde même une prime de

(1) Bien que j'aie surabondamment éclairé ce point, je crois devoir reproduire
encore le passage suivant, emprunté au *Cosmos*.

« Comme l'utilité de la taupe a été contestée, nous croyons devoir rapporter
une expérience qui vient d'être faite, et qui met hors de doute les services qu'elle
rend à l'agriculture par la destruction des vers blancs, des lombrics, etc., ainsi
que par le drainage naturel qu'elle opère.

« Dans une commune du canton de Zurich, il s'agissait dernièrement de faire
choix d'un taupier, c'est-à-dire d'un destructeur de taupes. Un observateur intelligent, M. Weber, a examiné avec soin l'estomac de 15 taupes prises dans des
localités différentes; il n'y a trouvé aucun vestige de plante ou de racine de plante,
mais des restes de vers blancs et de vers, et si la taupe mangeait des végétaux,
on aurait dû en retrouver aussi, puisqu'ils se digèrent plus difficilement. Non content de cette expérience, il a enfermé des taupes, qu'il s'était procurées à grand'-
peine, dans une caisse remplie de terre, recouverte en partie de gazon frais, et
contenant des vers blancs et des vers de terre. Il a constaté que deux taupes avaient
mangé en neuf jours 341 vers blancs, 193 vers de terre, 25 chenilles et une
souris, peau et os, qui avaient été enfermés vivants dans une caisse.

« Il leur donna ensuite de la viande crue, coupée en petits morceaux, mé-
langés d'aliments végétaux; les taupes ont mangé la viande et n'ont pas touché aux

15 centimes par taupe tuée ; et sans exiger la livraison en na_ture, elle se contente, comme pièce de conviction, de la queue de l'animal ; autant de queues, autant de 15 centimes.

« L'appât de la prime encourageant les destructeurs, on n'a pas apporté cette année moins de deux mille queues de taupe ! C'est 300 francs que la municipalité a dû payer.

« On s'étonnait cependant que dans une commune qui n'est pas très-étendue, on eût pu trouver un aussi grand nombre de ces animaux. Enfin, le mystère a été éclairci. Le taupier avait imaginé de fabriquer de fausses queues avec de la peau de taupe, et pour plus de solidité il les cousait adroitement avec du ligneul de cordonnier (fil enduit de poix).

« Une dernière livraison ayant été faite par une chaude journée de juillet, les queues, ô prodige ! se trouvèrent collées les unes aux autres.

> Ce bout d'oreille, échappé par malheur,
> Découvrit la fourbe et l'erreur,

et permit de procurer à l'inventeur, comme une juste récompense, un séjour de trois mois dans la maison de détention. »

J'admire toujours la légèreté avec laquelle de pareils articles sont répétés. Une seule chose a frappé dans celui-ci, — l'innovation du taupier, son invention peut-être, l'idée d'une fabrication de queues. Si le narrateur s'en était tenu à ce fait et à son étrangeté, rien de mieux ; mais avant de le conter, il commence par trancher d'une manière absolue la question d'utilité de la taupe, qu'il place tout simplement hors de conteste. Et personne ne se trouve pour faire à cet égard la moindre réserve.

Je me montre à coup sûr partisan de l'animal, mais seule-

---

plantes. Puis il ne leur donna que des végétaux, et en vingt-quatre heures les taupes moururent de faim.

« Un autre naturaliste aurait calculé que deux taupes détruisent 20,000 vers blancs en un an.

« Il résulte de cette expérience qu'il faudrait multiplier les taupes plutôt que de les détruire, le seul inconvénient qu'elles présentent étant ces méandres souterrains, qu'on appelle *taupinières*, qu'elles creusent dans le sol et qu'il est facile de faire disparaître d'un coup de bêche, voire même de quelques coups de pied. »

ment dans les circonstances et dans les situations définies, où il rend des services, et dans la mesure même des services nécessaires. Hors ces cas, et au delà de ces limites, je la regarde, au contraire, comme un inconvénient auquel il faut apprendre à se soustraire, sous peine d'en éprouver de notables dommages.

La nécessité d'une destruction admise et résolue, il y a lieu de faire sur le terrain envahi une reconnaissance en règle des gîtes où se réfugie l'ennemi et des routes qu'il fréquente actuellement. L'inspection a pour objet une manière de recensement officiel qui donne le chiffre des existences. Un chasseur expérimenté en attaque toujours un certain nombre à la fois, et mène avec succès les choses à la housarde.

Accompagnons-le de grand matin dans un pré de petite étendue. D'un coup d'œil, il embrasse l'ensemble et voit toutes les taupinières; mentalement, il les a comptées, il y en a bien une cinquantaine.

Celle qui se montre le plus en saillie est toute fraîche, de forte dimension et isolée. A n'en pas douter, elle trahit la présence et le travail énergique d'un mâle.

A petite distance de celle-ci, deux autres : elles sont peu éloignées, et bien certainement ont été façonnées par le même individu. Elles sont toutes récentes : leur constructeur n'est donc pas loin. Leur volume est plus petit que gros; elles ont été soulevées par une femelle.

Dans la première réside un père; dans les autres se tient pour le moment une mère; selon toute apparence, il y a là un ménage. Continuons.

Le taupier nous fait remarquer, à la suite, un groupe de trois taupinières énormes et rapprochées l'une de l'autre. C'est un indice certain qu'elles appartiennent au même animal, et que celui-ci — encore — est un mâle. Elles sont du jour même. Le compère travaille activement et vaillamment dans les parages où il s'est établi.

Non loin de là, un autre groupe de six monticules peu distants les uns des autres, nouvellement soulevés. Ils sont trop rapprochés pour avoir été faits par deux animaux. Il n'y en a donc qu'un, et pour sûr c'est une femelle, car ses taupinières sont relativement petites. C'est encore un ménage. On le devine à l'activité du travail.

Mais il nous tarde de voir les traces des jeunes. Précisément, les voici. Elles se reconnaissent aisément : ce sont des traînasses en zigzags, de petits monticules informes, très-rapprochés et en nombre. Les petits ont montré du bon vouloir, car leur travail est récent, et vraiment il indique une activité peu commune. Père et mère ont prêché d'exemple, mais la leçon a été répétée avec une ardeur tout à fait remarquable. On peut croire à l'existence de trois jeunes pour le moins, en comptant les groupes distincts qui trahissent la présence d'autant d'individus.

En deçà, on constate une autre réunion de cinq taupinières, évidemment faites par un seul animal ; mais elles sont affaissées et sèches. Ne nous en occupons pas davantage. Elles ne sont plus habitées; elles ont été abandonnées.

Au-dessous, un dernier groupe. Le plus considérable de tous, il offre à la numération sept monticules fraîchement formés. A leur volume, on reconnaît la manière d'une femelle, mais au dernier façonné on aperçoit un trou au sommet. La bête qui l'a laissé en cet état a fui et ne reviendra pas. Elle en est sortie depuis peu, mais il serait bien inutile de la guetter par là. Sachons-lui gré de l'avertissement qui résulte de la constatation nécessaire de ce fait, — une ouverture laissée béante intentionnellement : active et laborieuse, la taupe ne fait rien d'inutile et ne s'amuse point aux bagatelles de la porte.

Récapitulant ces observations, notre taupier sait que, pour détruire toutes les existences reconnues dans ce coin de prairie, il devra prendre 2 mâles, 2 femelles et 3 jeunes, total 7.

Ces renseignements ont leur prix. En effet, les mâles, travaillant plus vite, doivent être guettés de plus près que les femelles pour n'être pas manqués. On peut en dire autant des jeunes, qui sont très-prompts à l'ouvrage, et qui d'ailleurs effleurent seulement la terre.

Maintenant, nous dit le maître taupier, il s'agit de prendre la pie au nid. Pour moi, qui sais mon métier, ça ne sera pas bien malin. Retirez-vous à l'écart, doucement, regardez et ne faites aucun bruit.

Je commencerai par le mâle, qui a élevé cette grosse taupinière qui est toute seule — là, — au haut du pré. Si son gîte n'est encore en communication ni avec celui de sa belle, ni avec aucune galerie quelconque, je le prendrai là, dans une partie quelconque de son boyau; mais si ce dernier débouche dans un autre, j'aurai à le chercher et à le trouver ailleurs.

Là-dessus, nous nous séparâmes. Le taupier s'achemina vers la taupinière isolée, muni de sa houe et d'un pot d'eau. D'un coup de l'instrument, il enleva le gros monticule, puis, un genou en terre, il toussa dans l'ouverture découverte, à l'embouchure du boyau, prêta l'oreille et entendit s'agiter la bête effrayée. Ceci indiquait un boyau unique et sans communication avec le dehors autre que l'entrée, dont le chasseur était maître. La taupe ne pouvait échapper. La houe de poursuivre aussitôt la besogne commencée, c'est-à-dire de découvrir lestement le boyau jusqu'au point où s'était arrêté l'animal. Mais, pressé par le danger, celui-ci s'est enfoncé en terre par un boyau perpendiculaire qui ne pouvait être très-profond. La houe aurait pu en avoir raison. Le taupier préféra verser un peu de l'eau qu'il avait apportée. La taupe ne redoute rien plus. Se sentant inondée, elle rebroussa chemin, et se présenta d'elle-même à l'entrée, où elle fut saisie, vaincue à tout jamais.

Et d'une, nous dit le vainqueur en nous montrant la bête étouffée; aux autres à présent. Et il passa aux deux taupinières voisines.

Cette fois, une ouverture de 25 à 30 centimètres fut pratiquée sur le boyau de communication qui réunissait les deux taupinières, puis fermée avec un peu de terre aux deux bouts de la coupure. Au premier bruit perçu, la pauvre bête s'était mise en observation. Quand elle n'entendit plus rien, elle vint reconnaître, elle aussi, et se rendre compte de ce qui était advenu. Elle constata le dommage et tout aussitôt se mit en devoir de le réparer. C'est là qu'on l'attendait. Dès qu'elle eut montré en quel point elle était, le taupier opéra exactement comme la première fois, et en quelques instants fit une seconde victime.

Encouragé par ces deux victoires, très-rapidement emportées, il passa au groupe des trois taupinières, qui lui promettait encore un mâle.

En tout, il procéda comme la seconde fois, mais en faisant deux coupures au lieu d'une au boyau, puisqu'il y avait trois taupinières dont une intermédiaire. Le succès fut le même. Nous admirâmes la certitude de la méthode, mais mon cœur se serra. Trois morts violentes en quelques moments sous nos yeux. Quel triste métier que celui qui consiste à tuer, à tuer toujours! Je n'ai plus le courage de médire du taupier qui laisse la vie sauve à quelques-unes de ses prises.

— Et de trois, nous dit le chasseur; je les prendrai toutes.....

Nous en avions assez : le laissant à sa besogne, nous partîmes bien convaincus que la destruction en grand des taupes est chose des plus simples et des plus aisées. Ceux-là donc qui en souffrent sont ceux qui ne prennent pas la peine de les chasser. Là où elles sont, en vérité, il n'y a qu'à se baisser pour en prendre.

— Parlerai-je à présent des divers pièges inventés à l'intention de la taupe? Il faut bien : en raccourci tout au moins, car en voilà déjà bien long sur la petite bête.

Eh bien, il y a : les pots pleins d'eau, disposés à fleur des galeries, et ces autres pots dans lesquels on emprisonne une femelle vivante dans l'espoir qu'elle attirera les mâles; il y a les hameçons offrant en appât un morceau friand, — ver ou chenille; il y a les nœuds coulants, les cylindres se terminant par deux petites planchettes à bascule; il y a les assommoirs, les tubes à ressort ou à soupape, et mille autres imaginations. Chaque contrée a ses moyens de destruction, ses engins particuliers vantés, et dont l'efficacité me paraît être en raison de l'habitude qu'on a de s'en servir.

Entre tous néanmoins le plus usuel est, je crois, la pince à ressort, maintenue ouverte par un anneau que la taupe pousse en avançant. Ce petit appareil a été perfectionné tout simplement en le doublant, c'est-à-dire en adossant deux pinces l'une à l'autre, de manière à ce que, de quelque côté que la taupe arrive, elle trouve un anneau à franchir. Ce piège est mortel. L'anneau déplacé, le ressort fait son office et la taupe est étouffée.

En beaucoup de circonstances, on peut désirer de prendre l'animal vivant. Pour ces cas, on peut faire usage du piège dont M. F. Villeroy a tout récemment donné les figures et la description suivante, dans le *Journal de l'agriculture* (fig. 24 à 72) :

A, boîte en deux parties reliées par un lien en corde ou en osier.

B, ouverture par laquelle la taupe s'introduit dans le piège.

Fig. 24. — Coupe de l'entrée d'une taupinière montrant le piège à taupes en place.

Fig. 26. — Plan du piège à taupes.

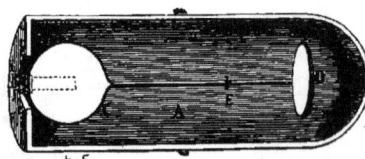

Fig. 25. — Coupe du piège à taupes.

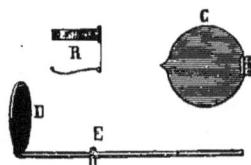

Fig. 27. — Pièces diverses du piège à taupes.

C, trappe poussée par un ressort placé en dessous, et venant fermer l'orifice B lorsque l'a taupe l'a fait échapper.

D, buttoir placé à l'extrémité de la tige qui retient la trappe C. L'animal en buttant dessus fait rouler la tige qui y est attachée, et la trappe, repoussée par le petit ressort placé en dessous, se relève et bouche l'entrée.

E, petit support ou guide de la tige du buttoir D.

R, petit ressort disposé sous la trappe C.

« Ce piège est une boîte ordinairement établie en bois de hêtre, large d'environ 0^m,28 et d'un diamètre intérieur de 0^m,08 ; il est coupé en deux sur sa longueur et les deux moitiés sont tenues ensemble par un anneau, ordinairement en osier chez les paysans. Le piège étant placé dans une galerie, la taupe y entre ; elle pousse la pièce D ; le ressort E soulève la trappe ou soupape C, et l'animal est pris. — Quand le piège est tendu, avant de le fermer on répand dedans du sable, ou de la terre très-finement émiettée, en suffisante quantité pour couvrir le fer. »

Quel que soit le choix de la taupière employée, il est essentiel, on le comprend, de la poser avec entente des lieux, des moments, des époques. Il y a lieu aussi de faire élection de la trace propice. Celle-ci, on la reconnaît à sa fraîcheur, à sa dimension, à sa condition. Ce n'est pas tout encore. Il faut disposer le piège de manière à ce qu'il occupe tout le passage, avoir soin de le recouvrir sans laisser aucun jour.

Si aucun animal n'est venu se prendre dans les vingt-quatre heures, l'appareil peut être enlevé, car la taupe n'est jamais aussi longtemps sans repasser par une galerie qu'elle n'a point abandonnée. Elle a suivi d'autres directions, où on peut la chercher avec plus de succès. C'est en cela que la connaissance de ses mœurs est réellement d'un grand secours.

Après avoir réussi une ou deux fois dans un clos de peu d'étendue, dans un jardin où l'on ne croit pas devoir supporter notre fouisseur, il ne faut pas s'étonner si l'on est quelque temps sans en prendre. La multitude des taupinières et des traces n'est pas toujours une preuve favorable au grand nombre des existences.

J'ai dit toute l'activité de l'animal. Un seul individu suffit parfois à bousculer en une séance des espaces de quinze pas carrés. Ce qu'on pourrait supposer être l'ouvrage de plusieurs n'est souvent que le résultat du travail d'un seul. On en reste convaincu lorsque, après la prise de celui-ci, aucun dégât ne se renouvelle.

Il en est de même dans les champs. Aussi ne faut-il recourir qu'à bon escient à l'intervention, plus ou moins sûre, des taupiers normands, dont on a pu dire en certains lieux : Si c'est là le remède à opposer à la taupe, le remède est pire que le mal.

A cet égard je partage volontiers le sentiment de ceux qui,

ne pouvant absolument faire eux-mêmes leurs propres affaires, n'en confient le soin qu'à des auxiliaires connus et offrant au moins quelque garantie. Les taupiers patentés n'ont pu jusqu'à présent être rangés dans cette première catégorie. « Sans vouloir attaquer cette corporation tout entière, écrit M. de Norguet, on peut soupçonner que par négligence, ou par précipitation, ils ne rendent pas tous les services qu'on leur paye. J'ai vu beaucoup de propriétés visitées par eux à leur double passage, et qui d'année en année avaient toujours autant de taupes qu'auparavant. »

L'accusation de M. de Norguet est formulée de la façon la plus parlementaire. J'ai connu des gens qui prenaient moins de précaution pour dire au juste ce qu'ils pensaient, après essai répété, de la façon d'agir de messieurs les taupiers ambulants... *Basta cousi*, disent les Italiens; assez causé, dirions-nous; c'est tout un : mais il est des gens positifs qui appellent un chat un chat, et Rollet un fripon.

Quoi qu'il en soit, on emploie fréquemment encore les taupiers. Ce sont gens fort habiles en général. Mais il ne suffit pas que, sur un territoire infesté, quelques-uns seulement les appliquent à une destruction partielle pour en purger la localité. Quand le mal est général, général aussi doit être le remède.

C'est ce que l'on a fort bien compris dans une partie du département de l'Aisne, où plusieurs propriétaires ont passé marché avec un taupier pour détruire, jusqu'à la dernière, les taupes qui foisonnent dans une *vaste* prairie appartenant à un grand nombre. Malheureusement, il y a eu des récalcitrants, et certaines parcelles dans lesquelles la chasse n'a pas été permise continuent à recevoir et à nourrir une population considérable, qui envahit toujours à nouveau les étendues d'où on entend les expulser. En d'autres termes, les efforts de la majorité se trouvent ici paralysés par le mauvais vouloir de quelques-uns. De là chicanes et récriminations; on parle même d'entamer une action judiciaire à seule fin d'obtenir des opposants des dommages-intérêts pour le préjudice causé par leur incurie.

Le cas est nouveau. Il s'agit de faire vider par qui de droit

cette querelle, et l'on pose carrément la question suivante :
« La taupe est-elle un animal malfaisant, comme l'entend la
loi? En d'autres termes : Un propriétaire peut-il faire con-
damner son voisin qui ne détruit pas les taupes, et qui les
laisse pulluler sur son terrain, à lui payer des dommages-intérêts. »

« La question est résolue pour les lapins, ajoute-t-on, cela
ne fait pas doute. J'ai le droit de demander des dommages-
intérêts à mon voisin qui a chez lui des lapins qui viennent
me causer un préjudice. Peut-on assimiler les taupes aux lapins? »

That his the question, disent les Anglais. M. L. Hervé répond
dans son excellente *Gazette des campagnes,* qu'on lit toujours
avec tant de fruit :

« A cette question : La taupe est-elle un animal nuisible?
la loi répond *oui,* mais l'agronomie répond *non* dans la plupart des cas. Une polémique assez bien nourrie a montré l'an
dernier, dans la *Gazette,* que la taupe est tenue pour un mal
dans les herbages du Calvados, et pour un bien dans les
cultures de Lot-et-Garonne. Quelques agriculteurs de ce dernier pays allaient jusqu'à demander à acheter des taupes pour
les charger du drainage de leurs terres. Au lieu de plaider,
les adversaires de la taupe dans l'Aisne feraient bien de s'a-
dresser au comice d'Agen, afin de procurer aux amateurs de
taupes un auxiliaire qui dans l'Aisne met le désordre dans
le sol et la division chez les cultivateurs. »

La pensée de M. L. Hervé est sans doute celle-ci : Si, au lieu
de payer pour la destruction les récalcitrants recevaient un
solde en retour d'une livraison, tout mauvais vouloir cesserait, et la grande prairie de l'Aisne serait expurgée des taupes
qui en chagrinent la surface.

VII.

Encore un mot, et je termine à la grande satisfaction du
lecteur, peut-être.

Ne voulant pas des services de la taupe en vie, on a cherché
à l'utiliser après sa mort. On a eu raison d'essayer.

Comme aliment, elle n'a été d'aucun secours. Sa chair a une mauvaise saveur et se corrompt avec une grande promptitude.

Doux et fin, son pelage a été essayé comme fourrure, mais bientôt abandonné. D'abord, les peaux sont très-petites et il est assez difficile d'en trouver pour une confection quelconque un nombre suffisant de nuances exactement pareilles. Il paraît cependant qu'on en a fait autrefois quelques couvertures de lit, mais les frais de fabrication faisaient ressortir le produit à des prix si élevés que l'offre, si rare qu'elle fût, restait encore supérieure à la demande.

On a depuis longtemps renoncé à cette industrie, qui ne pouvait d'ailleurs se faire qu'en proportion infinitésimale. Au surplus, j'ai lu quelque part, mais je n'ai pas été à même de vérifier le fait, que cette fourrure exhale une odeur extrêmement forte et tellement adhérente à la peau qu'aucune préparation ne peut la faire complétement passer. Je répète la chose sans vouloir en assumer la responsabilité, sous toute réserve par conséquent. Je n'entends me rendre coupable de diffamation à aucun degré.

On prétend encore ceci, dont je me fais néanmoins le porte-voix un peu bénévole, à savoir : sous Louis XV quelques femmes de la cour s'imaginèrent d'utiliser certaines parties de l'animal à leur toilette, en alliant des lambeaux de sa peau aux mouches et au fard dont elles se couvraient le visage. Elles s'en firent des sourcils, les brunes et les blondes et les châtaines aussi. Cette mode fut toutefois de courte durée. Si elle était reprise par les plus coquettes du jour, et à leur imitation, par les grandes dames les plus réservées, tiendrait-elle davantage? *e chi lo sa?*

LES MUSTELLES.

Un groupe de scélérats. — Cruels et sanguinaires. — Les cœurs félons. — La raison
du plus fort. — La recherche fructueuse. — Les caractères communs. — Le naturel. — Domestication. — Des bêtes pour tout faire. — Le choix a été fait. —
Point d'illusions. — L'envers de la médaille. — Attachons-nous aux bons et
repoussons les méchants.

Peu vulgaire est cette appellation, commune à plusieurs, mais
sont assez connus les petits quadrupèdes qu'elle désigne. Si je
nomme la martre, la fouine, le putois, la belette, le vison, l'hermine, le furet, je dis suffisamment à tous que cette famille réunit
les principaux ennemis de nos poulaillers, de nos volières, de
nos clapiers. Tous ces animaux se tiennent par des caractères
d'ensemble, facilement appréciables. Ils ont le corps long,
grêle, vermiforme; les jambes courtes. Leur agilité et leur
souplesse, qui servent admirablement leurs instincts, leur
permettent de se glisser dans les trous les plus petits, à la condition que la tête puisse passer. C'est ainsi qu'ils pénètrent
« avec aisance et facilité » dans les basses-cours assez bien
fermées cependant pour qu'on ait pu les croire à l'abri de
leurs incursions, de leur rage de destruction. L'histoire naturelle les traite durement : ce sont, dit-elle, les plus cruels
et les plus sanguinaires de tous les carnassiers, et l'histoire
naturelle dit vrai. Quand ils arrivent dans une basse-cour,
ils s'approchent avec précaution de leurs victimes, et les
tuent jusqu'à la dernière, lors même qu'ils ne sont plus
pressés par la faim. Ils déploient dans l'attaque une ruse rai-
sonnée, un courage furieux, une cruauté rare, un goût très-
prononcé pour le sang. Ce sont, comme les appelait un de
nos vieux écrivains, « des bêtes au cœur félon ».

Au surplus, les mustelles sont condamnées à tuer, car c'est
toujours de proie vivante qu'elles se nourrissent. A défaut de
celle-ci, seulement, et lorsqu'elles sont vivement pressées par
le besoin, parfois elles prennent certains débris de matière
animale morte ou de matière végétale, telles que des ronces,
des raisins, etc. La Fontaine a donc un peu forcé la note lorsque, dans l'une de ses jolies fables, il a fait entrer, pour s'y

engraisser, « damoiselle belette » dans un grenier où elle ne pouvait se repaître que de grain et d'un peu de lard. La donzelle vit de toute autre chose. Comme ses pareilles, elle chasse les animaux vivants, et fait maigre chère quand elle ne boit point du sang chaud.

Ces carnassiers cruels, si vient pour eux le carême ou simplement l'insuffisance, vont droit les uns aux autres et s'attaquent résolûment. En l'espèce le résultat est facile à prévoir, il va de soi :

La raison du plus fort est toujours la meilleure.

Ce sont donc les plus faibles qui tombent et succombent. Mais avant d'en venir à cette extrémité on a soigneusement exploré le territoire, et l'on est vraiment bien malheureux si on n'a pas fini par rencontrer quelque autre victuaille, lapin ou lièvre, qui sont morceaux de choix et dont on vient facilement à bout, malgré leurs dimensions relativement considérables; il y a de bons endroits où nichent des oiseaux que l'on sait surprendre pendant la nuit; d'autres où ont été cachés des œufs que l'on sait découvrir, à terre ou sur des arbres; il y a des reptiles, des amphibiens, que sais-je? dont on se repaît aux jours où l'on ne trouve pas mieux.

La plupart des mustelles vivent dans les bois, d'où elles sortent peu. Cependant la fouine et la belette aiment à se rapprocher des habitations des hommes, près desquelles se trouvent en nombre les habitants de la basse-cour, leurs amours. Toutes répandent une odeur très-forte, produite par une liqueur sécrétée par deux glandes situées près de l'anus, ce qui les a fait ranger dans la catégorie des bêtes puantes. Enfin, on est bien forcé de leur reconnaître un certain degré d'intelligence, car réduites en captivité elles s'apprivoisent assez bien, et sont même susceptibles de quelque éducation sous la main d'un maître habile et patient. Ce n'est pas qu'elles conçoivent à un degré quelconque de l'attachement pour le maître, non, les choses ne vont pas jusque-là; mais en les menant dans le sens de leurs instincts, elles montrent si non de la soumission, au moins une bonne volonté marquée à faire ostensiblement sous les yeux de l'éducateur, avec une très-grande adresse, ce qu'elles ne font habituellement que dans l'ombre et en maraudeurs émérites. Même alors, la présence d'un étranger les effarouche toujours. Sans cesse agitées par un mouvement de défiance et d'inquiétude, elles ne demeurent pas un seul instant en place. Enchaînées, elles s'essayent constamment à briser leur chaîne... Ne leur en faisons pas un crime, c'est si bon ou si tentant la liberté !

M. Eug. Noël, qui parle de toutes les bêtes comme en parle volontiers tout membre éclairé d'une société protectrice des animaux, regrette qu'on ne se soit pas attaché à domestiquer plusieurs mustelles, celle-ci, celle-là et cette autre. « Nous avons en tout, s'écrie-t-il, huit ou dix bêtes domestiques, nous en pourrions avoir dix fois plus. Les anciens avaient su dresser les dauphins pour la pêche maritime ; nous pourrions, pour la pêche en eau douce, utiliser la loutre ; le moyen âge eut le faucon pour la chasse aux oiseaux. Nous pourrions avoir des bêtes pour tout faire. Bientôt sans doute l'agami jouera auprès des volailles le rôle de berger. La testacelle, ce joli mollusque destructeur de vers et d'insectes, ne sera plus confondue par nos jardiniers avec la limace, dont elle ne diffère que par l'espèce de petit test, en forme de bouclier, qu'elle porte vers l'extrémité de son corps. »

Tout cela est bel et bon... sur le papier. Il nous reste à faire peu de conquêtes dans le sens indiqué sur les animaux connus et qui n'ont point été asservis par nos pères. Ceux-ci nous ont légué une tout autre tâche, celle d'approprier plus complétement à nos besoins les quelques animaux domestiques qu'ils nous ont transmis. Quant aux autres, ou leur temps est passé, ou bien, avantages et inconvénients équitablement pesés, ils ne méritent guère de devenir nos hôtes. La pêche maritime se fait sûrement aujourd'hui d'une manière plus fructueuse qu'elle ne se faisait du temps où l'on y appliquait les facultés du dauphin. En eau douce, je ne vois pas trop qu'on éprouve le besoin d'un auxiliaire plus avide de poisson que le pêcheur lui-même. Je ne sache pas que, armés comme ils le sont de nos jours, les chasseurs sentent la nécessité de recourir au faucon. L'agami, quoi qu'on en dise, n'est pas

encore pour nos troupeaux de moutons ou de volailles le
meilleur berger qu'on puisse leur donner, et ainsi de certains autres aux mœurs peu aimables et peu sûres auxquels
on fera bien de continuer à livrer une guerre d'extermination
pour n'avoir point à compter avec les horribles carnages
qu'ils accomplissent à notre détriment, et auxquels ils sont peu
disposés à renoncer sincèrement ou à tout jamais.

A ne voir certaines bêtes que sous le rapport de leurs avantages, il n'y en aurait point à sacrifier. C'est l'envers de la
médaille qu'il faut examiner avec soin, sous peine de se
laisser aller à de fausses appréciations. Avoir un serviteur
spécial pour chaque nature de service, c'est multiplier les
existences bien au-delà des besoins. Il est plus rationnel d'attribuer à un seul toutes les fonctions qu'il est en état de
remplir d'une manière satisfaisante. Pour moi, je laisse volontiers aux sociétés d'acclimatation le soin de nous montrer
des êtres rares ou curieux, et la tâche, assurément très-utile, de
nous offrir les résultats bien étudiés de certaines expérimentations que seules elles peuvent entreprendre et mener à
bien; mais je demande à la pratique usuelle d'être progressive et de ne prêter pas une moindre attention au perfectionnement des animaux utiles dont elle est en pleine possession
qu'aux nouveautés excentriques ou non encore suffisamment
éprouvées.

J'aurai l'occasion d'appuyer encore cette proposition. Il est
temps de revenir aux mustelles.

LA MARTRE.

La martre ou la marte : — pourquoi cette différence dans le nom ou dans l'orthographe du nom ? Je ne le sais pas ; mais cela importe peu : — la martre est l'un des buveurs de sang qui viennent de m'occuper. Originaire du Nord, elle vit en populations nombreuses dans les climats septentrionaux, où sa fourrure, très-estimée et conséquemment très-recherchée, acquiert les qualités les plus hautes. On la trouve également sous nos latitudes tempérées, mais elle n'habite pas les contrées chaudes ou méridionales. La nature en a fait présent aux pays froids, afin que sa fourrure offrît à l'homme un moyen de se garantir contre les rigueurs prolongées du climat. Ne devant être d'aucune utilité dans les régions chaudes, l'animal n'y a point été égaré.

La martre ordinaire (fig. 28) a le corps mince et très-allongé, les oreilles courtes et arrondies, le nez pointu, les doigts des pieds armés d'ongles aigus et solides. Son pelage est vraiment beau. Des deux sortes de poils dont il se compose, et qui fourrent la bête, l'un est brun châtain, doux, brillant et fin ; l'autre est soyeux et fourni comme un duvet. En somme, il est brun, avec une tache jaune clair sous la gorge. La tache est caractéristique, et ne doit pas être oubliée par ceux qui ont à acheter des peaux de martre ou des objets de toilette confectionnés avec ces peaux. Celles-ci mesurent de 48 à 50 centimètres, sans comprendre la queue dont la longueur est de 25 à 30 centimètres. Pour en finir, j'ajoute que de la peau on fait des manchons, et qu'avec la queue on fait des boas ou des bordures de vêtement.

La martre se plaît dans la profondeur des forêts les plus sauvages. Elle ne s'approche guère de la demeure des hommes. Bête quasi-nocturne, solitaire, silencieuse et méfiante, on ne la connaît pour ainsi dire que par les meurtres qu'elle commet. Grimpeur très-agile, elle va chercher sa proie jusque sur les branches les plus hautes et les plus flexibles des grands arbres. C'est là qu'elle surprend les oiseaux dans leurs nids et qu'elle en suce voluptueusement les œufs. Elle fait aux lapereaux et aux levrauts une guerre incessante, elle détruit une grande quantité de petit gibier et de rongeurs, tels que mulots, loirs, lérots. Elle mange aussi, dit-on, des lézards, des serpents, des grenouilles, et recherche les ruches des abeilles sauvages pour en dévorer le miel. J'oubliais de la signaler comme aimant beaucoup l'écureuil et ne faisant aucune façon pour s'en régaler; mais celui-ci, si prompt à la

Fig. 28. — La martre commune.

fuite, n'est pas de tous le plus aisé à saisir. L'agilité ne lui suffit pas toujours; aussi est-elle à la fois hardie et rusée. Ces deux dernières qualités se révèlent particulièrement en elle à l'approche et à l'attaque des chiens courants. Observée alors, elle qui se cache si volontiers le jour pour n'être pas inquiétée, elle se conduit d'une manière un peu étrange. Elle semble se complaire à faire battre et rebattre la passe, à dépister les toutous, à les fatiguer avant de se mettre à l'abri de leur poursuite et de leurs atteintes en montant prestement sur un arbre. Encore agit-elle avec mesure lorsqu'elle emploie ce moyen, car elle ne se donne pas la peine de grimper jusqu'au sommet. S'arrêtant à la bifurcation de la première branche, elle y demeure assise et regarde effrontément passer

l'orage sans autre souci. Elle a bien conscience des choses, elle
en mesure juste la portée ; elle ne s'attarde pas dans une fausse
sécurité, mais elle ne s'exagère en rien le danger. Elle n'a-
vance qu'en sautant; aussi la trace qu'elle laisse sur la neige
paraît-elle être celle d'une grande bête. Elle ne se creuse
pas de terrier ; on ne voit pas qu'elle fasse sa demeure de
ceux qu'elle trouverait tout faits. Elle se tient donc à la belle
étoile, tantôt ici et tantôt là, à terre ou dans le creux d'un
arbre quelconque, en un point où elle soit néanmoins en
pleine sécurité.

C'est au renouveau qu'elle s'accouple. Elle n'a chaque année, au moins dans nos climats tempérés, qu'une seule
portée de deux ou trois petits. Sa fécondité est sans doute plus
grande ou plus active dans les régions froides qui furent son
berceau. Elle y est si abondante, malgré la destruction considérable qu'on en fait pour les besoins de la pelleterie, que je
suis autorisé à croire à une multiplication si non plus rapprochée, du moins plus large dans les contrées septentrionales.
En effet, certains naturalistes accusent des portées de cinq
et de six.

Quoi qu'il en soit, la femelle qui va mettre bas a besoin de
trouver un nid confortable, car ses petits ont comme tous les
nouveau-nés, des exigences spéciales. Ils naissent les yeux
fermés ; ils doivent être abrités contre les brusques variations de l'atmosphère, si fréquentes au printemps. Parbleu,
la commère n'est point en peine et ne cherche pas longtemps.
A l'occasion, elle se contenterait d'un ancien nid de duc ou
de buse, voire du moindre creux d'arbre ; mais d'ordinaire
elle avise un nid d'écureuil, construction habilement conçue
et artistement exécutée. Elle en mange le propriétaire, s'il a
le mauvais goût de ne pas céder sa place de bonne grâce, et
s'en empare sans autre forme de procès. Pour elle, c'est chose
promptement arrangée. Le nid lui convient, sa progéniture
y sera à merveille. Elle en élargit un peu l'ouverture, s'y
installe commodément et dépose ses petits sur un lit de
mousse doux et chaud. — Ils grandissent vite.

Tant que dure l'allaitement, le papa, qui s'est tenu avec
sollicitude au courant des faits et gestes de la maman, veille

sur la mère et les enfants en rôdant aux environs, mais aux environs seulement, sans se permettre aucune visite inopportune ou indiscrète.

Dès que les petits sont assez forts pour sortir, la mère les conduit chaque jour à la promenade. Alors le chef de la famille se réunit à celle-ci, et partage avec elle les soins que réclame encore la nichée. La mère donne les premières leçons ; elle apprend aux héritiers de ses instincts et de ses mœurs à grimper, à reconnaître et à chasser, *secundum artem*, suivant toutes les règles de l'art, ou cette proie ou telle autre. Joignant l'exemple au précepte, le père fond opportunément sur les mets les plus délicats et les apporte aux petits, qu'il régale tour à tour de jeunes oiseaux, de mulots et d'œufs frais.

L'éducation marche à grandes guides. Bientôt le nid est abandonné, et la famille entière va se loger dans un tronc d'arbre, sous des feuilles sèches, ou s'abriter sous un buisson touffu.

— Parmi les martres, la plus estimée pour sa fourrure, celle à laquelle on attache conséquemment le plus de prix, porte le nom de *zibeline*. Elle diffère peu de la martre commune dont il vient d'être parlé. La taille, les formes, l'habitude du corps sont à peu près les mêmes ; mais non le pelage, qui est d'un fauve obscur, mêlé d'un brun foncé avec quelques nuances cendrées sur le devant de la gorge ; la partie antérieure de la tête et les oreilles sont blanchâtres ; les pieds, très-velus, sont couverts de poils jusque sur les doigts.

Cette espèce habite le Nord de l'Europe et l'Asie septentrionale, la Tartarie et la Sibérie jusqu'au Kamtchatka. Elle se tient sur les bords des fleuves ; choisit les lieux ombragés et les bois les plus épais ; vit dans des trous ou dans des espèces de nids formés d'herbes sèches, de mousse et de rameaux, soit sur les branches élevées, soit dans des creux d'arbre ou de rocher ; passe la journée entière dans cette retraite et une partie de la mauvaise saison, sans néanmoins s'y engourdir, fait sa nourriture habituelle de la chair des écureuils, des lièvres, et aussi des martres ordinaires et des hermines, auxquelles elle donne activement la chasse. En été, elle joint aux substances animales quelques fruits et surtout ceux du cormier. En cela encore elle ressemble à la martre commune, qui se montre en nos pays assez friande de cerises et des beaux fruits rouges du sorbier.

La femelle donne naissance, au printemps, à trois, quatre ou cinq petits.

Les fourrures des zibelines de Sibérie passent pour les plus précieuses de toutes celles que donnent les mustelles : aussi sont-elles recherchées avec un soin particulier. On a donné de grands détails sur la chasse spéciale de la zibeline par les habitants de la Sibérie, et l'on a décrit avec raison comme une particularité les fatigues auxquelles l'homme s'expose pour s'en emparer dans un pays si complétement déshérité et où le froid devient parfois mortel.

En quelques mots, voici comment procèdent les Kamtcha-dales. Le récit est de M. Lesseps, qui a assisté à l'une de leurs expéditions. « Un d'entre eux, raconte-t-il, nous demande un cordon. Nous ne pûmes lui donner que celui qui attachait nos chevaux. Tandis qu'il y faisait un nœud coulant, des chiens accoutumés à cette chasse entouraient l'arbre. L'a-nimal, occupé à les regarder, soit frayeur, soit stupidité na-turelle, ne bougeait pas. Il se contenta d'allonger son cou lorsqu'on lui présenta le nœud coulant. Deux fois il s'y prit lui-même, deux fois ce lacs se défit. A la fin, la zibeline s'étant jetée à terre, les chiens voulurent s'en saisir, mais bientôt elle sut se débarrasser et elle s'accrocha, avec ses pattes et ses dents, au museau d'un des chiens, qui n'eut pas sujet d'être satisfait de cet accueil. Comme nous voulions tâcher de prendre l'animal en vie, nous écartâmes les chiens. Le carni-vore quitta prise aussitôt et remonta sur un arbre, où, pour la troisième fois, on lui passa le lacs, qui coula de nouveau. Ce ne fut qu'à la quatrième fois que le Kamtchatdale parvint à le prendre. Cette facilité de chasser les martres est d'une grande ressource aux habitants de ces contrées, obligés de payer leur tribut en peaux de zibeline. »

Cette bonne volonté de la zibeline à accepter le lacs est sans doute une grande facilité offerte au chasseur; mais ce n'est pas trop, en réalité, qu'un tel encouragement pour compenser les difficultés et les fatigues qu'impose une pareille recherche. Si n'était l'obligation d'acquitter un tribut en semblable produit, — monnaie toutes péciale, — il y a gros à parier que cette chasse n'aurait pas l'activité forcée qu'elle a prise et qu'elle conserve.

La pelleterie apporte une extrême attention à reconnaître la vraie martre zibeline. Ses remarques particulières ont l'exactitude la plus sérieuse, il faut dire le mot juste, la plus intéressée. Et ceci même est une garantie pour les acheteurs de fourrures, si faciles à tromper dans leur ignorance la plus excusable. Il s'agit en effet de ne pas prendre le change, de ne pas accepter des peaux de martre ordinaire, pour une fourrure en martre zibeline. Voilà qui est de grande importance, croyez-le bien, aussi grande presque que s'il s'agissait de pierres précieuses. Certaines dames ne seraient pas moins humiliées de porter de fausse martrezi beline que de porter des bijoux quelconques en imitation. Comme valeur intrinsèque, toute affaire de convention à part, la différence est presque la même.

Les fourreurs de profession sont sur leurs gardes. Leurs connaissances spéciales les sauvent de l'erreur, et une longue habitude de « l'article » est comme leur pierre de touche; mais les acheteurs ordinaires, les consommateurs sont moins habiles, moins familiarisés avec la chose, et peuvent d'autant mieux se tromper ou être dupes d'une abominable friponnerie. Il y a lieu d'écrire minutieusement à leur intention. C'est ce que je fais en terminant.

La martre zibeline se distingue très-facilement de la martre commune, si, les ayant toutes deux sous les yeux, on peut les comparer l'une à l'autre. La première a la tête plus allongée, les oreilles plus grandes, le poil plus long et plus luisant. Sa fourrure est plus fine, plus belle et, ce qui est tout à fait caractéristique, son poil a la singulière propriété de rester dans le sens où on le couche en le lissant.

Deux sortes de poils composent cette fourrure : l'un assez long, l'autre plus court; celui-ci est d'un duvet roux ou cendré, nuance toujours plus douce en couleur que celle des longs poils. La peau des mâles est préférée en raison de ses dimensions un peu plus grandes. On estime davantage aussi celle des bêtes prises de novembre à février, parce qu'elles ont les poils plus longs, plus épais, et parce qu'elles offrent en définitive une fourrure plus riche. Les zibelines de Sibérie prennent le pas sur les autres. Leur particularité est celle-ci : les poils longs de la fourrure ont les pointes noires, et les poils courts sont d'un gris brun. Ce mélange est prisé très-haut, fort recherché par les Russes, par les Turcs et par les Chinois, toutes gens qui s'y connaissent.

On voit à quel point il faut regarder de près lorsqu'on se propose d'acheter des objets confectionnés avec des peaux de martre.

Enfin, il est encore une sorte de zibeline, la blanche — *rara avis*. Celle-ci est de toutes la plus convoitée, la plus chère; et n'en a pas qui veut.

En 1860, la peau de martre ordinaire était cotée à Paris 17 francs la pièce; à Londres, la martre du Canada, de 30 à 150 francs, la martre commune de la baie d'Hudson 60 francs, et la martre zibeline venant de Sibérie de 200 à 500 francs. Ces cotes ont leur signification éloquente et précise.

On prétend que la chair de la martre n'est pas précisément mauvaise à manger. Ce n'est pas mon sentiment que je donne ici, mais celui des autres; et je ne réponds de rien.

On a réussi à tenir en captivité quelques rares sujets, sans autre intérêt que celui d'une étude de mœurs.

LA FOUINE.

Erreur n'est pas compte. — Un hôte dangereux. — Une fantaisie à redouter. — Domestique et sauvage. — L'habitat. — Trait pour trait. — Les mœurs. — La reproduction. — La mère en gésine. — L'élevage des petits. — Apprivoisement. — Les façons d'être en domesticité. — Les caprices de l'appétit. — Les instincts sanguinaires. — Les crimes. — Histoire de Robin. — Les trois compagnons du devoir. — Tant va la cruche à l'eau. — En justice de paix. — Condamnation et exécution. — Une réflexion. — Deux points d'interrogation. — La fourrure et son utilisation. — Gare la fraude !

Cette mustelle est si voisine de la précédente qu'on l'avait appelée la martre domestique. C'était une erreur. Les deux espèces sont parfaitement distinctes, jouissent de leur autonomie et ne se mêlent point au temps des amours. Ceci a été particulièrement examiné, et démontré par Buffon, dont ni

Fig. 29. — La fouine.

l'étude ni le raisonnement n'ont été attaqués ou contestés, que je sache.

La fouine (fig. 29) appartient à l'Europe et à l'Asie occidentale ; elle est assez commune en France et en Angleterre. Ses habitudes, ses goûts, ses instincts la rapprochent bien plus de l'homme que la martre, non pour lui, mais pour quelques-uns de ses entours, qu'elle honore d'une recherche toute privilégiée. Les habitants de la basse-cour l'attirent tout particulièrement. De ce centre elle ferait volontiers son quartier général. Ne pouvant s'y installer ostensiblement, elle se tient autant que possible dans le voisinage ; quelquefois même elle vient déposer ses petits dans la grange ou dans le grenier à foin pour être plus à la portée du poulailler et du colombier, deux établissements qu'il faudra bien clore si on ne veut pas qu'elle y pénètre, c'est-à-dire qu'elle y porte la dévastation et le carnage. Cette fantaisie calculée de prendre domicile tout près des habitations rurales la distingue de la martre, qui aime la profondeur des forêts ; mais par ses mœurs elle se montre d'ailleurs en tout assez semblable à cette dernière pour qu'on ait pu appeler l'une, je le répète, la martre sauvage, et l'autre la martre domestique, croyant qu'il en était de celle-ci et de celle-là comme on avait supposé qu'il en était du chat sauvage et du chat privé. Ces analogies n'existent pas. Quoi qu'il en soit, la fouine n'est pas moins sauvage que la martre, que le putois, que le renard, *e tutti quanti*.

Par ailleurs, la martre fuit les lieux découverts, vit particulièrement sur les grands arbres et ne se trouve en grand nombre que dans les climats froids, tandis que la fouine recherche d'autres habitats dans les contrées occupées par l'homme, dans les trous de murailles quand elle ne peut pénétrer dans les constructions rurales, et qu'elle se rencontre seulement en grand nombre dans les pays tempérés ; elle vit aussi dans les climats chauds, mais on ne la trouve jamais dans les régions du Nord.

Buffon a tracé de ce petit quadrupède, inférieur en taille à la martre, un portrait fort ressemblant. La fouine, dit-il, a la physionomie très-fine, l'œil vif, le saut léger, les membres souples, le corps flexible, tous les mouvements très-justes. Elle saute et bondit plutôt qu'elle ne marche ; elle grimpe aisément contre les murailles qui ne sont pas bien enduites, entre dans les colombiers, les poulaillers, etc., mange les œufs, les pigeons, les poules, etc., en tue quelquefois un grand nombre et les porte à ses petits. Elle prend aussi les souris, les rats, les taupes, les oiseaux dans leurs nids.

Pendant la durée des amours, les fouines font entendre des miaulements significatifs, qui rappellent ceux des chats, et souvent sur les toits des grognements et des cris inaccoutumés.

Ce concert est donné par deux mâles qui se menacent d'abord et bientôt après se battent en l'honneur d'une femelle, qui restera, comme toujours, le prix du vainqueur.

La loi est la même pour tous ; le fait se renouvelle dans toutes les espèces : aux plus forts et aux plus courageux seuls la tâche de perpétuer l'espèce en ses qualités et en ses aptitudes les plus hautes.

La durée de la gestation paraît être la même chez la fouine que dans l'espèce du chat (55 ou 56 jours). On trouve des petits depuis le printemps jusqu'en automne. Cela donne à présumer à bon droit que la femelle a plusieurs portées par an. Jeune, elle ne donne que trois ou quatre petits. Dans la force de l'âge, la fécondité est plus développée ; on en compte jusqu'à sept par portée. Voilà qui explique l'élévation du chiffre des existences dans les lieux où la destruction n'a pas toute l'activité nécessaire.

Pour donner le jour à ses héritiers, la fouine s'établit dans un magasin à foin ou à grains, dans un trou de muraille où elle porte soit de la paille, soit du foin, soit des herbes ; quelquefois dans une fente de rocher ou dans un tronc d'arbre qu'elle tapisse de mousse. Elle veut y être en sécurité, car si on l'inquiète, elle déménage et transporte ailleurs ses chers nourrissons.

A celles qui se réfugient dans des constructions rurales, on donne la chasse avec de petits chiens bassets, très-habiles à monter aux échelles pour les relancer de toutes parts, du haut des récoltes qui emplissent granges et greniers. On les guette le long des bâtiments pour les tuer à coups de fusil, et par ce moyen on en détruit un grand nombre.

Aux prises avec les chiens, elles se défendent avec courage et beaucoup d'intelligence.

On en prend avec des traquenards ou autres piéges spéciaux. On en voit parfois qui, pour se sauver de l'un de ces piéges, où se trouvait engagée l'une des pattes de devant, se coupent courageusement cette patte avec les dents.

Buffon a élevé un de ces petits animaux, qu'il a, dit-il, gardé longtemps. De ses observations il a déduit ceci : la fouine grandit assez vite pour atteindre en un an ses dimensions naturelles. Elle s'apprivoise à un certain point, mais elle ne s'attache pas, et demeure toujours assez sauvage pour qu'on soit obligé de la tenir à la chaîne. Elle fait la guerre aux

chats ; elle se jette aussi sur les poules dès qu'elle en voit à
sa portée. Quoique enchaînée par le milieu du corps, elle s'é-
chappe souvent et s'essaye peu à peu à la liberté, revenant
d'abord après une absence assez courte, mais sans donner
aucune marque d'attachement, sans aucun témoignage de
joie, se contentant de demander à manger comme le font le
chat et le chien de la maison ; puis s'absentant plus longtemps,
et ne revenant plus.

Celle du grand naturaliste mangeait de tout ce qu'on lui
offrait, moins de la salade et des herbes. Elle se régalait de
miel ; à toutes les graines elle préférait celle de chènevis. Elle
buvait souvent et dormait un peu irrégulièrement : quelquefois deux jours de suite, après quoi elle passait deux ou
trois jours sans sommeil. Pour dormir, elle se mettait en rond,
cachait sa tête et l'enveloppait de sa queue. Pendant la veille,
elle était dans un mouvement continuel si violent et si incommode que, quand même elle ne se serait pas jetée sur les
volailles, on aurait été obligé de l'attacher pour l'empêcher de
tout briser. D'autres fouines prises adultes dans des piéges
sont demeurées tout à fait sauvages. Elles mordaient ceux
qui voulaient les toucher, et refusaient toute autre nourriture
que la chair crue. D'autres éducations ont révélé d'autres
façons, mais non d'autres instincts. Les particularités indivi-
duelles restent en dehors du caractère fondamental. En tout
il y a la forme et le fond.

La fouine vit solitaire, se cachant le jour, observant les
lieux, étudiant les êtres des localités qu'elle pourra visiter
pendant la nuit, aux heures paisibles pour elle de la chasse
fructueuse. Comme tous ceux de sa famille, elle ne tue pas
seulement pour vivre ; son naturel sanguinaire la pousse au
delà des limites du besoin ; elle prend plaisir à tuer, et lorsqu'elle a eu la male chance pour la ménagère d'entrer en un
poulailler, par exemple, elle assouvit sa rage sur tous les habitants à moins que les premières lueurs du jour, venant à éclairer
ses exploits, lui apportent en même temps la crainte salutaire
de quelque danger pour elle-même. Si elle avait à pourvoir
à la nourriture de ses petits, ceux-ci n'ont point été oubliés :
elle leur a porté de quoi se repaître ; mais à l'ordinaire, sa

faim apaisée, elle égorge encore et laisse sur le carreau des victimes qu'elle était incapable d'épargner. La prévoyance lui est absolument inconnue. Quand le rat pénètre dans une rabouillère, il en emporte un petit et le dévore, puis revient à ceux qui sont là avec la certitude de les retrouver à l'heure du besoin. La fouine ne voit pas si loin; elle commence par tout exterminer, dût-elle au lendemain ne rien trouver à se mettre sous la dent. Cette férocité est-elle constante ou ne resulte-t-elle que de besoins irrégulièrement satisfaits, que de l'exaltation du sentiment de la faim déterminée par une trop longue attente, par des jeûnes trop prolongés? La question n'est pas facile à resoudre; mais je suis autorisé à la poser par l'anecdote si connue rapportée par Boitard et qui sera bien à sa place ici.

Dans un village des bords de la Saône, a-t-il raconté, un ancien garde-chasse, un peu fripon, plus heureux ou plus habile que les gens employés par Buffon, était parvenu à si bien apprivoiser une fouine, son élève, que jamais il ne fut obligé de la mettre à l'attache. Il l'avait appelée *Robin*. Elle courait librement dans toute la maison sans rien briser et avec toute l'adresse d'un chat. Ce n'est pas qu'elle ne fût turbulente, mais elle se sentait chez elle, s'y trouvait en bonne condition et prenait ses précautions pour ne rien renverser. Au surplus, tout ceci n'en dit peut-être pas bien long, car au temps où remonte cette petite histoire il y a toute apparence que la demeure du vieux garde-chasse n'était pas très-encombrée de ces objets délicats ou précieux pour lesquels on aurait pu craindre un déplacement un peu brusque ou violent; quoi qu'il en soit, Robin se comportait en bête bien apprise : sans trop se faire prier, celle-ci venait à la voix du maître et se laissait caresser par lui, sans « réciproque, » c'est vrai, mais sans rechigner. Elle avait presque un ami dans *Bibi*, petit chien terrier de race anglaise, élevé avec elle. Commensaux du même logis, ils vivaient en bonne intelligence. « Ceci est déjà très-singulier, dit Boitard, mais voici qui l'est davantage : Robin et Bibi n'étaient pour leur maître que des instruments de vol et des complices. » Écoutez donc.

Chaque matin, le vieux garde sortait de chez lui portant à son bras un vaste panier à deux couvercles et à deux compartiments, dans l'un desquels avait été logé Robin. En animal bien dressé, Bibi suivait l'homme, emboîtant le pas et lui marchant presque sur les talons; ce trio allait silencieusement ainsi vers des fermes écartées, rôdant, épiant, dans le dessein prémédité de se livrer à la maraude. Ça intéressait l'un, ça amusait l'autre, ça donnait pleine satisfaction aux instincts du troisième. Chacun avait son rôle et aussi ses petites jouissances, attendant sans trop d'impatience vraiment que quelque volaille en quête matinale de victuaille fraîche se montrât, l'imprudente, à quelque distance de son habitation. Le fait n'est pas rare mais ordinaire. En se promenant ainsi de compagnie, les trois associés ne revenaient jamais bredouilles. Le maître larron voyait clair et de loin. Dès qu'il apercevait une poule à proximité d'une haie, dans un lieu d'où on ne pouvait l'apercevoir lui-même, il découvrait Robin, la prenait affectueusement, lui montrait la pauvrette, caquetant, becquetant, allant toujours de ci de là, au hasard, *quærens quem devoret,* posait le traître à terre, et continuait à cheminer sans perdre de l'œil — quel œil ! — son satané et intelligent complice. Celui-ci avait tout compris. Se glissant, se coulant doucement, en ondulant dans la haie, il se faisait petit, rampait comme un serpent et, sans être aperçu, arrivait tout près de l'oiseau distrait; alors, s'élançant vivement sur lui, il l'étranglait avant qu'il ait eu le temps de pousser un seul cri. Robin était à ce jeu d'une adresse fatale, mais le vieux rusé qui l'avait envoyé là et qui avait tout vu, d'un signe imperceptible envoyait à son tour Bibi sur le théâtre de l'action. Le brave animal arrivait vite, et fort à propos s'emparait du gibier; puis suivi de Robin, l'apportait au traître. L'oiseau était aussitôt enfermé dans le panier où Robin lui-même était réintigré sans difficulté. Et la recherche de recommencer sans plus attendre jusqu'à chasse pleinière, plus sagement et heureusement menée qu'honnêtement conduite.

Cependant, tant va la cruche à l'eau qu'à la fin elle se brise. Les ménagères dont les basses-cours étaient de la sorte exploitées voulurent connaître la cause d'une diminution fort inaccoutumée du nombre de leurs pensionnaires. On se réunit pour en parler; on convint de faire le guet, on le fit si bien qu'on ne tarda pas à découvrir et à saisir les voleurs sur le fait. La chance avait tourné ce jour-là.

Peu soucieux de favoriser de pareilles industries, alors même qu'elles ouvrent de nouveaux horizons à l'histoire naturelle, le juge de paix fit fusiller la fouine et crut faire grâce au vieux garde en le condamnant seulement à payer les volailles indûment acquises. Je suis assez de son avis. En effet si je trouve un peu dure et sommaire la justice qui a fait de Robin une victime, je ne trouve point assez sévère la condamnation prononcée contre le maître. Pour moi, j'aurais volontiers envoyé la fouine au Jardin des plantes, qui n'en a peut-être jamais possédé qu'empaillées, et j'aurais fait payer un peu plus cher au garde son habileté à si bien priver les sauvages au préjudice du prochain. En tout cela, Bibi se tirait indemne, mais son possesseur devait payer pour deux sinon pour trois.

L'histoire de Robin est-elle unique en son genre? Chez les modernes, je ne lui sais pas de pendant. Mais je me rappelle que, dans son livre, le docteur Chenu a écrit ceci : Il paraîtrait que chez les anciens la fouine et la belette étaient réduites à l'état de domesticité, et qu'elles vivaient dans les maisons à la manière de nos chats. Ainsi formulée, l'allégation est un peu vague; elle soulèverait bien des questions, et entre autres celles-ci : fouines et belettes se reproduisaient-elles en état de domesticité? ou bien fallait-il toujours dérober les nourrissons à la mère et les élever avec soin en les apprivoisant individuellement, sans fin ni trève? Si intéressante que puisse être la recherche de la vérité sur ces deux points, je l'abandonne en me disant que s'il y avait eu avantage à continuer l'élevage domestique de ces bêtes puantes, il n'aurait pas cessé, il ne se serait pas perdu sans retour.

Si fondé que je me trouve pourtant à parler ainsi, l'observation n'ôte rien à l'animal de son utilité propre. Ceux donc qui l'ont étudié de près, et qui ont pu se rendre compte de la grande destruction qu'il fait de taupes, de rats, de souris, de mulots, se croient autorisés à dire que, mettant soigneusement à l'abri de ses coups les divers habitants de la basse-cour, on utiliserait son vigoureux appétit et ses instincts de chasseur au profit des récoltes sur pied et des moissons engrangées. Il en est qui vont plus loin et qui écrivent hardiment ceci, par exemple : « Tout en lui donnant la chasse, il faut attentivement veiller à n'en pas détruire l'espèce, de peur d'avoir à s'en repentir en présence des dégâts causés par les lapins, les rats et les taupes. »

On le voit, c'est toujours et partout affaire d'équilibre. J'admets le fait là où l'organisation des choses de la civilisation reste mal entendue ou incomplète; mais dans une situation plus avancée on n'a point à confier à des malfaiteurs émérites la garde des richesses qu'avant tout ils s'efforcent de gaspiller et d'anéantir.

Je n'ai rien dit encore du pelage de la fouine. C'est par là que je terminerai. Sans constituer rien de précieux, sa peau brute, pour manchon, se vend encore une quinzaine de francs. Elle ne tient pas le premier rang dans le commerce de la pelleterie, mais il y en a de moins estimées, et le prix qu'elle atteint donne encore un suffisant intérêt à chasser la bête pour qu'on ne la laisse pas croître et multiplier sans faire obstacle à l'accroissement dangereux de l'espèce. Sa fourrure est d'ailleurs d'un usage excellent quand on la récolte « après que la gelée a passé dessus, » c'est-à-dire en plein hiver. On y trouve les deux sortes de poils, que l'on distingue d'abord par leur longueur inégale. Les courts sont très-fins, doux, d'un cendré très-pâle ou même blanchâtres; les plus grands sont longs, fermes, beaucoup moins abondants que le duvet et le laissant voir par places; dans la première moitié de leur hauteur, ils sont de couleur cendrée, et d'un brun noirâtre dans le reste de leur étendue, avec quelque teinte de roussâtre paraissant sous divers aspects. Les jambes et la queue sont noirâtres; le dessous du corps est plus gris. Cette fourrure a assez de qualités pour qu'on essaye de la faire passer sous le nom de celle de la martre d'Europe. Bien teinte, elle rivalise effectivement avec cette dernière au point de tromper les demi-connaisseurs. Donc, attention! On en confectionne des bordures de vêtement, des palatines, des tours de cou, des boas.

Ceux qui savent s'instruire sont malaisément dupes de la fraude. Ils regardent le poil de près, non en amateurs bénévoles, et alors ils reconnaissent que celui de la fouine est très-inégal dans son épaisseur de la pointe à la racine, tandis que celui de la martre est très-régulier et beaucoup plus fin. En outre, la martre a toujours le dessus des pieds velu, tandis qu'il est ras sur la fouine; enfin, la gorge de la martre est jaune et celle de la fouine est blanche.

Je puis d'ailleurs prier le lecteur attentif ou intéressé de se reporter, pour les autres caractères, à ce que j'ai écrit un peu plus haut sur la fourrure des martres : le plus caractéristique est assez étrange pour ne plus sortir de la mémoire quand une fois il y est entré.

LE VISON.

Un étranger. — Il faut peut-être bien qu'on se ravise. — Portrait du vison de France. — Mœurs et nourriture. — La propagation. — Un hasard. — Gibier inattendu. — Petit dialogue. — La découverte. — Le trophée de chasse. — Un amphibie. — La fourrure a son prix.

Une simple mention suffira ici. Le vison vit au Canada, ou d'une manière plus générale dans le nord des États-Unis. Un ou deux naturalistes l'ont indiqué comme propre au Poitou et à la Saintonge, mais ce n'est là, assure-t-on, qu'une erreur, qu'un *lapsus calami* peut-être. L'animal est, paraît-il un étranger; c'est par le commerce que nous vient sa fourrure, d'ailleurs estimée. Cependant, d'aucuns disent aussi qu'on le trouve au bord des rivières et des marais salants de l'Europe : pourquoi pas? Toutefois n'ayant pas compétence pour trancher entre ceux qui tiennent pour une nationalité exotique et ceux qui ont cru l'apercevoir dans notre vieille Europe, je me retire prudemment du débat. Ce qu'il y a de plus vrai en tout ceci pourtant, c'est que l'espèce devient de plus en plus rare en Europe, où elle ne l'a pas toujours été autant.

Voici que *la Chasse illustrée* me vient inopinément et très-heureusement en aide. Beaucoup de naturalistes, dit M. F:-J.-B. Herpin, ont douté de l'existence du vison en France, eh bien! je puis leur donner l'assurance qu'il y vit encore; écoutez donc ce que je puis vous en dire : « Son corps est long, très-bas sur pattes; celles-ci sont armées de cinq doigts demi-palmés. La tête est courte, les oreilles sont très-courtes et arrondies, la queue médiocrement longue et peu touffue. Le pelage est d'un brun plus ou moins foncé avec le point de la mâchoire inférieure blanc; le tour du nez est également blanc. La queue est d'un brun noir.

« Le vison (fig. 30) se tient, comme la loutre, presque constamment sur le bord des eaux. Blotti pendant le jour sur le rivage; caché dans les roseaux ou dans des cavités creusées sous terre, il sort de sa cachette la nuit pour chercher sa nourriture, qui consiste en poissons, grenouilles, rats

d'eau, et à défaut il mange des racines de plantes aquatiques et des loches.

Fig. 30. — Le Vison.

« La femelle entre en chaleur vers le mois de février; elle porte autant que la chatte (54 à 56 jours) et met bas au printemps deux ou trois petits, qu'elle loge le plus souvent dans de vieux troncs d'arbre où elle apporte les produits de sa chasse jusqu'à ce qu'eux-mêmes soient devenus assez forts et assez habiles pour saisir une proie.

« On ne rencontre le vison que par hasard : c'est en allant à l'affût des canards ou en chassant le long du marais qu'on pourra avoir la chance de lui envoyer un coup de fusil : j'en tuai un une fois sur les bords du vieux Cher, et voici dans quelle circonstance...

«... Je me trouvais dans un endroit bien couvert de roseaux, quand tout-à-coup je les vis s'agiter et quelque chose de noir glisser à la surface de l'eau. J'épaulai, pressai la détente, et un coup de fusil retentit. Le plomb fit jaillir l'eau autour de la bête, qui plongeant reparut presque aussitôt, en se débattant. Je criai à mon compagnon!

— « Une loutre-martre.

— « Tirez de nouveau, s'écria-t-il, cela a la vie dure.

« Je secondai; l'agonie ne fut pas longue; après quelques convulsions, l'animal resta sans mouvement. J'envoyai à l'eau ma brave chienne Daïa, qui s'approcha bien de la bête mais ne voulut point la rapporter. Deux fois je l'envoyai et deux fois elle refusa (sans doute à cause de l'odeur puante que répandent les animaux de cette espèce).

— « Est-elle grosse? me dit mon compagnon.

— « Non, petite, grosse comme une martre.

— « Oh! alors ce n'est pas une loutre; c'est un vison.

— « Un vison....; mais nous ne chassons point sur les bords de l'Arkansas, et je croyais que le vison ne se trouvait qu'en Amérique.

— « Erreur, mon ami,... j'en tuai un il y a une dizaine d'années; je n'en connaissais pas le nom : un naturaliste me l'apprit.

— « Alors, je tiens à l'avoir. »

« Il chercha en effet, et le trouva.

« C'était un beau mâle, mesurant 36 centimètres du nez à la naissance de la queue, longue elle-même de 15 centimètres.

« Je le rapportai, pendu à ma selle, et pendant quelques jours je le conservai comme trophée de chasse.

« Depuis cette époque je suis retourné plusieurs fois chasser sur les bords du marais, et je n'ai jamais revu de visons; cependant il y en a toujours. De temps en temps j'en vois suspendus à la porte d'un certain barbier qui fait le commerce de pelleterie tout en faisant la barbe à ses clients. Chaque année les paysans chasseurs des bords du vieux Cher en vendent une quinzaine à raison de 1 à 2 francs. Peut-être en est-il tué davantage, mais le nombre n'en peut être bien grand. »

Ainsi, plus de doute, le vison est des nôtres. C'est un amphibie; il habite sous terre et vit sur les bords des eaux. La femelle donne trois petits par portée. Sa nourriture consiste en poissons, oiseaux aquatiques, rats, souris, moules, œufs de tortue, etc. Pour la varier, l'animal se hasarde parfois à visiter l'intérieur des habitations champêtres, et si le dieu des gourmands le favorise, il tombe sur les habitants de la basse-cour à la façon des martres, des fouines et compagnie.

La peau de vison vaut une dizaine de francs. C'est une fourrure agréable et d'un prix abordable; sans valoir son pesant d'or, elle a son prix.

Une croyance vulgaire, due à certaines analogies, a fait dire en Allemagne que le vison d'Europe est un métis du putois et de la loutre.

LE PUTOIS.

Laid, puant et félon. — La paresse mère de tous les vices. — Parallèle. — Fouine et putois. — Pelletiers et naturalistes. — Le putois des rivières; — ceux des Alpes, de Pologne et du Cap. — Habitations à la ville et à la campagne. — Mauvaises mœurs et bonne chère. — Les luttes entre amoureux. — Le prix de la victoire. — L'éducation professionnelle. — Procédés de Forban. — Les préjugés de Jeannot. — Raisonnement spécieux. — Les sévérités de la logique. — Traquons-le sans merci. — Ingénieux à nuire. — Sachons nous défendre. — Vouloir, c'est pouvoir. — Deux voix. — Odeur *sui* generis. — Sensible au froid. — Délicat et raffiné. — Sus, sus !

Laid et d'odeur repoussante, voilà le *puant* ou *putois;* il pue et déplait à bon droit, car c'est encore une « bête au cœur félon, » aux instincts malfaisants, commettant tout le mal qui est en son pouvoir, dédaignant tout travail honnête,

Fig. 31. — Le putois commun.

dit M. Eug. Noël, et n'ayant de goût que pour la paresse et le crime. Le portrait n'est pas flatté, il suffit qu'il soit vrai.

Le putois est un peu plus petit que la fouine, sa très-proche voisine par le tempérament, par le naturel, par les habitudes ou les mœurs; mais il a plus courte la queue, moins pointu le museau, plus épais et plus noir le pelage. Sa fourrure, qui n'est pas rare, est d'un prix peu élevé et très-répandue; elle est à la fois douce et chaude. Malheureusement elle conserve presque toujours l'odeur infecte de l'animal vivant, et cela seul lui ôte beaucoup de prix. On a une peau brute pour 6 francs. Entre toutes, la variété qui présente au plus haut degré ce grave inconvénient est le putois au pelage noir sur un fond jaune. Les pelletiers s'expriment ainsi; l'histoire naturelle dirait : le putois ordinaire (fig. 31), celui dont le pelage est brun foncé, les poils intérieurs ou le duvet étant d'un blanc jaunâtre. La manière de dire diffère dans l'expression, mais la chose est la même. Toutefois les variétés s'écartent peu du type.

On nomme le *putois des rivières* aux oreilles larges et courtes; il mesure 60 centimètres environ du bout du nez à l'extrémité de la queue, longue de 15 à 16 centimètres seulement; son poil est d'un roux brun foncé; les côtés du nez et le bord des oreilles sont blancs; la queue est noire.

On fait état également du *putois des Alpes*, qui est jaunâtre en dessus, et plus pâle en dessous, avec du blanc au menton. On cite encore le *putois de Sibérie*, qui est d'un fauve clair uniforme; le *putois de Pologne*, qui est brun tacheté de

Fig. 32. — Le putois du cap de Zorille.

blanc et de jaune, et enfin le *putois du Cap* ou *Zorille* (fig. 32), qui est blanc et noir.

Par ces diverses dénominations, on prend connaissance des diverses régions qu'il habite; on le trouve assez nombreux dans l'Europe méridionale tempérée et boréale.

Cette agréable bête aime la ville et la campagne. Celle-ci, en été, dans les lieux couverts les plus rapprochés des habitations. Pour l'hiver, il rentre dans les vieux bâtiments, dans les granges et les greniers à foin. Il dort pendant le jour, et la nuit se met en chasse pour faire chère lie, se souciant peu du carême et des quatre-temps. Pendant la belle saison, et tandis qu'il est en villégiature, il cherche les nids de per-

drix, de cailles, d'alouettes, à travers champs. Il a le flair délicat, et fait de tout cela une grande destruction. Il visite avec
non moins de succès pour lui les nids construits dans les
grands arbres, sur lesquels il grimpe avec beaucoup de dexté-
rité. A leurs risques et périls, il épie les rats, les taupes les
mulots, et fait une guerre d'extermination aux lapins, qu'il
poursuit jusque dans leurs terriers. Une seule famille de putois
a promptement raison d'une garenne entière, et je ne sache
pas de moyen plus sûr de diminuer très-notablement et très-
vite les populations de lapins, là où elles sont exubérantes,
que de les mettre aux prises avec le putois.

Fig. 33. — Le putois d'Hardwich.

A l'heure où les frimas rappellent celui-ci dans les constructions rurales, il fera sa proie des habitants de la basse-cour. Il
montera aux volières, aux colombiers ; il se glissera, mince
et fluet, dans les poulaillers, et dans tous ces lieux, sans
bruit, il commettra force dégâts. Il coupe ou écrase la tête à
toutes les volailles, dit Buffon, puis les transporte une à une,
et en fait provision. Si, comme il arrive souvent, il ne peut
les emporter entières, parce que le trou par où il est entré se
trouve trop étroit, il leur mange la cervelle et prend seulement les têtes. Il aime aussi les douceurs et se montre très-
avide de miel. Il s'en procure en attaquant les ruches tandis

que les abeilles sont engourdies par le froid, et les pille à
cœur joie.

. « M. P. Chapuy n'en dit pas plus de bien que je n'en pense
moi-même, et semble lui conserver un chien de sa chienne.
« Qu'on se fasse une idée, a-t-il écrit dans *la Chasse illustrée*,
de l'audace énergique de cette détestable petite bête. J'avais
reçu au château de D*** deux cygnes, que je devais mettre
sur une pièce d'eau. Leur cabane n'étant pas prête, lors de
leur arrivée, je les avais laissés à la basse-cour, dans la
caisse qui avait servi au voyage. Le matin où je devais leur
donner l'essor, j'en trouvai un mort. L'ayant dépouillé, je
découvris sur la nuque une piqûre, comme celle d'une forte
sangsue : il avait été saigné dans la nuit par un putois. »

Les sexes se rapprochent dans le cours du printemps. Les
mâles se disputent les femelles à la grande satisfaction de
celles-ci. Les batailleurs y vont bon jeu bon argent et se li-
vent entre eux des combats acharnés. Les vainqueurs reçoivent sans conteste le prix de la victoire; les vaincus se retirent
et vont chercher fortune ailleurs. Les mères mettent bas au
commencement de l'été; les portées sont de trois, quatre ou cinq
petits. Dès qu'il a été satisfait dans ses désirs les plus ardents
et les plus doux, l'amant heureux quitte la partie et fuit la
maison de ville. Les futures mamans demeurent, tandis que
les maris partent pour les champs et s'installent à la campagne. Les femelles vivent sans doute alors plus paisibles, et
leur chasse devient plus fructueuse quand le nombre des
consommateurs a été réduit. Patiemment elles attendent
l'heure de la délivrance, mènent en poste la période peu
prolongée de l'allaitement, font rapidement l'éducation
professionnelle des petits en les accoutumant tôt à sucer du
sang et à vider des œufs. Cela fait, elles déménagent sans
tambour ni trompette, entourées de la marmaille, qu'il faudra
encore guider dans la recherche d'un logement. Celui-ci se
trouvera sans fatigue dans des terriers de lapins, dans des
fentes de rocher, dans des troncs d'arbre creux, asiles assez
sûrs pour le jour et convenablement choisis pour que la
chasse de nuit fournisse en suffisance la nourriture nécessaire
à ces nouveaux venus.

Le putois procède envers Jean lapin sans plus de façon que la martre envers l'écureuil ; il l'expulse violemment de son logis, sans y mettre plus de forme, sans aucune formalité préalable. A en croire notre La Fontaine, — un autre Jean qui ne manquait pas de bon sens, à ce que l'on dit, — « Jeannot lapin » a des préjugés et de toutes autres idées sur le droit sacré de propriété, du moins lorsqu'il est encore jeune et sans expérience, comme cet agneau à qui certain loup de bon appétit cherchait si brutalement querelle d'Allemand. Alors il se regimbe et fait métier de sermonneur, réclamant haut et ferme la restitution de son logis. Maître putois n'entend pas de cette oreille.... L'habitation était vide, il y est venu ; en la visitant il l'a trouvée à son gré, il s'y est installé, il s'y trouve bien, il y reste. D'ailleurs, la terre est au premier occupant, et vraiment n'est-ce pas un beau sujet de guerre qu'un logis où l'on n'entre qu'en rampant !

> Et quand ce serait un royaume,
> Je voudrais bien savoir..... quelle loi
> En a pour toujours fait l'octroi
> A Jean, fils ou neveu de Pierre ou de Guillaume,
> Plutôt qu'à Paul, plutôt qu'à moi.
> Jean lapin alléguait la coutume et l'usage :
> Ce sont, dit-il, leurs lois qui m'ont de ce logis
> Rendu maître et seigneur, et qui, de père en fils,
> L'ont de Pierre à Simon, puis à moi Jean, transmis.
> Le premier occupant ! Est-ce une loi plus sage ?

Ah ! voilà bien des raisons, reprend la bête cruelle, finissons et dépêchons. Là-dessus, il le saigne,....... « et puis le mange ».

Le putois est d'une logique sévère. Il finit toujours comme il commence ; en sa vie, assez longue, trop longue pour la prospérité de nos basses-cours, il ne commet, à notre point de vue, — celui de nos intérêts, — que des actions mauvaises. S'il rend quelques services en détruisant rats et mulots, il accomplit des actes condamnables et préjudiciables d'une bien autre importance. Il faut donc le traquer sans merci, et ne pas lui permettre de multiplier au delà des plus étroites limites. Ceci est l'affaire de cette race particulière de chiens dont j'ai déjà parlé à diverses reprises, que je ne trouve pas

assez répandue, et qui partout devrait remplacer cette masse
d'animaux inutiles, remplissant presque le rôle de parasites,
car on les entretient sans emploi au détriment de la fortune publique. Je ne connais pas de petite question en économie sociale. Celle que je soulève ici est à coup sûr des
plus grosses. Mesurez donc par la pensée l'étendue des destructions d'ennemis ou de bêtes malfaisantes qu'accomplirait
en un an sur notre territoire ravagé une population entière
de chiens vouée par instinct et par état à l'extermination de
la vermine terrestre, et supputez la somme de richesse
qui par là aurait été sauvegardée sans peine aucune et
sans bourse délier! Nos ennemis sont ingénieux à nous nuire,
nous le sommes peu à nous défendre, à nous en débarrasser.
Pour cela, il n'y aurait qu'à vouloir; il n'y aurait qu'à leur
opposer le chien, notre ami, notre plus puissant auxiliaire,
leur destructeur-né, intelligent et capable. Allons, jamais
le mot n'aurait été plus vrai : Vouloir, c'est pouvoir.

Par leur manière de converser, fouine et putois diffèrent.
Celui-ci a la voix obscure, une sorte de cri contenu, presque
étouffé; l'autre a le timbre aigu, éclatant. Tous deux et la
martre, leur voisine, ont, comme l'écureuil, un grognement
d'un ton grave et colère, qu'ils répètent fréquemment lorsqu'on les irrite. C'est alors aussi que l'odeur infecte du putois
s'exhale le plus fortement. Les chiens refusent de manger sa
chair. On sait que l'odeur *sui generis*, répandue autour d'eux
par chacun des animaux de cette catégorie vient de deux
vésicules placées auprès de l'anus et qui ont pour fonction de
sécréter une matière onctueuse particulière, d'où s'échappent des senteurs très-désagréables dans le putois, le furet,
la belette, le blaireau, etc., et, au contraire, une sorte de
parfum dans la civette, la fouine, la martre et d'autres encore.

Le putois est plus particulièrement un animal des pays
tempérés. On en trouve peu ou point dans la région froide;
il est plus rare que la fouine dans les climats méridionaux;
il semble être confiné en Europe, où on le rencontre plus particulièrement depuis l'Italie jusqu'en Pologne. On sait qu'il
redoute jusqu'à un certain point le froid puisqu'il s'abrite

dans nos constructions tant que dure l'hiver et qu'on ne voit jamais ses traces ni sur la neige, ni dans les bois, ni dans les champs éloignés de nos demeures. Peut-être craint-il aussi la trop grande chaleur, puisqu'il n'habite point les contrées chaudes.

C'est un délicat, un raffiné, un rusé, un ennemi, un dangereux, un fâcheux. Haro! sus, sus! De cette engeance maudite il y aura toujours assez, il y aura toujours trop.

Toutefois ceci peut n'être, suivant les circonstances, qu'une vérité relative. En Allemagne, en certaines contrées de celle-ci au moins où pullule, bien plus que chez nous, la vermine terrestre, — taupes, mulots, rats, hamsters, etc., — il semble qu'on doive être très-heureux de trouver dans le putois un destructeur actif et bienfaisant. Pour ces situations, soit. Et pourtant je préférerai toujours à un auxiliaire aveugle ou nuisible à ses moments perdus, le serviteur intelligent et dévoué, l'ami fidèle et sûr qui a nom — le chien. Mais il faut être juste même envers ceux qu'on n'aime pas. J'ajoute donc à l'avoir du putois qu'il se livre avec succès à la destruction des reptiles, orvets, couleuvres, vipères. Ces dernières se défendent et le mordent avec colère, mais il ne prend souci des blessures, dont il ne ressent d'ailleurs aucun malaise appréciable. Plusieurs animaux de cette famille jouissent à cet égard d'une étrange et très-heureuse immunité, privilége plus spécial encore du hérisson, dont je parlerai bientôt, car son tour ne tardera point à venir.

Pourquoi tout à côté de ce mérite apparaît-il un immense danger. Plein d'audace et de témérité, il s'attaque à plus fort que lui, mais, vorace et sanguinaire, il commet, à l'occasion, des meurtres que nous ne saurions ni excuser ni pardonner. A Verna, village de la Hesse électorale, rapporte Lenz, un enfant de cinq ans déposa, pendant quelques instants, près d'un canal, son petit frère, confié à sa garde. Trois putois survinrent et se ruèrent sur le pauvre innocent, qu'ils mordirent à la nuque, à l'oreille, au front. Le surveillant voulut intervenir et défendre la victime, mais d'autres putois surgirent et allaient attaquer le trop faible défenseur. Heureusement deux hommes arrivèrent à temps pour tuer deux putois et forcer les autres à prendre la fuite. On cite d'autres exemples d'attaque, et un, — entre autres, — dans lequel l'issue fut fatale à un enfant endormi dans son berceau.

Si donc on le hait, ce vilain animal, la haine qu'on lui a vouée est du moins bien justifiée. Lenz raconte à quel point le renard se plaît à lui jouer de mauvais tours et le taquine avec bonheur. « Il s'approche de lui, dit-il, en rampant sur le ventre, s'élance subitement, le renverse, et il est déjà loin lorsque le putois se relève furieux et montrant les dents. A cette première attaque, en succède une seconde. Le renard s'approche de nouveau, saute, et cette fois, au lieu de renverser la bête, il la mord au dos et lâche prise avant qu'elle ait eu le temps de se venger. Alors il commence à décrire des cercles autour du putois, s'en approche, lui présente la queue. Mais au moment où la victime de ses attaques va la saisir il la retire, et le putois mord dans le vide. Enfin, le renard simule l'indifférence, le putois prend confiance, regarde de tous côtés, et se met à ronger quelques restes. C'est le moment attendu par le rusé carnassier. Rampant sur le ventre, les yeux brillants, les oreilles dressées, agitant la queue, le renard s'avance, bondit, saisit le putois par le cou, le secoue et disparaît. »

Ces attaques durent quelquefois des heures entières sans qu'il en résulte rien de grave ni pour celui-ci ni pour cet autre. C'est en cela seulement que j'y trouve à redire. Entre gens de cette sorte, il ne devrait y avoir que des duels à mort.

LA BELETTE.

Devant quelques-uns qui la disent jolie, toute mignonne
et gentille, — *gratia plena*, — «dame belette au long corsage »
a su trouver grâce et faveur ; on a pris chaudement, ouvertement sa défense ; mieux encore, on nous sollicite de l'admettre en nos propres demeures comme un commensal
agréable et familier. Pour moi, je ne peux ni ne veux oublier qu'elle a été et qu'elle est encore la terreur des basses-
cours et des colombiers. Ce n'est point une découverte des
derniers jours que celle-ci, à savoir: lorsqu'elle réussit à pénétrer dans un poulailler, elle terrifie les vieilles volailles,
mais s'attaquant aux plus tendres, aux poulettes, elle les tue
et les emporte une à une, comme une proie digne d'elle. Il va
sans dire qu'elle ne travaille pas audacieusement au grand
jour et *coram populo;* elle va traîtreusement en chasse pendant la nuit, marche silencieusement, de manière à n'éveiller
aucun gardien incommode, de façon à éviter toute malen-
contre.... Elle est bien de sa famille, je vous le jure. On assure pourtant que, pressée par la faim, elle prend ses précautions pour n'être point vue, et chasse en plein jour.

Malgré tout, ses avocats sont convaincus. Ils parlent de ses
aimables qualités avec feu, et les font ressortir avec talent.
Écoutons-les, sauf à faire ensuite la sourde oreille. Voici donc
un plaidoyer tout parfumé ; il est de M. Eug. Noël, l'un des
partisans déclarés de la belle.

« C'est la plus petite, dit-il, mais en même temps la plus jolie
et la plus malicieuse des mustelles. Tout en elle est grâce et

prestesse : sa marche singulière par petits bonds rapides semble la rapprocher de l'oiseau, cependant on ne lui voit point d'ailes; mais ses petites pattes disparaissent cachées sous son petit corps recourbé en arc, et l'on ne sait si elle touche la terre. Il est presque impossible de ne pas sourire en la voyant si plaisamment bondir. On sent chez la belette je ne sais quoi d'aimable qui semble indiquer que cette charmante bête n'est faite que pour être aimée. Buffon raconte une histoire de belette apprivoisée dont le plus grand plaisir, quand elle se savait regardée, était de se livrer à mille gentillesses, pour le seul besoin de plaire. N'y a-t-il pas là quelque indice secret que la belette est faite pour la familiarité et le service de l'homme. Les chasseurs ont tiré parti d'une autre mustelle (le furet) devenue depuis longtemps

Fig. 84. — La belette.

domestique; pourquoi n'utiliserait-on pas aussi la belette? On sait que sa chasse préférée est la chasse aux vipères. Dans ces derniers temps, un habile observateur a pu voir comment la belette se préserve des effets du venin de la vipère en mâchant, lorsqu'elle en est mordue, des feuilles de pet-d'âne (*Onopordon acanthium*) ou des tiges de verveine. Il est vrai que cette observation avait été faite déjà par Aristote.

« Comment se fait-il donc que l'idée ne soit venue encore à personne d'utiliser cet heureux instinct? Je ne puis me figurer que la belette ne soit pas destinée à devenir pour l'homme un précieux domestique; elle semble d'elle-même rechercher nos habitations et demander de se mettre avec nous en communauté d'existence et d'intérêt. Frileuse, elle serait bien aise, en hiver, de vivre à notre foyer ; friande et sensuelle, elle se laisserait volontiers nourrir et caresser par nous : l'abstinence est pour les belettes un supplice. Admise parmi nous, elle serait charmée de se rendre utile, soit en faisant la guerre aux souris, soit en nous amusant de leurs gentillesses.

« La belette n'a peut-être été mise au nombre des ennemis du cultivateur que parce qu'on l'a méconnue et rejetée loin de nous inconsidérément. On ne pense qu'à tuer cette mustelle gracieuse ; il eût été plus sage de lui donner une éducation convenable. A l'état sauvage, la plupart de nos animaux domestiques bien probablement ne la valaient pas.

« On propose de sacrifier à la destruction des vipères des sommes considérables, et l'on ne songe pas que nous avons dans nos campagnes des chasseurs de serpents, — belettes, hérissons, cigognes, — qui ne demandent qu'à nous en délivrer gratis. »

Voilà donc la pensée de M. Noël. Il l'a puisée dans les replis les plus sensibles de son cœur ; mais ceci précisément n'est point affaire de sentiment. Toute la question gravite autour de ce point : quelle est au juste, ou mieux quelle serait l'utilité pratique de la belette au cas où elle pourrait être domestiquée dans l'acception la plus large du mot, c'est-à-dire au cas où la civilisation réussirait à étouffer tous ceux de ses instincts qui nous sont préjudiciables et à faire prévaloir exclusivement ceux qui doivent nous servir ?

Comme question préalable surgit tout d'abord l'assertion déjà rappelée : la belette, en compagnie de la fouine, vivait jadis dans les maisons à la manière des chats. C'est bien, mais l'observation à la suite revient tout aussitôt : les chats sont restés, les autres ont été rejetés. Voilà, certes, un premier fait peu favorable à dame belette, sans compter que je ne trouve nulle part la preuve qu'elle se soit reproduite en domesticité. Cependant, je me hâte de le dire, je ne vois aucun motif, aucune raison plausible pour repousser la possibilité de cette reproduction. Voilà tout au moins un point d'histoire naturelle sur lequel, à l'âge où est parvenu le monde, nous devrions être définitivement fixés. J'admets néanmoins que l'animal se reproduise en nos mains, quels services est-il susceptible de nous rendre? Un seul, — celui de faire fuir la souris. En retour, il nous faudra le choyer et délicatement le nourrir. Il est friand et sensuel; il est frileux et il ne supporte pas le jeûne. Si donc on ne lui donne, suivant ses goûts et ses désirs, en quantité suffisante, il est à croire qu'il suppléera à nos attentions par le retour à des instincts qui ne nous profitent point. Je sais bien qu'on veut compter sur lui pour la destruction des vipères. Il faudra le conduire à la chasse de ce dangereux reptile; mais il n'y a pas des vipères partout, dieu merci! et pour nous débarrasser de celles-ci, dans les lieux où elles se cantonnent, nous avons des auxiliaires moins exigeants et non moins sûrs.

Noublions pas le spécialiste émérite du genre, — le hérisson. Ce dernier a sur la belette l'avantage de travailler pour nous sans réclamer la première place au feu et à la chandelle, voire à notre table. La belette nous infligerait des sujétions dont nous nous passons à merveille. Elle nous payerait en gentillesses ou en caresses de toutes sortes, c'est possible; mais je ne trouve pas là de suffisantes compensations, car pour quelques-uns qui auraient le loisir de s'y arrêter et d'en jouir, combien y seraient forcément indifférents?

Tout compte fait, loin de supposer qu'elle soit destinée à devenir pour l'homme un domestique précieux, je me prendrais bien plus à redouter que parmi les plus civilisés beaucoup ne revinssent de temps à autre à leurs mauvais instincts. Je me souviens du proverbe : Chassez le naturel,... il revient au galop. Le proverbe est parfaitement applicable en l'espèce. N'oublions pas enfin cet autre côté, qui a son importance aussi : la bête exhale une odeur forte et désagréable pour les commensaux d'un même logis.

Au surplus, l'homme n'a que faire d'abriter sous son toit tous les auxiliaires que lui a donnés la nature : ceux qui le servent au dehors sans qu'il ait à s'en occuper ne sont pas de tous les moins utiles, à la condition de tenir bien clos poulaillers, clapiers et colombiers. Je rangerai même volontiers parmi ces derniers la belette, grand amateur de serpents, de rats d'eau, de taupes, de mulots, etc. A tous elle donne la chasse avec succès, et on ne la voit jamais en populations exubérantes là où elle vient exercer librement sont état. Destructeur habile, expert et plein d'activité, sur ce terrain elle rend des services que je ne veux pas méconnaître; mais là seulement elle est à sa place, et je ne crois pas que nous devions songer à lui en attribuer une autre. Encore ferai-je mes réserves. Protégez-la, dirai-je, en raison même de vos besoins sans lui permettre d'atteindre à des nombres excessifs. Et c'est là le dernier mot de la question. Partout où les mulots et les campagnols parviennent à s'établir en légions pressées, ils constituent un fléau : mettez alors, si c'est possible, à leurs trousses des belettes; mais là où celles-ci ne trouveraient, pour bien vivre aux champs, qu'une proie insuffisante, traquez-les et faites-leur bonne guerre, car si elles ont faim, gare les divers habitants de la basse-cour ! A supposer que ces derniers soient bien gardés la nuit, la belette les guettera si habilement le jour, qu'elle en tâtera : or, elle va vite en besogne et massacre à belles dents. Il lui faut de la nourriture, et beaucoup; « elle est si gourmande et si vorace, a dit Buffon, qu'elle pèse jusqu'à un cinquième de plus après ses repas. » Je ne sache pas beaucoup de maîtres qui s'accommoderaient de domestiques ayant si ruineux appétit.

Les deux histoires de belettes apprivoisées, rapportées par Buffon, toutes gracieusement écrites qu'elles sont, me séduisent peu. Elles généralisent deux faits d'apprivoisement observés dans des conditions particulières et n'intéressant que de très-jeunes bêtes. Il eût été important de connaître la suite, laissée à un « prochain numéro » qui n'a pas encore vu le jour.

Que si dans ces deux histoires on néglige tout ce qui est grâce et gentillesse d'enfant, enthousiasme d'éleveur exceptionnel, pour s'attacher à des points essentiels, je ne vois pas qu'il y ait tant lieu de prendre en si belle affection « dame belette », — « ce type des petits animaux, » comme l'appelle Buffon lui-même. Cette tâche peut être aisément remplie. Je la prends pour mon compte.

Et d'abord, ayez souvenance de ce qui advint à certain lion de haut parentage qui, rencontrant bergère à son gré, la demande en mariage. Gendre pareil pouvait devenir re-

doutable. Ma fille est un peu délicate, dit le père à l'amoureux :

> Vos griffes la pourront blesser
> Quand vous voudrez la caresser.
> Permettez donc qu'à chaque patte
> On vous les rogne, et pour les dents,
> Qu'on vous les lime en même temps :
> Vos baisers en seront moins rudes. —
>
> . . . .
>
> Le lion consent à cela. —
>
> . . . .
>
> Sans dents ni griffes le voilà,
> Comme place démantelée.

Ainsi commence l'histoire de la belette de Buffon, prise
toute jeune et conservée seulement pendant dix mois. « Elle
mordait furieusement lorsqu'elle avait faim : on lui coupa
les quatre dents canines, très-aiguës, qui déchiraient les mains
jusqu'à l'os. » Réduite en cet état de « place démantelée », la
petite consentit à se rendre ; dépouillée de ses armes agressives, « elle devint moins féroce ; » c'est bien heureux, n'est-
ce pas ? et, ajoute Buffon, « comme elle avait sans cesse besoin de mes services pour manger ou dormir, commença à
prendre de l'affection pour moi, car manger et dormir sont
les deux fréquents besoins de cet animal. » Poussés à l'excès
chez un domestique, ces besoins ne sont qu'une mince recommandation auprès du maître.

Un moindre degré de férocité n'est encore ni la soumission ni la douceur. La belle édentée n'en essayait pas moins
de mordre et fréquemment se mettait en colère. Pour ré-
primer ces mauvais penchants, on lui fit connaître le fouet,
instrument de punition dont elle comprit assez vite l'usage.
Ceci est tout à l'honneur de son intelligence. Je ne l'accuse
point d'en manquer. Loin de là, étant donnés ses besoins,
je la trouve admirablement douée.

Et par exemple, elle a l'odorat exquis. « J'ai été singulièrement surpris, dit encore Buffon, de voir ma belette, qui
avait faim, rompre sa chaîne de fil d'archal, sauter sur moi,
entrer dans ma poche, déchirer le petit paquet, et dévorer
en un instant la viande que j'avais cachée. Comme tour d'a-

dresse ou de prestidigitation, ceci n'est pas mal; au point de vue de la civilité puérile et honnête, je suis moins satisfait; l'acte n'est pas précisément marqué au coin d'une irréprochable fidélité.

« Ce petit animal qui m'était si soumis, continue Buffon, avait conservé d'ailleurs son caractère pétulant, cruel et colérique pour tout autre que moi; il mordait sans discrétion tous ceux qui voulaient badiner avec lui. Les chats, ennemis de sa race, furent toujours l'objet de sa haine; il mordait au nez les gros mâtins qui venaient le sentir lorsqu'il était dans mes mains : alors il poussait un cri de colère, et exhalait une odeur fétide qui faisait fuir tous les animaux, criant : *Chi, chi, chi, chi.* J'ai vu des brebis, des chèvres, des chevaux, reculer à cette odeur... » Quel charmant domestique qu'un puant de cette taille! Elle avait communiqué son odeur à sa petite cage et son matelas était infect.

« Les poussins, les rats et les oiseaux étaient surtout l'objet de sa cruauté; elle observait leur allure, et s'élançait ensuite prestement sur eux. Elle se plaisait à répandre le sang, dont elle se soûlait; et, sans être fatiguée du carnage, elle tuait dix à douze poussins de suite, éloignant la mère par son odeur forte et désagréable. » Il faut se rappeler qu'on avait raccourci les dents à la mignonne et qu'elle était apprivoisée. Qu'aurait-elle fait complétement armée en guerre et dans toute la fleur de sa férocité?

Je parlais un peu plus haut de la fidélité nécessaire au domestique. Voyons comment dame belette entendait cette vertu privée. « Lorsque j'oubliais de lui donner à manger, elle se levait de nuit et se rendait d'une maison à une autre à Entragues, où elle mangeait chaque jour. Elle allait par les chemins les plus courts, descendant d'abord dans un balcon et dans la rue, descendant encore et montant plusieurs marches, entrant dans une basse-cour, passant à travers des amas de feuilles sèches de châtaignier de trois pieds de hauteur, pour prendre le plus court chemin : ce qui fait voir que l'odorat guide cet animal. Elle passait ensuite dans la cuisine, où elle mangeait à l'aise après avoir fait un chemin de deux cents pas. » Ah! s'il y avait eu quelque mauvaise action à commettre sur la route parcourue, dans la basse-cour traversée, par exemple! Mais on ne dit pas ce qu'elle dévorait si bien dans cette bienheureuse cuisine en laquelle elle s'introduisait si facilement la nuit, et si le lendemain ce n'était pas une déception qu'éprouvait la ménagère en y rentrant et retrouvant bien closes portes et fenêtres. « La belette a l'épine du dos très-flexible; elle se plie et se replie en tous sens, et se fourre dans des trous qui ont sept lignes de largeur. » J'ai connu des domestiques qui écoutaient aux portes; en voici un qui passerait sans plus se gêner par le trou de la serrure; il me donne encore moins de sécurité que ceux qui par état viennent les crocheter.

Un dernier trait. La belette n'est pas seulement ardente en amour, elle se livre effrontément au libertinage le plus abominable, et mettrait sous l'œil de tous je ne veux pas dire des exemples, mais des actes de lubricité révoltants, inouïs; non, il n'est pas vrai qu'à l'état sauvage la plupart de nos animaux domestiques valaient moins que la belette.

La cause est entendue, je pense; n'ayons point regret de n'avoir pas plus près de nous cette espèce, et ne souffrons pas que ses populations excèdent par le nombre nos besoins les plus strictement définis et mesurés.

Elle est pleine de hardiesse et d'audace. La vue d'un homme venant à elle ne l'intimide pas; loin de là, elle avance, elle aussi, et semble s'informer du motif d'une visite importune ou d'une recherche peu agréable. Que si elle se sent appuyée par d'autres dans le voisinage du point de rencontre, il ne ferait pas bon de l'attaquer. Elle a prompte la riposte, et saute vivement à hauteur du cou pour prendre à la gorge l'adversaire et lui couper les carotides. Le procédé est délicat, mais il serait mortel. L'inutilité de ses efforts lui étant démontrée et se sentant elle-même en danger, elle jette un cri d'alarme, et toutes les compagnes d'alentour arrivent prestement à la rescousse. Alors c'est une attaque commune de laquelle un homme seul n'aurait pas facilement raison.

Ceci revient à dire que la belette n'est pas un animal solitaire; elle vit volontiers en société, au contraire, et les membres d'une même famille sont prompts à se porter secours lorsque leur assistance est réclamée par l'un d'eux. Tschudi prétend avoir observé des groupes de cent belettes et plus dans le canton d'Unterwald. En nos contrées elles ne sont plus, Dieu merci! aussi nombreuses, mais elles y vivent encore par couples.

Parmi ceux qui leur donnent volontiers la chasse, il faut citer les grues et les aigles, qui les enlèvent pour aller s'en repaître à l'aise en lieu sûr; mais le transport a ses dangers, car chemin faisant, et tandis qu'elle est liée par la serre de l'oiseau, à l'abri de toute méfiance, la petite bête trouve parfois le moyen de se tirer d'une situation en apparence aussi désespérée. Comment s'arrange-t-elle alors? Il faut croire qu'elle rencontre dans un sang-froid imperturbable et dans une extrême souplesse des ressources bien précieuses, car, prenant un point d'appui bien nécessaire dans la serre même qui l'étreint, elle s'allonge jusqu'à atteindre le cou de l'oiseau, qu'elle égorge. Celui-ci redescend bientôt à terre, où il arrive épuisé et où la belle, délivrée, se retrouve sur ses pattes, aussi vive et alerte, sans plus d'effroi qu'avant l'aventure d'où elle sort.

Un autre de ses ennemis, le hamster, lui rend la vie dure. Aussi féroces l'un que l'autre, mais non moins courageux, ils vont bravement l'un à l'autre, sans arrière-pensée. C'est un combat à mort : les deux assaillants iront jusqu'au bout; aucun n'y survivra. Une pareille rencontre est, à l'habitude, la dernière heure de tous deux. La lutte est vive, pressée, formidable, parfois suspendue un instant par la fatigue, mais bientôt reprise et menée jusqu'au terme, jusqu'à l'épuisement absolu des forces, peu éloigné du dernier râle, de la mort certaine et très-rapprochée des combattants.

Il me faut à présent donner le signalement de la petite bête. Elle se présente sous pelage d'un brun roussâtre en dessus, blanc en dessous. L'extrémité de sa queue n'est jamais noire dans l'espèce typique, mais cela peut se remarquer dans quelques variétés. Sa longueur est de 16 centimètres pour la tête et le corps; ajoutez cinq centimètres pour la queue, voilà l'objet. Elle est très-effilée et admirablement disposée pour le saut, qu'elle accomplit par bonds inégaux, mais très-préci-

pités. Pour monter sur un arbre, elle a sa manière propre.
D'un seul élan, très-énergique, elle s'élève tout d'un coup à
plusieurs pieds de hauteur; elle bondit de même lorsqu'elle
veut attraper un oiseau. Elle a, pour lécher le sang, une langue
rude, large, très-flexible, apte à caresser toutes les surfaces, —
plates, saillantes ou rentrantes; ses pattes sont larges et courtes,
mais promptes à saisir; ce qu'elles tiennent, elles le tiennent
bien. Tous ses sens sont bien développés; sa vue est perçante,
son oreille est fine, son odorat est exquis et son toucher est
sûr. Comme le putois, elle se donne, suivant la saison, le
luxe d'une habitation de ville et d'une habitation des champs.
Elle se tient volontiers en hiver dans les greniers ou dans les
granges où naissent les premiers de l'année; en été elle hante
la campagne, et bien qu'elle ne paraisse pas aimer beaucoup
l'eau autre que la rosée, dans laquelle elle s'abreuve et se
lave, on la rencontre plus fréquemment qu'ailleurs dans les
lieux bas, autour des moulins, le long des ruisseaux, des rivières, se cachant dans les buissons pour surprendre les
oiseaux. Les femelles, qui font deux ou trois portées par an,
établissent souvent là leur nid dans le creux d'un vieux saule.
Elles le tapissent d'herbes, de paille amollie, de feuilles; elles
le capitonnent moelleusement avec des étoupes ou de la laine,
si elles parviennent à en trouver quelque part, et y déposent
leurs petits, au nombre de 3, 4 ou 5. Comme tous ceux de la famille, ils naissent les yeux fermés, vivent bien, grâce à l'a-
bondance du lait de la mère, et grandissent vite pour accompagner de bonne heure la nourrice dans les expéditions
voisines, qu'elle a hâte de leur faire entreprendre sous son
patronage éclairé. Elle leur aura ménagé la découverte facile d'un nid de cailles ou de perdreaux, dont elle leur fera
vider délicatement les œufs ou sensuellement saigner les
petits. Chemin faisant, à l'aller et au retour, elle leur ap-
prendra les ruses qu'elle tient elle-même de ses ancêtres:
ce sont des secrets de métier qui coûteront quelque chose aux
fermes du voisinage. L'homme, qui se décide si malaisément
à doter largement l'instruction des siens, fait d'ordinaire
les frais d'éducation de tous ceux qui peuvent lui causer
quelque dommage. Si lui-même était plus soucieux d'ap-

prendre ce qu'il a réellement besoin de savoir, il se défendrait plus judicieusement et plus efficacement contre ses ennemis. La meilleure arme, en effet, qu'il puisse leur opposer, c'est de bien les connaître. Sans cette connaissance intime, si rare, il se débat le plus souvent à tort et à travers, sans résultat sérieux. On ne saurait nier que ceci ne soit le cas le plus ordinaire.

On trouve la belette dans les parties septentrionales et tempérées de l'ancien monde. On la rencontre aussi dans le nord de l'Amérique. Sa fécondité, assez active, fait qu'elle n'est pas rare.

Toutefois, les pelletiers de nos pays n'ont qu'une très-mince estime pour la fourrure de cet animal. Ils accordent néanmoins plus de valeur aux peaux de bêtes qui ont vécu dans les contrées froides, et ils recherchent entre toutes celles qui viennent de Sibérie. Revêtue d'une teinte brun foncé par l'art habile du pelletier, cette peau de la belette de Sibérie est offerte au consommateur sous le nom mensonger ou de convention de *martre lustrée*. Ici donc, autant et plus qu'ailleurs, il faut bien savoir ce que parler veut dire.

Comme presque toutes les bêtes de la création, la belette a été servie à l'humanité sous forme pharmaceutique. Voici ce qu'un médecin italien du XVIᵉ siècle, Mattioli, nous a laissé à ce sujet :

« La belette, qui hante ordinairement les maisons, brûlée, éventrée, salée et desséchée à l'ombre, prise en breuvage du poids de deux drachmes avec du vin, c'est un souverain remède contre tous venins de serpents, pareillement contre tout poison. Son estomac farci de coriandre, et ainsi gardé, si on en boit, sert grandement contre les piqûres des serpents et contre le haut mal. Étant brûlée dans un pot de terre, est fort bonne aux gouttes, si on applique la cendre avec du vinaigre. Le sang aussi est bon aux écrouelles, si on les en frotte. »

« Pourquoi Molière, s'écrie M. Eug. Noël, qui m'a fourni cette docte citation de Mattioli, pourquoi Molière n'a-t-il pas connu les œuvres de ce médecin ? »

Molière aurait certainement eu le talent de nous faire rire

de la fausse science de ce savant d'un autre âge ; soyons indulgents toutefois pour l'ignorance de nos anciens, afin que nos petits neveux, oubliant trop ce que nous aurons fait pour eux dans notre pénible et laborieuse traversée, ne s'attachent pas exclusivement à rire et de nos faiblesses et de nos préjugés. Nos pères ont beaucoup fait pour nous, tout en nous laissant énormément à faire. Notre rôle n'est pas autre. Nous accomplissons, tous tant que nous sommes, une tâche ardue, la nôtre ; nos successeurs auront encore la leur, et, pour sûr, ainsi ira le monde jusqu'à la consommation des siècles. Rions innocemment, mais à côté du rire plaçons un bon souvenir pour ceux dont les travaux et les découvertes nous ont permis d'acquérir un plus grand savoir et d'arriver à un état de civilisation plus avancé ; rions d'un bon rire, mais ne soyons ni ingrats ni malveillants. A tout prendre, la modestie sied toujours, et nulle génération dans la succession des temps n'aura eu plus que la nôtre, peut-être, le droit ou le devoir de faire montre de modestie.

L'HERMINE, LE ROSELET.

Deux noms. — Robe d'été, robe d'hiver. — Utilisation de l'hermine. — Symbole de pureté. — Portrait et habitat. — Hermine et belette. — L'habit ne fait pas le moine. — Magnifique et pas cher. — En tout digne de la famille. — En captivité. — Réparation sollicitée. — Pourquoi? — Hermine ou Roselet. — Éclat et durée. — Navigation. — David et Goliath. — La chasse productive, — et nécessaire. — Le bon point et les étrivières. — *Quousque tandem.....?* — Les moyens de destruction. — Traque-renard. — L'art de piéger. — Le bon piégeur. — Les assommoirs. — Les poisons. — A l'affût. — Les chiens spéciaux. — L'instinct d'accord avec l'intérêt. — Les chasses en règle.

Deux noms pour un même animal, deux dénominations qui se justifient en ce qu'elles désignent deux états, deux conditions extérieures, ou plus exactement les deux robes que porte alternativement le petit animal. Celui-ci effectivement change de fourrure; il est autrement vêtu l'hiver que l'été. Dans cette dernière saison, couvert d'un manteau roux ou jaunâtre, il s'appelle le *Roselet* (fig. 35); dans l'autre, pres-

Fig. 35. — Le roselet.

que tout de blanc habillé, il se nomme *l'hermine* (fig. 36). Le pelage de celle-ci est d'une douceur et d'une finesse extrêmes, d'une blancheur éblouissante, à l'exception de la queue, dont l'extrémité reste invariablement noire.

C'est avec cette fourrure précieuse que l'on double et borde les manteaux des souverains; elle orne encore les robes de la haute magistrature; les chapitres ecclésiastiques l'ont conservée en *aumusse*. On en garnit les vêtements de prix et on en fait de riches fourrures d'hiver, manteaux de luxe et palatines.

L'hermine est une des fourrures du blason; on la considère comme le symbole de la pureté.

Le roselet est la fourrure obtenue avec la peau de l'animal

tué en été, alors que la bête n'a pas encore dépouillé la robe de cette saison. Inutile de dire que le roselet n'est pas, à beaucoup près, estimé à l'égal de l'hermine.

Parmi celle-ci, toutefois, il y a encore du choix. Celle qui a le plus de prix nous vient du nord de l'Asie. Il en arrive beaucoup d'Irkoutsk, en Sibérie, mais elles sont de moindre valeur. En effet, on les vend de 4 à 5 francs la pièce, — dans le commerce en gros, bien entendu; le consommateur ne connaît pas ces prix doux.

Du museau à la naissance de la queue, la petite bête mesure de 25 à 28 centimètres; la queue n'a pas moins de 14

Fig. 36. — L'hermine.

ou 15 centimètres. L'animal a l'œil vif; il est agile, léger, d'une très-gracieuse physionomie, mais il ne sent pas bon; c'est encore un puant. L'hermine habite l'Europe tempérée, où, toutefois, elle se plaît moins que la belette, car on l'y trouve moins communément; mais elle est en nombre considérable dans les contrées septentrionales, surtout en Russie, en Norvège, en Sibérie, en Laponie. On la rencontre également au Kamtchatka et dans l'extrême nord des États-Unis d'Amérique. Comme lieu de retraite, elle s'accommode de tout; un trou quelconque dans la terre, une crevasse de rocher, une fente de mur, tout lui est bon. Parfois cependant

elle prend elle-même la peine de se creuser un terrier, et elle
y déploie une science égale à celle de la taupe. Pour y arriver, elle établit des passages obscurs qui courent et serpen-
tent en sentiers sinueux. Au point même où elle se tient, où
elle demeure, les cercles se multiplient, comme pour rendre
l'approche plus difficile.

Il y aurait plus d'un rapprochement à faire entre ce petit
quadrupède et la belette. Aussi avait-on cru autrefois qu'ils
appartenaient tous deux à la même espèce. C'était une erreur :
les deux animaux sont distincts. De celui-ci à celui-là l'histoire naturelle a étudié plusieurs intermédiaires qui font
bien ressortir les dissemblances, en établissant un passage
de l'un à l'autre, en formant transition. D'ailleurs, l'habitat
n'est pas précisément le même : les régions préférées par
l'hermine sont celles où la belette se trouve le moins, et réciproquement. Du reste, la particularité qui a donné lieu
dans le passé à la confusion est parfaitement expliquée aujourd'hui. Parmi les belettes de nos climats, quelques-unes,
— les plus coquettes sans doute, — se vêtissent en hiver à la
mode des hermines. Donc elles blanchissent, ce qui ne les
empêche pas d'avoir l'âme noire, une âme de bête. Ce manteau, symbole de pureté, ne modifie en rien leur nature
sanguinaire. Il rappelle, pour le confirmer, notre vieux dicton : l'habit ne fait pas le moine ; mais

> Toujours par quelque endroit fourbes se laissent prendre.

Ainsi de la belette, qui ne saurait passer pour hermine. Rousse
en été et blanche en hiver, celle-ci a noir — en tout temps
— le bout de sa longue queue, tandis que l'autre, dont la
queue est courte, a toujours le bout de la queue jaune. Cet
organe ici sert à quelque chose. Contrairement à la proposition faite par un pauvre écourté à certain concile tenu
par les renards, au temps jadis, il est bon que

> La mode en *soit* continuée ;

mais si, par aventure, elle était restée en un piége dont la
bête se serait échappée, d'autres signes encore révéleraient

la vérité. L'hermine présente toujours le bord des oreilles et l'extrémité des pieds blancs. Ce caractère manque à la belette, dont les pieds de derrière sont constamment d'un brun roussâtre ou fauve.

Ce n'est pas qu'il faille accorder à tout cela une importance extrême. C'est pour être exact seulement que j'entre dans ces détails, assez utiles pourtant à ceux qui achètent des fourrures et qui veulent les acheter en connaissance de cause. Pour eux donc j'ajoute ceci, comme entre deux parenthèses : on vend, sous le nom de *peaux d'hermine de terre mouchetée*, diverses espèces du genre martre, commercialement dénommées : *hermines et belettes*. Elles nous viennent de la Sibérie ; leur poil est très-fin et très-doux, mais de couleurs variées. Comme fourrure, c'est d'un bon usage à raison de leur provenance septentrionale ; c'est bon et ce n'est pas cher, deux grandes raretés assurément par le temps qui court.

Sous le rapport des mœurs, — hermine ou roselet, — l'animal diffère peu des divers membres de son auguste famille. Son caractère est farouche autant que peut l'être habitant des forêts les plus sauvages, car il ne s'approche guère de la demeure de l'homme. Il se nourrit d'écureuils, de rats et, comme la belette, se livre volontiers à la recherche des œufs des oiseaux qui font leurs nids dans les prairies humides. Pas plus que la belette, elle ne redoute l'agression de l'homme, et combat vaillamment à toute occasion. On a voulu aussi lui faire tâter de la captivité, mais on ne saurait dire que l'expérience ait été de son goût. Pour un fait plus ou moins concluant, cité avec complaisance comme une réussite, je ne sais combien d'insuccès on aurait pu compter. Encore faut-il faire cette remarque : dans l'exemple cité, on ne parle que d'une toute jeune bête, dont l'histoire s'arrête juste au moment où elle deviendrait à coup sûr la plus intéressante. Écoutons-la néanmoins, bien qu'elle ne soit pas d'hier ; elle est extraite d'une missive adressée à Buffon, à la date du 20 juillet 1771. Je copie :

« Vous êtes trop juste, disait-on au grand naturaliste, pour ne pas faire réparation d'honneur à ceux que vous avez offensés. Vous avez fait un outrage à la race de l'hermine en l'annonçant comme une bête que l'on ne pouvait apprivoiser. J'en ai une depuis un mois, que l'on a prise dans mon jardin, qui, reconnaissante des soins que je prends d'elle, vient m'embrasser, me lécher et jouer avec moi, comme le pourrait faire un petit chien. Elle est à peu près de la taille d'une belette, roussâtre sur le dos, le ventre et les pattes blanches ; cinq belles petites griffes à ses jolies petites pattes ; sa bouche bien fendue, et ses dents pointues comme des aiguilles ; le tour des oreilles blanc ; la barbe longue, blanche et noire, et le bout de la queue d'un beau noir. Sa vivacité surpasse celle de l'écureuil... Cette jolie petite bête, jouissant de sa liberté jusqu'à l'heure que nous nous retirons, joue, vole nos sacs d'ouvrage, et tout ce qu'elle peut emporter. »

Qu'est-il advenu depuis ? Voilà ce que n'a dit aucune indiscrétion.

Il y a eu deux ou trois autres tentatives, mais plus curieuses qu'encourageantes ; passons.

Effectivement à quoi bon chercher à domestiquer ou à civiliser cet autre puant. On s'empare d'une hermine, celle-ci disparaît pour se faire roselet, mais plus ne revient l'hermine. C'est Buffon qui a constaté le fait ; je le lui emprunte pour notre édification à tous. « Il y a toute apparence, écrivait-il, que l'hermine que nous avions encore au mois d'avril 1758 serait devenue blanche, et telle qu'elle était l'année passée lorsqu'on la prit, au 1er mars 1757, si elle fût demeurée libre : mais comme elle a été enfermée depuis ce temps dans une cage de fer, qu'elle se frotte continuellement contre les barreaux, et que d'ailleurs elle n'a pas essuyé toute la rigueur du froid, ayant toujours été à l'abri sous une arcade contre un mur, il n'est pas surprenant qu'elle ait gardé son poil d'été. »

Il n'y aurait donc ni intérêt ni utilité à commencer ou à poursuivre la conquête de cette espèce. Comme hermine, elle a quelque valeur ; comme roselet, elle n'en a aucune. Eh bien, l'hermine ne produit point en captivité, tandis qu'elle se reproduit avec une très-active fécondité à l'état sauvage. Dans nos climats, d'ailleurs, la belle robe d'hiver manque d'éclat en ce qu'elle conserve toujours une teinte jaunâtre. En Norvège, l'animal porte une tache noire au cou ; mais sa

fourrure aussi bien que celle de l'hermine de la Laponie conserve sa blancheur plus longtemps que beaucoup qui prennent
facilement la teinte jaunâtre dont j'ai déjà parlé. Le mérite
de l'hermine est en ceci : l'éclat de la blancheur uni à la durée même de cet éclat. Les peaux recueillies en Russie ont l'inconvénient de jaunir assez vite, et par cela même ont aux
yeux des consommateurs une moindre valeur. Comme la belette et autant qu'elle, l'hermine aime à faire la chasse « au
peuple souriquois » ; mais elle n'a pas la même aversion pour
l'eau. On prétend même qu'elle se livre agréablement à
l'exercice de la natation. Lorsque la mer est calme, a dit un
de ses historiens, elle passe à la nage dans les îles voisines
des côtes de la Norvège, où elle trouve une grande quantité
d'oiseaux de mer. Et le même naturaliste, Pontoppidan,

.... puisqu'il faut l'appeler par son nom ,

va plus loin dans son histoire, qu'il ne donne pas pour un
conte ; il dit ceci, par exemple, en toutes lettres : Dans l'une
de ses expéditions maritimes, une mère venant à faire ses petits dans une île les ramena au continent sur un morceau de
bois, dont elle dirigea la course avec son museau... Si la
grande navigation n'était pas inventée, est-ce que l'art dé-
ployé en la circonstance par l'hermine ne nous donnerait
pas quelque bonne idée ?

Il y a, dans tous les cas, à faire état de la facilité avec laquelle
la petite bête a raison de celles qu'elle pourchasse alors même
qu'elles appartiennent à de grosses espèces ; tels que l'élan
et l'ours, dit le même Pontoppidan. « Elle saute dans l'une
de leurs oreilles pendant qu'ils dorment, et s'y accroche si
fortement avec ses dents qu'ils ne peuvent s'en débarrasser.
Elle surprend de la même manière les aigles et les coqs de
bruyère, sur lesquels elle s'attache et ne les quitte pas, même
lorsqu'ils s'envolent, que la perte de leur sang ne les fasse
tomber. »

La chasse à l'hermine occupe autant d'hommes que celle
de la zibeline ; mais elle procure un des produits les plus
considérables des commerces du peuple du Nord, et principalement de l'empire russe.

— Je ne parle à présent ni de la martre ni de l'hermine des contrées septentrionales, qu'un intérêt commercial fait chasser régulièrement et maintient par cela même en certaines limites, facilement dépassées sans la destruction annuelle qui les atteint, mais je parlerai de tous les animaux de ce groupe en tant qu'habitants de nos climats, et je dirai que les ravages qu'ils commettent, pour vivre, rendent nécessaire leur extermination au point de vue de l'agriculture et de la chasse ; les forestiers ajoutent dans l'intérêt des forêts.

La destruction de ces animaux nuisibles ne comporte donc pas de négligence. D'aucuns disent qu'elle doit être encouragée par tous les moyens possibles. « Ceci est une idée toute française. Notre éducation d'hommes est si mal entendue, si défectueuse, qu'en toutes choses il devient nécessaire de nous enserrer entre une récompense et une punition. Pour faire ceci, on vous offre un bon point ; mais si vous faites cela, on vous donnera les étrivières. Quand aurons-nous assez d'initiative pour entreprendre — *proprio motu*, — sans la stimulation enfantine d'un encouragement, les actes qu'il est de notre intérêt le plus strict de ne point omettre ? Quand aurons-nous assez de discernement pour ne commettre pas ceux qui peuvent nuire à nous-mêmes et aux autres ? A ces deux questions il y a peut-être à faire une réponse, celle-ci : quand on consentira à nous laisser penser librement, lorsqu'on voudra bien nous délier bras et jambes, et nous permettre d'aller droit devant nous avec la confiance qu'on ne nous tient plus en lisières et que nous n'avons plus autour de la tête ce fameux bourrelet qu'on met aux impuissants pour que en tombant ils ne se relèvent point avec des bosses au front.

Je ne m'attache pas aux encouragements du genre de ceux qu'on sollicite en l'espèce, mais je rappellerai qu'il y a des piéges à tendre aux animaux nuisibles ou malfaisants lorsque leur voisinage est une menace ou un danger.

Ces sortes d'engins sont nombreux et assez connus. Le plus usuel a reçu le nom de traquenard (traque-renard). Il est composé de deux branches en fer, qui s'écartent à l'aide d'un ressort tendu, et qui se rapprochent pour saisir l'animal par le cou lorsqu'il tire sur l'appât accroché entre les deux branches. Le volume et la force de cet instrument varient suivant les dimensions de la bête qu'il a mission d'attraper. Il est certain que celui qui est propre à la destruction du loup ou du renard ne prendrait ni la fouine, ni le putois, ni la belette, et *vice versa*.

Mais tout n'est pas encore dans le choix d'un appareil approprié à sa destination spéciale ; il y a aussi et surtout « la manière de s'en servir ». L'art de piéger « n'est pas une science sans difficulté » ; on ne l'acquiert que par une pratique éclairée.

Pour réussir à prendre les divers petits carnassiers avec lesquels nous venons de faire connaissance, à l'aide des traquenards, de grandes précautions sont nécessaires. Il faut les enterrer assez profondément et dissimuler avec adresse les parties qui doivent nécessairement demeurer dehors. C'est là tout ce que je puis expliquer. On ne devient bon « piégeur » qu'avec l'expérience. C'est parmi les forestiers justement que s'en rencontrent d'habiles, et ils sont rares. Leur présence ou plutôt l'application de leur talent, dans les forêts giboyeuses dont la chasse est un plaisir sérieux et un produit, est une condition *sine qua non* de réussite et d'abondance du gibier. Ce petit talent ne serait ni sans profit ni sans agrément dans les fermes les plus exposées aux incursions de ces malfaiteurs nocturnes.

Il faut avec soin et souvent visiter les piéges que l'on a tendus, car le moindre dérangement témoigne qu'il a été découvert et reconnu par les rusées petites bêtes. Dans ce cas on enlève l'instrument, et on va le poser sur un autre point.

On emploie aussi les assommoirs en bois.

Les appâts mêlés de substances vénéneuses, — strychnine ou arsenic, par exemple, — sont quelquefois semés sur leur passage présumé, mais nous retrouvons à cette méthode les inconvénients qui lui sont propres. La bête empoisonnée n'est pas toujours celle qu'on voulait tuer. Les chiens, les chats, les volailles se trouveraient mal de l'emploi de ce moyen dans un rayon trop rapproché des habitations.

On tue souvent des martres et des putois à l'affût dans les forêts où ces animaux abondent, surtout en se postant près d'une garenne.

Enfin, on aurait aussi et avant tout le secours intelligent des chiens de petite taille, grands chasseurs de vermine. Je n'ai plus rien à dire de ceux-ci, dont j'ai déjà très-suffisamment parlé, et pourtant je les recommande de nouveau. Voilà nos vrais défenseurs, voilà les domestiques intéressés dont il faut accepter les services désintéressés, le dévouement absolu, l'activité toujours prête, l'attention toujours éveillée. La destruction qu'ils opèrent dans les champs passe souvent inaperçue, mais les chasses de l'intérieur sont mieux appréciées lorsqu'elles ont lieu sous les yeux du maître, aux époques où l'on vide les hangars, les granges, les greniers, et où l'on démonte les meules. A l'habileté singulière et toute profitable qu'ils déploient alors, on peut juger de la science avec laquelle ils opèrent en toute occurrence. Ceux-ci travaillent aussi consciencieusement en l'absence qu'en la présence du maître, dont les intérêts restent toujours sous leur sauvegarde. Je ne veux pas être partial, et j'ajoute volontiers qu'en tout ceci les instincts des chasseurs de vermine se rencontrent à merveille avec nos intérêts.

D'ailleurs la chasse en règle aux bêtes puantes et plus particulièrement aux fouines, plus communes en notre pays, ne laisse pas que d'être fort attrayante. On ne la connaît pas assez. C'est, au surplus, le moment d'en parler. Disons donc comment elle se fait spécialement en Normandie, où l'on nomme *martriers* les petits chiens qu'on y emploie, et en Picardie, où l'on appelle *fouiniers* les gens faisant métier de la destruction des fouines dans les dépendances des habitations rurales.

Dès que ces animaux quittent les champs pour prendre leurs quartiers dans les granges, en novembre généralement, les fouiniers se mettent en campagne et vont de ferme en ferme offrir leurs utiles services. La tournée dure jusqu'en mars, époque où les bêtes, subissant la mue printanière ne donnent plus une fourrure de valeur. Ce détail dit que les chasseurs se constituent propriétaires des peaux du gibier dont ils ont réussi à s'emparer.

Une harde de quatre à cinq chiens accompagne les chercheurs de fouines; la taille de ces ardents auxiliaires ne dépasse pas celle des plus petits bassets. L'arrivée des maîtres et des serviteurs dans une ferme est toujours bien accueillie. De leur science spéciale, de leur très-réelle habileté on attend la délivrance d'hôtes incommodes, dont les déprédations passées sont très-lourdes.

Ce genre de chasse a été fort exactement raconté par M. Jos.-Lavallée, dans son joli petit livre — *La chasse à courre en France*, éditée par la maison Hachette. Mes lecteurs gagneront à ce que je leur donne le récit de M. Lavallée, le voici.

Les fouiniers « font le tour des bâtiments, examinent les coulées par lesquelles la fouine a l'habitude de sortir ; puis, quand ils ont jugé de la nature des passées aux traces restées sur le toit ou sur la poussière des charpentes, de la nature et du nombre probable des animaux qu'ils doivent détruire, ils appuient une échelle contre les filières ; car lorsque le foin ou les gerbes montent jusqu'à cette élévation l'épaisseur de cette porte forme presque toujours entre le toit et le fourrage un petit chemin fréquenté par les bêtes puantes. Aussitôt que l'échelle est posée, le chien d'attaque monte de lui-même ; dès qu'il a senti la trace il commence à donner de la voix, les autres chiens se hâtent de le rejoindre, et c'est chose curieuse de les voir, comme les animaux savants, se cramponner aux échelons pour monter à l'assaut. En règle générale, il vaut mieux commencer cette chasse par le haut des bâtiments : on prive ainsi la fouine de ses meilleures refuites ; on l'empêche de monter et de gagner le haut des charpentes, où les chiens auraient quelquefois de la peine à la suivre. Au premier coup de voix l'animal prend l'éveil, et se met à battre en retraite ; jamais, quel que soit l'avantage de sa position, il ne tient devant un chien qui lui serait inférieur pour la taille et pour la vigueur ; ses habitudes à cet égard sont tellement avérées, qu'elles ont donné naissance à une expression proverbiale. Je ne crois pas que ce mot soit admis par le Dictionnaire de l'Académie, mais il n'est personne qui ne l'ait entendu, et du poltron qui fuit sans se défendre, on dit qu'il fouine. L'animal, attaqué par en haut, cherche alors à descendre. Quelquefois il pique de haut en bas dans des coulées qu'il s'est préparées d'avance ; mais les chiens ne lui laissent pas de relâche. Si quelque obstacle vient s'opposer à leur passage, si quelque pertuis trop étroit leur bouche l'entrée, ils font le tour, prennent sur un tas de foin des devants et des arrières, comme une meute d'ordre pourrait le faire dans une haute futaie. Quelques fois la fouine s'enfonce sous les gerbes ; il faut alors que le piqueur, une fourche à la main, enlève le foin ou la paille pour frayer un accès à sa petite meute, qui ne cesse de faire entendre la musique la plus animée. D'autres fois ce sont des tas de fagots qui donnent retraite à la fugitive, ou bien des pièces de bois amoncelées que l'on doit déranger pour la faire partir. Mais l'ardeur des chiens et l'adresse du piqueur finissent toujours par forcer la fouine à quitter le bâtiment. Alors le fouinier, qui a reconnu d'avance la refuite du gibier, l'attend à sa sortie, le fusil à la main. Dans les bâtiments remplis d'éléments combustibles, l'incendie est toujours à redouter ; il ne faut pas faire comme cet insensé qui mettait le feu à sa maison pour en chasser les souris ; on a donc soin de bourrer les armes avec des substances qui ne puissent s'enflammer. En Picardie, on se sert à cet effet de poil de chèvre ; on pourrait employer avec avantage des bourres métalliques. Lorsqu'on tire du dehors, il faut éviter de viser sur le toit ; car le plomb pourrait traverser le chaume ou se glisser entre les tuiles et aller dans l'intérieur blesser les chiens, qui suivent toujours la bête de près. Quelquefois on voit la fouine sortir par un trou, faire deux ou trois tours sur le comble, et rentrer de l'autre côté du bâtiment ; mais aussitôt vous voyez les chiens sortir à sa suite, courir sur la pente au risque de se laisser tomber, et suivre la voie en aboyant avec autant d'ardeur que s'ils étaient en rase campagne ; cependant il est très-rare que la fouine fasse beaucoup de chemin à découvert. Les fouiniers sont d'excellents tireurs, et, dès que la bête a montré le bout du museau, elle est atteinte par le plomb. Quand elle est morte, les chiens se mettent en quête d'un autre ennemi ; ils parcourent toute l'habitation, et s'ils ne trouvent plus rien à chasser, ils reprennent d'eux-mêmes le chemin de l'échelle, redescendent auprès de leur maître, et s'en vont avec lui chercher fortune dans quelque autre bâtiment. Rien n'est aussi piquant que la chasse aérienne de cette petite meute ; on ne comprend pas le plus souvent par quel prodige d'audace et d'adresse ces diminutifs de chiens arrivent jusqu'aux parties les plus élevées du bâtiment : on croirait être dupe de quelque illusion d'optique. »

Je le disais bien, cette chasse ne manque pas de charmes. Elle a ses péripéties d'autant plus agréables qu'elle est toujours suivie de succès. Allons, à l'œuvre ; sachez vous débarrasser d'ennemis très-redoutables pour vos poulaillers et vos colombiers. Au plaisir tout spécial de la recherche vous ajouterez l'utile. N'est-ce donc pas tout profit ?

LE FURET.

L'un de nos esclaves. — Putois et furet. — Deux similaires. — Encore l'apprivoisement. — La caractéristique dans le signalement. — Proie vivante. — Gourmet et sensuel. — Captivité forcée. — L'amour est un feu qui dévore. — Mariage et fécondité. — Impétueuse amante et mère médiocre. — L'habitation confortable, propreté, chaleur, petit jour et tranquillité. — Fermez bien les portes. — Les moutons saignés. — Le régime alimentaire. — Qui dort dîne. — L'ivresse du sang. — Le sevrage. — Objet et but de l'élevage. — Éducation professionnelle. — La mémoire de l'estomac. — La tâche de l'instituteur. — En chasse. — Précautions préliminaires. — La muselière. — Le grelot. — Les bourses. — Le loup dans la bergerie. — Pauvres lapins…. ! — Au sortir du terrier. — Furet qui digère. — Celui qui s'oublie chez Jean Lapin. — Histoire de Dick. — Les règles du furetage. — Attention !

C'est encore une mustelle que nous avons devant nous, mais une mustelle à part, réduite en esclavage dans un intérêt de plaisir.

Enlevé à l'Afrique, son berceau, le furet (fig. 37 et 38) est

Fig. 37. — Le furet.

presque devenu indigène en Espagne, où nous sommes allés le prendre pour le soumettre à l'existence la plus opposée à celle qu'il menait sans doute en l'état de liberté. Chose étrange ! on l'a asservi sans l'étudier beaucoup ; on le connaît peu. On sait moins sa vie sauvage que celle des autres mustelles qui m'ont précédemment occupé.

Dans la recherche des semblables ou dans l'étude comparative des voisins, on avait supposé que putois et furet étaient comme les deux branches d'un même tronc. L'expérience a bien démontré qu'ils étaient autres, qu'ils diffèrent, qu'ils sont distincts. Voilà plusieurs fois que se produisent dans le cours de ce chapitre ou cette erreur ou ce soupçon, et chaque fois nous avons eu à les combattre par les mêmes faits. Les petits animaux comparés ou confondus se trouvent avoir une patrie autre, un point d'origine distinct, ce qui n'empêche pas qu'ils puissent s'acclimater et vivre en des climats très-divers. C'est encore le cas du furet et du putois, que leurs mœurs et leurs instincts rendent presque similaires. Qu'y a-t-il d'étonnant à ce que, sous des latitudes extrêmes, la nature ait placé des analogues appropriés chacun à leur destination spéciale? A bien réfléchir même, il semble qu'il n'a pu en être autrement. Et en effet, le putois remplit dans les régions tempé-

Fig. 38. — Variété du furet commun.

rées, dont il est un naturel, le rôle qui a été dévolu au furet dans les contrées méridionales.

« On ne se sert point du putois, mais du furet, dit Buffon, pour la chasse du lapin, parce qu'il s'apprivoise plus aisément. » Le putois s'apprivoise moins, chez lui, que le furet chez nous; mais qu'adviendrait-il si l'on renversait les situations? Si on essayait d'apprivoiser le putois, comparativement à son analogue, dans la mère patrie de ce dernier? Voilà ce qu'il faudrait savoir pour décider la question d'une manière absolue. Dans nos pays, où le furet ne peut vivre en la condition indépendante de l'animal sauvage, où il ne se sauve d'une mort presque immédiate que sous l'influence des soins de l'homme, il est assurément plus souple et plus malléable que notre putois. Ajoutons qu'un mode d'alimentation exclusivement végétale, aidé de l'isolement cellulaire, facilite beaucoup le résultat cherché.

Le pelage, d'un jaune clair, offre dans certaines régions du corps des teintes d'un blanc sale, dues à ce que les longs poils sont en partie blancs, tandis que les poils courts et laineux sont jaunes en entier. La longueur du corps, queue comprise, est d'environ 65 centimètres. Comparativement au putois, nous trouvons un animal un peu plus petit ayant la tête moins large, le museau plus étroit et plus allongé ; puis une caractéristique qu'on n'oubliera pas, celle-ci : le regard est enflammé ; les yeux sont roses, disent les naturalistes ; roses n'est peut-être pas le mot propre, c'est plutôt un reflet rouge qu'il faudrait accuser, et qui s'échappe de celle des membranes de l'œil qui reçoit les impressions de la lumière. Ceci ne serait-il pas comme un indice de l'instinct sanguinaire de la bête ?

Le furet paraît vivre en tout à la manière du putois. Il adore les proies vivantes. Celle qu'entre toutes il préfère est Jean Lapin, dont on le dit ennemi implacable, parce que ce gibier est tout simplement pour lui morceau de roi. Nous avons comme cela, dans la langue écrite ou parlée, des expressions qui vont droit à l'encontre de notre pensée. Loin d'être l'ennemi du lapin et de le fuir, le furet le recherche et l'adore (fig. 39) ; il le met à mort, c'est bien vrai, mais pour s'en repaître comme d'une friandise dont il est avide. C'est en fin gourmet qu'il le poursuit ; c'est pour la sensualité que lui promet cette proie qu'il l'attaque vivement et courageusement, qu'il la saigne adroitement pour en sucer le sang alors qu'il est tout chaud, pour en manger les yeux et la cervelle, sans jamais toucher à rien autre.

J'avais raison de vous le dire : c'est une manière de Lucullus que cet animal-là.

C'est son penchant, c'est sa préférence pour le lapin qui nous l'a fait rechercher et élever en captivité, car il ne peut vivre ni se reproduire à l'état sauvage, en France. Il n'en est pas de même en Espagne, d'où il nous est venu après y avoir été importé du nord de l'Afrique. Parfaitement naturalisé au-delà des Pyrénées, il y rappelle par ses mœurs, ainsi que je le disais plus haut, le putois, son analogue. Convenablement logé, chaudement tenu en hiver, il jouit d'une fécondité assez active pour nos besoins. Comme tous les animaux de cette famille, il est très-ardent en amour. Plus petite que le mâle, la femelle est littéralement dévorée par les désirs du mariage. Plus ardente encore que caressante, « on assure qu'elle meurt si elle ne trouve pas à se satisfaire » (Buffon). Mariez-la donc, vous qui en avez besoin ou qui spé-

Fig. 39. — Le furet de Java.

culez sur l'élevage fort peu répandu des petits. Un couple de cette espèce, — le mâle et sa voluptueuse moitié, — se paye de 25 à 40 francs, à l'âge de six mois. La femelle porte six semaines, et fait par an deux portées comptant de cinq à neuf petits. L'extrême en moins est pour les plus jeunes et les plus vieilles; les nombres les plus élevés sont pour les bêtes les plus fortes au moment de la plénitude de leurs facultés.

Impétueuse amante, la femelle n'est qu'une mère médiocre en captivité. La sollicitude pour les petits ne l'étouffe pas; il n'est pas sans exemple qu'elle les dévore. Ceci me paraît

tellement contre nature que je suis toujours disposé, en pareille occurrence, à chercher et à accorder des circonstances
atténuantes. La réclusion et la fièvre de lait m'apparaissent
toujours comme des états violents poussant au crime, à
l'infanticide, des malheureuses qui resteraient mères tendres et dévouées si elles n'étaient accidentellement frappées
elles-mêmes d'aberration. Les petits naissent les yeux fermés ;
ils tettent pendant un mois.

Comme le putois et compagnie, le furet exhale, surtout
lorsqu'on excite sa colère, une odeur fétide très-forte. La
captivité ne lui fait rien perdre de cet agrément.

D'ordinaire, on le garde en cage ou simplement dans le
fond d'une vieille futaille, qu'on tient, soit dans une écurie,
soit dans une pièce de la maison où il devienne aisé de ne
pas laisser descendre le thermomètre plus bas que 4 à 5° au-
dessus de zéro. D'ailleurs, aux approches de la mauvaise
saison, on garnit la loge d'une couche épaisse de mousse ou
d'étoupes, ou de laine grossière, ou de bourre, afin de prévenir toute souffrance et tout dépérissement résultant de l'action du froid. A la chaude litière qu'on peut renouveler deux
ou trois fois par semaine, sans la ménager, on ajoute donc,
pendant les plus gros temps, une sorte de capitonnage
bienfaisant qui aide beaucoup à la traversée des mauvais
jours et à la complète réussite des jeunes. La construction de
la loge n'offre rien de spécial. Il ne faut pas la visiter trop
souvent ni à l'époque de la naissance des petits, ni pendant la
durée de l'allaitement. Comme toutes les femelles en gésine,
celle-ci veut être paisible. On la sépare donc du mâle après
qu'elle a été fécondée et on la laisse toute à l'œuvre de la
maternité, dont il faudrait peu de chose pour la détourner.
A cette condition seulement elle se montre bonne mère et conduit à bien sa nichée, précieuse par la valeur marchande des
produits.

Le furet n'aime pas la lumière par trop vive ; il cherche
toujours à s'y soustraire. C'est une indication. On lui est
agréable et on le favorise en le plaçant dans une demi-obs-
curité. C'est à ce point qu'il convient d'assombrir sa petite
habitation. Je n'entends pas dire par là qu'il faille le priver

de l'air pur dont il a besoin pour respirer à pleins poumons et se conserver en santé, souple et vigoureux.

Je m'arrête avec complaisance au logement du petit, qu'il y a nécessité de tenir dans un état de réclusion complète. Cette nécessité est double. En premier lieu, il faut prévenir les voyages au long cours qui deviendraient la conséquence d'une évasion après une visite intéressée aux pigeons et aux poules; en second lieu, il faut éviter les désastres qu'il peut occasionner dans le local habité où d'ordinaire on place sa loge. Ceci mérite d'être dit tout au long. Les leçons de l'expérience sont celles qui profitent le plus aux esprits judicieux; une simple négligence coûte parfois très-cher à ceux qui la commettent.

Rentrant fort tard et très-fatigué d'une chasse sous bois, un fermier se contente de déposer son furet dans une grande caisse ouverte qui occupait l'un des angles de la bergerie. Ce n'était pas sa demeure habituelle, mais, se dit-il, une nuit est bientôt passée... Il eut tort... Le lendemain, de grand matin, il pénétrait dans la bergerie. Six beaux agneaux gisaient sur la litière. Il les examine, et constate qu'ils avaient été saignés. Eh quoi! le loup était donc entré. Mais non, toutes les portes étaient bien fermées. Le crime a été perpétré cependant. Il y a un coupable; quel est-il?... Il était là, tout près de ses victimes, ivre-mort. Le misérable s'était repu à ce point qu'il ne creva le jour même. Suivant le procédé qui lui est familier, c'est à la gorge qu'il s'était attaqué; il avait coupé l'artère carotide. Dans ces conditions au moins la fin est aussi sûre que prompte.

Ce fait n'est pas isolé; beaucoup d'autres témoignent de la nécessité de veiller de très-près sur un hôte aussi dangereux, de la nécessité de le tenir soigneusement enfermé, j'allais dire incarcéré. Effectivement on a quelquefois aussi parlé d'enfants au berceau saignés par des furets. C'est horrible! Cependant, rien n'est plus aisé que de prévenir de pareils événements, puisqu'il suffit de l'attention la plus simple, — bien fermer loges ou cabanes quelconques destinées au logement du malfaiteur.

En l'état de captivité, le furet se contente de lait dans lequel on émiette du pain ; il est néanmoins grand amateur d'œufs frais. On le réjouit fort en lui en offrant de temps à autre. C'est d'ailleurs un moyen de varier quelque peu son alimentation. On les lui présente bien battus, ensemble le jaune avec le blanc. Il aime le son, et on le régale en lui donnant de la farine de sarrazin dans du petit-lait.

Tout autre est son régime en l'état de liberté, car il est essentiellement carnassier, et on le retrouve tel si on lui montre de la viande, ou si, pouvant attraper un oiseau, parvenant à s'emparer d'un petit quadrupède, on lui permet d'en faire sa proie. Dès qu'il s'est gorgé de nourriture, il se pelotonne au chaud et s'endort pour digérer. C'est ainsi qu'il pratique notre vieux dicton : qui dort dîne.

Chez l'animal captif l'influence du régime est plus immédiate et plus grande que chez aucun autre. Il en résulte que en ce qui concerne celui-ci il y a lieu de ne pas le priver trop longtemps de proie vivante. C'est un moyen de réveiller son ardeur pour la chasse, de même qu'il ne faudrait pas en lui donnant trop de bêtes à saigner l'exalter par trop et monter à un diapason trop élevé sa férocité naturelle. L'abus d'ailleurs pourrait avoir un autre inconvénient, celui d'alourdir la petite bête et de la rendre paresseuse à l'ouvrage. L'ivresse déterminée par le sang paraît avoir sur le furet des effets analogues à ceux de l'absinthe sur l'homme ; elle conduit à une sorte de folie furieuse suivie de prostration et consécutivement d'accidents plus graves. A bon entendeur salut.

Du trentième au trente-cinquième jour on sèvre les petits. C'est une séparation brusque qu'on opère ; mais les intéressés ne s'en aperçoivent pas trop. La mère ne réclame aucune attention spéciale et se remet promptement. On prévient la souffrance chez les petits en leur donnant de bon lait de vache, frais tiré et tiède, deux fois par jour, et de temps à autre, en manière d'extra, une petite omelette crue. L'élevage du furet n'offre donc aucune difficulté particulière. J'en résume la pratique en ces mots : nourriture saine, air pur, chaleur, propreté, pas trop de lumière. Sa seule raison est dans ce fait : nous aider à prendre le lapin sauvage (fig. 40).

E. FOREST

Fig. 10. — Les furets en quête du lapin.

Le furet semble n'avoir été tiré du néant et jeté sur cette terre que pour faire obstacle à la trop grande multiplication de ce petit rongeur qui est au moins quatre fois plus gros que lui. Aussi, qui a du lapin dans ses garennes et veut le chasser, songe tout de suite au furet. Et voilà comment ce naturel d'une autre partie du monde, acclimaté depuis longtemps en la nôtre, se retrouve chez nous en présence de l'un de ses plus actifs et de ses plus cruels dévorants.

On utilise donc le furet à la chasse du lapin. C'est là sa spécialité, son unique destination. On l'y emploie de très-bonne heure, dès l'âge de trois mois. Pour en tirer bon parti, on le soumet au préalable à un système d'éducation fort simple, tout professionnel, consistant en ces deux points seulement, lui faire connaître le gibier (la connaissance est bientôt faite) : lui apprendre à revenir à certains appels de la voix.

La première partie de l'enseignement, je le répète, ne demande ni beaucoup de temps ni beaucoup de peine : elle est vite acquise, par la raison qu'elle se borne à éveiller l'instinct le plus développé chez l'animal. On place devant lui un lapin, dont l'odeur excite promptement et violemment la convoitise. Cinq ou six répétitions de cet acte, si simple en soi, font un maître si on les termine par une dernière opération qui est fort du goût de l'élève : si on lui offre un peu de sang, si on lui donne à manger les yeux ou un morceau de la cervelle du lapin. C'est attaquer la fibre sensible, parler à la sensualité du chasseur et l'attacher sérieusement à son état. Le furet possède au suprême degré la mémoire de l'estomac.

Obtenir qu'il revienne à la voix est chose moins aisée. Un plus grand nombre de leçons est nécessaire sans que le succès soit bien assuré. Il faut de la part de l'instituteur de la patience, et beaucoup. La docilité, la soumission, l'obéissance ne sont qualités si communes, ni de pratique si facile ou si usuelle qu'on les trouve comme ça en pleine activité chez les premiers venus. Beaucoup de furets, cela est positif, ne s'en soucient que très-médiocrement ou pas du tout. On les voit obéissants à leur heure, soumis quand ça leur plaît, dociles

quand ça ne les contrarie pas trop. Cependant, certains édu-
cateurs se vantent d'avoir une si bonne méthode que les plus
réfractaires y passent ; ainsi soit-il. De chez ceux-là, ils le
disent au moins, il ne sort que des élèves ayant conquis tous
leurs grades, sains de corps et ferrés sur toutes les matières
de l'enseignement supérieur. Les plus osés vont même plus
loin dans leur assertion, ils affirment que certains, ce sont
les plus intelligents, consentent à rapporter, oui à rapporter
comme le chien le plus fidèle et le mieux dressé. L'affirmation est grosse ; on me la donne, il me faut bien l'accepter,
mais si je la voyais, — la chose, — je ne la croirais pas. C'est
que j'ai vu nombre de furets dont l'éducation avait été particulièrement soignée ; j'ai consulté nombre de chasseurs qui
passaient pour véridiques à l'occasion, — il y en a certainement ; — eh bien, ni eux ni moi n'avons jamais rencontré
un furet, un seul, qui rapportât.

En suivant le petit animal à la chasse, nous ferons avec
lui plus ample connaissance encore. Or, ceci devient nécessaire, car

A l'œuvre on connait l'artisan.

Celui qui nous intéresse en ce moment est de nature délicate. Il faut le porter avec précaution de peur de l'endom-
mager. On ne le met pas sur le poing comme le faucon, il ne
suit pas comme un toutou qu'on tiendrait en laisse ; mais on
peut le poser sur la main ou sur l'avant-bras, appuyé contre
la poitrine ou l'introduire soit dans un panier de petite dimension, soit dans le filet du carnier. L'essentiel est de le
préserver le plus possible de toutes secousses pénibles et qu'il
arrive frais et dispos au terrier. On en a vu périr à la suite de
meurtrissures reçues, pendant la marche, contre les barreaux
de fer de la petite cage servant au transport. Le moyen le plus
commode peut-être, et aussi le plus employé par les chasseurs
émérites, consiste à le placer dans un sac de grosse toile,
garni de paille fraîche, pourvu de deux trous où puisse passer
le petit doigt et bordés d'un œillet en cuivre par lequel l'air
circule pour fournir au prisonnier les éléments utiles à

la respiration. Ainsi logé, il est plus aisé de le porter sans encombre.

Ça, déjeunons, dit-il,.....

C'est généralement par là que commencent toutes les chasses. On n'adopte pas universellement le même procédé pour le furet qu'on y mène. On a soin, au contraire, de le tenir à jeun. Autrement, trouvant sous terre une température à son goût, il ne tarderait pas à s'y blottir pour se livrer paresseusement à la sieste. D'un autre côté cependant il ne doit pas saigner les lapins qu'il surprendra peut-être dans une impasse, au fond d'un trou sans issue, auquel cas il ferait de même en s'endormant sur le corps de sa victime. Attention donc! car plus de furet agile, actif et furetant, plus de chasse; partant aucun gibier. Mais l'intelligence a été donnée à l'homme pour qu'il s'en servît. Or, voici ce qu'elle lui a suggéré en l'occurrence :

Il muselle le furet, qui est ici la cheville ouvrière; il « l'encamelle, » suivant l'expression technique et consacrée.

Pour cela, on passe simplement derrière les crocs, dont la mâchoire inférieure est armée, une ficelle légèrement torse; on en croise les deux bouts sous le menton, et on les ramène sur le haut de l'autre mâchoire, où ils sont réunis par un demi-nœud assez serré pour que l'animal soit mis dans l'impossibilité de mordre. On natte ensuite les deux bouts que l'on fait passer sur le dessus de la tête jusqu'au derrière du cou. On les sépare de nouveau pour entourer cette région, et on les noue au bas de la nuque, en ayant soin de prendre dans le nœud une petite pincée de poils afin d'empêcher cette espèce de collier de tourner, et pour que, s'y essayant à dessein, ou voulant seulement se gratter avec ses pattes, le furet ne puisse pas se désencameler.

Les Américains emploient au même objet une petite muselière qui remplit un second office. Elle consiste en un petit appareil fort ingénieux en fil d'archal et garni de pointes, protectrices efficaces des attaques assez fréquentes des carnassiers qui ont envie de manger du furet.

On termine l'arrangement de ces choses en attachant au

cou un petit grelot dont le bruit renseigne les chasseurs sur le degré d'activité déployée à la recherche ou à la poursuite du gibier.

Cela revient à dire qu'avant de fureter un terrier on a dû préalablement s'assurer qu'il est habité par des lapins. La précaution est élémentaire : les chasseurs savent comment il faut procéder pour acquérir une certitude. Ils conduisent sur les lieux un chien d'arrêt qui *marque au terrier* ou arrête sur une gueule quand il sent le lapin. Il y a d'autres indices encore : l'absence de feuilles sèches dans les gueules, l'existence de repaires fraîchement laissés aux environs, des traces récentes de jouettes sur le sol, telles sont les indications les plus certaines de la présence des lapins au terrier.

C'est le cas de faire les dernières dispositions. On s'est muni de petits filets appelés *poches* ou *bourses*, ce sont des manières de sacs en filets à grandes mailles dont l'entrée se ferme au moyen d'une ficelle passée en coulisse. On tend ces bourses sur chacune des gueules du terrier, en ayant soin qu'elles bouchent complètement les trous et que rien ne les empêche de se fermer facilement. On attache soit à une branche soit à une racine, soit à un petit piquet planté en terre la ficelle qui sert à fermer les bourses.

Cela fait, on soulève l'une des bourses et l'on introduit le furet, artistement encamelé dans le terrier.

Les lapins ne payent pas de retour les furets. Si ces derniers les adorent, eux, les pauvres, les redoutent à bon droit. Dès qu'un furet a pénétré dans leur demeure, ils fuient effrayés, affolés ; ils le seraient à moins, car il ne fait point de quartier à ceux qu'il attaque. Le premier qui l'a senti ou qui l'a vu donne le signal d'alarme, bientôt répété par tous comme le fameux cri : Sentinelle, prenez garde à vous ! dans une ville investie et sérieusement menacée. La terreur est au comble. Chacun se précipite vers une issue ; effarés, tous galopent jusqu'à la sortie la plus prochaine ou la mieux connue, puis bondissent avec impétuosité au dehors, la tête perdue, fous, aveuglés par la peur. Mais les bourses perfides sont là ; ils y entrent sans les voir. En les entraînant, ils en serrent la coulisse et se trouvent dans un sac dont ils ne peuvent plus sortir sans la volonté du chasseur. Celui-ci vient vite à la rescousse, s'empare prestement du gibier et replace aussitôt une autre bourse devant la gueule découverte pour la fermer une fois encore, sans quoi elle livrerait passage aux fugitifs, ce qui ne ferait pas l'affaire des chasseurs. Une seule personne peut surveiller une douzaine de bourses, pourvu qu'elles ne soient pas très-éloignées l'une de l'autre et que le terrier ne soit pas trop peuplé. Dans ce cas, il faut multiplier le nombre des surveillants. Cette manière de chasser le lapin de garenne est très-amusante, très-fructueuse, d'un succès à peu près infaillible.

C'est au sortir du terrier que le furet est particulièrement ressemblant; observez sa mine hésitante et sa démarche cauteleuse. Il a été déçu dans ses meilleures espérances, et n'en est pas plus satisfait. Cependant, il ne paraît pas découragé; il ne se rend pas, il cherche toujours. Il avance en sentant la terre avec ce mouvement saccadé, tout spécial en réalité, qui donne par moments au chat une si ridicule allure. Vous voulez le reprendre, mais lui n'entend pas qu'il en soit ainsi. Il fait entendre un petit grognement suivi d'un ou deux petits cris aigus qui ne témoignent pas d'un grand contentement, puis se retourne sur lui-même avec la prestesse du lézard, et rentre en la demeure des lapins.

S'il est bien muselé, tant mieux. Veillez-y néanmoins; sans cela vous risquez de ne pas le voir revenir de longtemps. S'il parvient à se désencameler, il saignera le premier lapin qu'il pourra saisir au fond d'une chambre; il en boira avidement le sang, se roulera en rond auprès du corps de sa victime, et s'endormira du sommeil du juste..... qui a coupé la gorge à son voisin. Appelez-le tant qu'il vous plaira; il ne vous entendra seulement pas. Il a bu le sang, il est repu. Si ventre affamé n'a pas d'oreilles, furet qui digère n'a d'autre souci que de dormir paisible.

Le sommeil du furet gorgé de sang est en effet si profond parfois que les coups de fusil tirés à la gueule du terrier ne le réveillent pas, que la fumée elle-même ne le détermine à sortir ni de son sommeil ni de son trou. Il s'y laisse asphyxier, passant ainsi, à la suite d'un bon dîner, du sommeil au trépas. Quelquefois des chasseurs ont attendu, au terrier, pendant deux jours et deux nuits que, faite la digestion et revenue la faim, le furet se décidât enfin à quitter la place.

S'il ne réussit point à se démuseler, les choses ne se passent pas tout à fait de même; après être rentré au terrier, s'il trouve un lapin dont les circonstances n'ont pas favorisé la fuite, il s'attache à lui et l'accule en un coin où il le harcèle avec obstination, où il le fait échec et mat sans pouvoir pourtant le mettre à mort et s'emplir de son sang. Dans ce cas encore armez-vous de patience, car il ne lâchera pas prise, et la lutte pourra se prolonger ainsi pendant des heures entières.

D'autres fois encore, rebuté par une poursuite inutile, surtout s'il a déjeuné avant d'entrer chez Jean Lapin, il choisit un point du terrier à sa convenance, s'installe en fainéant et s'endort tranquillement jusqu'à ce que le besoin de nourriture, l'éveillant, l'oblige à se lever et à sortir de l'inaction. Les coups de fusil chargé à poudre n'ont pas ici plus de succès que dans le cas précédent; enfumer le terrier ne me semble pas sage mais dangereux. Mieux vaut assurément, si l'on est certain d'avoir fermé toutes les bouches, laisser les bourses à leur place et attendre que le furet, ayant à son tour la fantaisie de sortir, vienne se prendre dans une des poches. La gourmandise peut d'ailleurs ici jouer un rôle. En plaçant dans l'une des bouches qui se trouvent au-dessus du vent un petit vase rempli de lait et, à côté, quelques poignées de foin, on attire le furet par les senteurs de sa nourriture habituelle. Il vient donc pour manger. Étant muselé et ne pouvant rien prendre, il se blottira dans le lit de foin préparé près du vase, et là on le reprendra sans difficulté.

Malgré tout néanmoins, parfois le furet s'obstine à rester dans la demeure des lapins. L'espérance d'en voir revenir et de s'en régaler prochainement est peut-être le motif plus ou moins fondé de cette obstination. Alors, si on ne se résigne pas à le perdre, une dernière ressource se présente à la pensée, — défoncer le terrier. Ce n'est pas une mince besogne que celle-là. Elle se trouve un peu facilitée cependant si l'on a eu la bonne précaution d'attacher un grelot au cou de la petite bête. Le bruit pouvant en être perçu par une oreille attentive, les travaux en reçoivent une direction plus sûre. Ce qui peut motiver la rude entreprise, dans un laps de temps plus court, c'est que blaireaux, fouines et autres amateurs de proie vivante, ne se gênent point pour élire domicile dans les habitations du lapin. Or, la rencontre pourrait bien être fatale au furet, qui, lui, représente une valeur. S'il n'était pas encamelé, il se mettrait énergiquement et courageusement sur la défensive, et, selon toute probabilité, il sortirait glorieux et triomphant du combat; mais la partie n'est plus égale lorsqu'on lui a si formellement et si absolument enlevé l'usage de ses dents. C'est alors que devient efficace la muselière d'invention yankée.

Lorsque la chasse est finie, il faut donner au furet sa part de butin. Il est juste que celui qui a bien travaillé soit convenablement récompensé. C'est d'ailleurs un moyen d'inspirer au furet plus d'ardeur et, l'expérience acquise, de l'engager à sortir du souterrain. On arrache l'œil d'un des lapins et on le donne au petit chasseur. C'est ce qui sert de curée.

Il n'est pas sans exemple que le chien et le furet vivent en bonne intelligence. Le chien, mené en chasse en la compagnie de l'autre, a bien vite compris qu'il appartient à son propre maître, qu'il lui est d'une utilité quelconque et qu'il lui doit protection. C'est l'histoire au moins d'un certain Dick, charmant petit basset, qui retrouva, après vingt-quatre heures de disparition et d'inquiétude, un furet égaré dans les couloirs d'un immense terrier. « Dick et le furet, raconte M. C. d'Amezeuil, dans la *Chasse illustrée*, étaient les meilleurs amis du monde. Ils habitaient ensemble, et Dick, fort sévère sur le chapitre de la discipline, se chargeait de rappeler à l'ordre le furet, parfois un peu récalcitrant.

« Plus inquiet que nous, peut-être, de la perte de son ami, s'en fut, un beau matin, battre les nombreux terriers de Trévelec, et, grâce à d'habiles recherches, il parvint à retrouver le drôle, qui s'était tout bonnement endormi sur le corps d'un lapin ainsi que nous pûmes en juger quelques heures plus tard, en débridant un terrier. »

Toujours bon, toujours intelligent, toujours utile le chien !

On chasse aussi les lapins à l'aide du furet sans couvrir les bouches des filets. Armé du fusil, le chasseur se place sur le terrier même et tire le gibier à mesure qu'il déboule. C'est ce qu'on appelle *fureter à blanc* ou bien *à gueules ouvertes* (fig. 41).

Fig. 41. — La chasse au furet.

Encameler le furet est pour quelques-uns une sujétion à laquelle ils se soustraient en lui coupant les grands crocs pour les ramener au niveau des gencives. C'est plus simple,

car l'opération est faite une fois pour toutes, et n'a aucun inconvénient. Reste seulement alors la question des carnassiers,
friands du furet.

Pour réussir, le furetage doit se faire dans le plus grand
silence, car si le lapin entend le moindre bruit, il se laisse
plutôt étrangler dans son terrier que d'en sortir. On voit
même, dans le furetage à blanc, quelques lapins expérimentés, et pour cause, refuser de sortir pour ne point se
donner en cible aux tireurs. Ce sont de vieux routiers qui déjà
se sont trouvés en face du danger. Ceux-là arrivent jusqu'à
la gueule du terrier, rentrent, battent du pied, font un bruit
semblable à une charge de cavalerie, rebroussent encore et
reviennent poursuivis l'épée dans les reins par maître furet,
qui les met « dans tous leurs états ». Alors ils prennent un
grand parti, ils s'élancent, les voilà dehors..... Attention ! Le
furet les suit de près..... Ah ! maladroit, vous avez envoyé à
celui-ci le plomb destiné à l'autre !.....

Un dernier mot relativement au putois. Avec la plupart des
naturalistes j'ai fait celui-ci très-distinct du furet, mais je le
mets tout à côté, si près en réalité que je les ai appelés des
analogues, c'est-à-dire presque des semblables. Ceux qui
vont encore plus loin que moi dans le fait disent que le furet
n'est qu'un putois dégénéré, un semblable dégradé par l'esclavage. Eh bien, ceux-là même nous livrent un argument à
peu près sans réplique contre eux-mêmes, en nous montrant
le furet presque toujours vainqueur dans les combats qu'à
l'occasion les deux bêtes soutiennent vigoureusement et courageusement l'une contre l'autre.

Mais en voici d'une autre : « Malgré ces combats, dit-on,
les furets et les putois s'accouplent très-facilement, et produisent des métis qui sont très-estimés des chasseurs. Ils ressemblent plus au putois qu'au furet. Ils ne diffèrent du
premier que par un pelage plus clair à la face et à la gorge ;
leurs yeux sont noirs et plus brillants que ceux du furet. Ils
ont les qualités de leurs parents ; ils sont plus apprivoisables
et sentent moins mauvais que les putois ; ils sont plus forts,
plus courageux, moins frileux que les furets. Leur courage
est incroyable. Ils se précipitent comme des furieux sur

l'ennemi qu'ils rencontrent dans un terrier et s'attachent à lui comme des sangsues. Mais souvent aussi ils se fâchent contre leur maître et le mordent. »

J'ignorais le fait du mariage des deux espèces. Je me borne à cette citation, qui est tout ce que j'ai pu en savoir. Ces métis auraient, paraît-il, leur raison d'être. Sont-ils féconds entre eux?...

BLAIREAU ou TESSON.

Un et un font un. — Alimentation variée et choisie. — Parleur qui veut trop prouver.... — Les vains prétextes. — Poil de blaireau. — Le paradoxe a beau jeu.
— Le signalement. — La dépouille. — Les mœurs. — Renard et Tesson. — Bon
garçon et canaille. — La nuit, tous chats sont gris. — Bec et ongles. — L'heure
du berger. — Le mariage. — Les devoirs de la maternité. — La nourriture de la
marmaille. — La propreté recherchée. — Un insecte agaçant. — L'onguent de la
mère. — Un fait de contagion. — L'apprivoisement facile. — Les réfractaires. —
Les traits de bienfaisance. — Le lion devenu vieux. — Ruse, défiance et savoir-
faire. — La chasse au blaireau. — L'hermite de la forêt de Schirrheim. — Trois
paysans. — Un petit chien-loup. — Un rude compagnon. — 20 mètres de tranchées. — Maladresse et bousculade. — Le mal se répare. — Victoire ! — La
marche triomphale. — *Sic transit gloria....* — La graisse. — L'habitat.

Les deux ne font qu'un. On avait cru à deux espèces :
blaireau-chien et *blaireau-cochon* ne sont pas des distinc-
tions justifiées. Il n'y a qu'un blaireau ; on l'appelle aussi
tesson.

Ni beau, ni léger, ni gracieux, cet animal qu'on avait d'a-
bord placé parmi les ours, avec lesquels il a bien quelque
analogie. De la taille d'un chien de médiocre grandeur, il sort
un peu de mon cadre par ses proportions, mais il y rentre par
sa manière de vivre, qui le constitue un ennemi de la basse-
cour *intra et extra muros*, et aussi l'un de ceux qui causent de
réels dommages à nos récoltes. Pour moi, c'est un nuisible,
un malfaiteur, et je proteste avec beaucoup d'autres contre
la bonté d'âme de ceux qui, essayant de le faire accepter
comme être inoffensif, se déclarent d'office ses défenseurs ou
ses protecteurs. Tenez pour certain qu'il ne vit pas de l'air du
temps. Loin de là, il aime tout ce qui est bon ; il fourrage les
maïs, les vignes, tous nos produits granifères et nos meilleures
racines ; il mange toutes sortes de gibier, les lapereaux dans
les rabouillères, les nichées de perdreaux dans les blés,
les jeunes levrauts, tous les oiseaux et tous les animaux qui
sont à sa portée, les élèves de la basse-cour, les œufs, le fromage, le beurre, le pain, le poisson, le miel..... C'est un
dévorant, un omnivore qui ne s'engraisse pas à lécher les
murs, mais en faisant bombance et chère lie. Heureusement
pour nous, il est rare. S'il se multipliait à l'égal de tant

d'autres, il n'y aurait que pour lui; il mettrait la famine partout où il lui plairait de s'installer en nombre.

Eh bien, en dépit de ces goûts variés et de ce solide appétit, ses amis ont la prétention de nous le donner comme l'incarnation de la sobriété. C'est une pauvre bête, disent-ils, qui ne fait de mal à personne et qui passe son existence dans un innocent sommeil. Elle se nourrit de larves, de baies sauvages et de mûres comme un anachorète des temps primitifs. Ce n'est pas un nuisible; c'est un auxiliaire, qui détruit le plus actif et le plus insatiable dévorant de nos cultures, — le ver blanc, — son mets de prédilection. Pour un peu de terre fouillée par-ci par-là, quel bien ne résulte pas de ses recherches intéressées, mais utiles? C'est pousser un peu loin la liberté de la défense. Qui veut trop prouver reste d'ordinaire fort en deçà. Le blaireau — un destructeur assermenté des larves du hanneton! C'est forcer la note, et par trop dépasser la mesure; il en mange, soit; mais combien? Sa chair n'est pas mangeable, ajoute-t-on, d'où vient donc que l'homme s'acharne à l'extermination de la race? Il n'y a point d'effet sans cause; cherchons, cherchons en dehors de la question d'alimentation, car celle-ci ne nous offre que des motifs qui n'en sont pas, que de vains prétextes.

Le motif! eh, mon Dieu, il est dans « le sybaritisme de l'homme, qui a voulu utiliser, pour son agrément, le poil du blaireau, poil blanc à l'extrémité noire, poil très-fin, très-tendre, très-souple. N'allez pas croire qu'il s'agisse de quelque objet de toilette féminine. Non, le beau sexe n'est pour rien dans la manie dont le blaireau est l'objectif et devient la victime. C'est l'autre sexe qui se sert de ce poil, et précisément pour paraître moins laid.

« Autrefois les Figaros faisaient, avec la main, mousser le savon dans le plat à barbe, et c'est avec les doigts qu'ils appliquaient la mousse sur la figure du client. .

« Aujourd'hui tout le monde se savonne la barbe avec un épais pinceau, dont les poils soyeux viennent délicatement caresser le menton.

« Mon Dieu, oui! le blaireau sert à faire des pinceaux, des pinceaux à barbe surtout.

« C'est pour confectionner des savonnettes que l'on extermine le blaireau.

« A quoi tiennent les destinées !

« Si l'homme n'avait pas imaginé la ridicule mode de se raser la figure, s'il avait laissé croître la barbe, s'il n'avait pas la prétention de corriger l'œuvre de la nature, nous verrions encore dans nos campagnes le blaireau accomplir utilement son rôle d'auxiliaire.......

« Malheureusement tout ce qu'on peut dire en faveur de cette espèce persécutée ne servira à rien. Les hommes continueront à se raser pour avoir l'air efféminé...; ils ont l'air qu'ils méritent. »

Le paradoxe a parfois beau jeu ; parfois aussi, en prenant du champ, il passe toute permission, franchit les limites extrêmes et bat follement la campagne.

Il est temps d'inscrire le signalement de la bête.

D'aspect lourd, d'apparence grossière, long de corps (de 0^m,60 à 0^m,80), mais épais et très-bas sur jambes, le blaireau (fig. 42) a le museau quelque peu prolongé, les oreilles

Fig. 42. — Le blaireau.

courtes et arrondies, les yeux petits, la queue très-courte. Ses pieds sont terminés par cinq doigts armés d'ongles, très-robustes et crochus, ceux de devant surtout très-aptes à fouir puissamment la terre. Il porte sous la queue une poche de laquelle suinte une matière grasse très-fétide. Le pelage est d'un gris-brun en dessus, noir en dessous, particularité assez ca-

— 238 —

ractéristique puisque chez tous les animaux les parties inférieures du corps sont d'une nuance moins foncée que les autres. Il en est une encore : de chaque côté de la tête se voit une bande noire, passant sur les yeux et les oreilles, et une bande blanche sous ces dernières, s'étendant depuis l'épaule jusqu'à la moustache. Les longs poils du corps sont durs, rares, longs, gras, malpropres, tricolores : blanc, noir et roux; mais les autres sont souples et bien fournis.

La pelleterie fait peu de cas de la dépouille du blaireau. Comme fourrure, elle est grossière et d'un prix peu élevé. La bourrellerie l'applique à divers usages, notamment à border les colliers des mulets et des chevaux. Détaché de la peau, le poil sert à fabriquer des brosses à dents, des pinceaux à barbe, voire des pinceaux de peintre. Comme matière première, la peau de blaireau vient surtout des départements de la Savoie, de l'Isère et des Hautes-Alpes. On en récolte en plus grand nombre dans l'Amérique du Nord et dans le levant.

Mais il faut parler de ses mœurs. Buffon en a magistralement tracé le tableau. Je m'efforcerai de ne pas faire trop mal après lui.

Paresseux, défiant, solitaire, le blaireau établit sa demeure dans les lieux les plus écartés, dans les bois les plus sombres. Il s'y creuse un terrier où le conduit une galerie obliquement prolongée. Là il passe au moins les trois quarts de sa vie, ne sortant que pour aller chercher pâture. Merveilleusement construit et organisé pour fouir, ce long travail lui est peu pénible. Pour être plus tranquille en son logis, il pousse à l'ordinaire fort loin la galerie tortueuse qui le précède. Le renard, à qui la nature a donné moins de facilité pour fouiller et creuser souterrainement, profite volontiers des travaux exécutés de main de maître par le blaireau. Il trouve plus commode de s'emparer par la ruse d'un logement auquel il aura peu à faire pour l'approprier à ses besoins, que d'en construire un de fond en comble. Les moyens employés ne sont pas très-honnêtes, mais l'honnêteté n'est pas précisément vertu de renard. Ne pouvant contraindre le blaireau par la force, il l'oblige par l'adresse à abandonner ses chers pénates. Il l'inquiète, il fait sentinelle à l'entrée du

terrier, il pousse l'indélicatesse jusqu'à l'infecter de ses immondices. Or, ceci est particulièrement odieux au blaireau,
qui prend enfin le parti de vider les lieux. Alors l'autre s'empare du terrier ; il l'élargit, l'arrange sans trop de fatigue à sa
fantaisie, et s'y installe avec contentement en vainqueur, sans
l'ombre d'un remords. Le pauvre évincé s'en va à quelque
distance, fait élection d'un autre point et y travaille à nouveau pour avoir un autre gîte. Bon garçon celui-ci, voire «un
petit » imbécile, j'en conviens, mais une abominable canaille l'autre ; à votre tour, convenez-en.

Le blaireau a toutes sortes de raisons pour s'attacher à son
manoir, dont il ne sort que la nuit, à l'heure où tous chats
sont gris et où bien peu pourront le voir et le reconnaître,
grâce à la couleur de son manteau. Courant mal et peu vite,
à raison de la brièveté de ses membres, il s'écarte peu de la
bienheureuse retraite, où il revient dès qu'il a flairé quelque
danger. Il a cependant bec et ongles, au besoin il se défend
énergiquement et n'ont pas aisément raison de lui ceux qui
l'attaquent. A la course, oui, les chiens l'atteignent promptement, si grande diligence qu'il fasse ou veuille faire. A ce jeu
il est et sera toujours vaincu ; mais si on le force à se battre,
il fait courageusement tête aux assaillants, et il a sa manière
à lui. Protégé par son épaisse toison, sachant qu'il peut
compter sur ses dents et ses griffes, il se couche sur le dos, et
manœuvre de façon à faire de cruelles blessures à ceux qui
s'y exposent. Il est fort, lutte avec vaillance et vend chèrement sa peau. Sa chasse est l'une des plus malaisées et des
plus fatigantes. J'y reviendrai en empruntant les détails qui
la concernent à plus compétent que moi.

Tout solitaire et taciturne que soit le blaireau, il connaît
et pratique l'heure du berger. Il fait l'amour en pleine nuit,
à la face du ciel. Je ne sache pas qu'il entre jamais chez une
belle, à plus forte raison n'invite-t-il jamais celle-ci à le visiter en sa demeure ; les convenances avant tout. Il s'accouple
donc à la belle étoile, tout le moins une fois l'an, sans se
donner pour cela beaucoup de mouvement, sans prendre en
charge les soucis du ménage. L'acte galamment accompli, il
prend philosophiquement congé de l'épousée, qu'il laissera

désormais tout entière aux devoirs de la maternité. Celle-ci couvera précieusement le fruit de ses entrailles, et pour donner naissance à ses petits, au nombre de trois ou de quatre, elle leur préparera un lit très-confortable d'herbes et de mousse en son terrier, qu'elle tient très-proprement par le soin qu'elle met à n'y laisser pénétrer aucune saleté. On la dit bonne mère, je n'ai aucun motif pour m'inscrire en faux contre cette assertion, qui traduit simplement un fait usuel, qui exprime bonnement la chose la plus naturelle du monde.

Dès que les mioches peuvent prendre quelque autre nourriture que le lait, la nourrice se met en quête de victuailles appropriées à la faiblesse des organes; elle cherche si bien qu'elle rentre toujours convenablement pourvue. Ceci a lieu en plein été, et quand tout est partout en pleine abondance. Alors elle trouve et déterre des nids de guêpes; il y a des abeilles qui ont l'attention de produire du miel à son intention, elle ne les oublie pas, et sait adroitement découvrir les lieux où elles posent; elle prendra à leurs mères de jeunes lapins soigneusement cachés dans les rabouillères; elle attrapera des lézards, ce n'est pas très-malaisé la nuit; elle prendra des sauterelles, des petits serpents anodins, des œufs dans les nids, que sais-je? d'autres choses encore, car tout fait ventre, et elle apportera le produit de ses chasses aux petits. Et comme la chambre habitée doit toujours être propre, elle les fera sortir pour manger et se vider en dehors du terrier. La première condition pour que la demeure ne soit point souillée, c'est de n'y jamais laisser venir d'ordures.

Ce besoin de propreté est nécessaire au blaireau, fort souvent envahi par une maladie qu'il n'aime pas, mais qu'il subit, — la gale. Son épaisse fourrure abrite très-confortablement un acare qui la recherche et qui s'y établit comme chez lui. A sa grande satisfaction, il trouve là le vivre et le couvert, et donne naissance à des myriades de ses pareils, dont la prospérité fait le tourment de celui qui les héberge si bien à contre-cœur. Il faut croire que l'humeur sécrétée sous la queue, et déposée dans le réservoir dont j'ai parlé plus haut, est une manière d'onguent donnée par la nature au blaireau pour atténuer en partie les tribulations que lui cause la présence de tous ces parasites. Il y puise avec la langue : chargée du remède, celle-ci le porte sur les divers points où elle peut atteindre. Voilà l'explication du fait accusé précédemment : le pelage est toujours gras et sale; voilà l'explication de cet autre fait : le blaireau tient sa demeure avec la propreté la plus minutieuse.

Les chiens qui pénètrent chez le blaireau ou se frottent à lui contractent souvent la gale. Ce qui revient à dire que l'acare du blaireau vit très-bien aussi sur la peau et sous la fourrure du chien.

Les petits du blaireau, pris très-jeunes, s'élèvent facilement en captivité et s'apprivoisent fort bien. Ils jouent avec les petits chiens, et, comme eux, suivent volontiers leurs connaissances, surtout les personnes qui leur donnent habituellement des friandises. Ah ! la gourmandise.....

Les adultes sont réfractaires; ils demeurent sauvages sans se montrer malfaisants. Ils sont encore plus défiants qu'en l'état d'indépendance, et toujours semblent avoir présent à la mémoire ce vers du poëte latin :

Timeo Danaos et dona ferentes.

Un de leurs amis, M. Maurice Engelhard, prétend ceci : « Lorsqu'un blaireau devient vieux, que ses ongles puissants sont usés, que ses crocs sont émoussés, qu'il ne peut plus subvenir à ses besoins, les autres blaireaux du canton, plus jeunes et plus ingambes, pourvoient à sa nourriture, et la lui apportent dans son terrier. »

S'il en est ainsi, c'est bien, et je propose messieurs les blaireaux pour le prix Montyon; mais je ne suis pas bien sûr que cette histoire ne soit pas un conte, surtout lorsque je me rappelle la petite fable, si judicieusement rimée : *Le lion devenu vieux*. Elle est bien plus dans la réalité des choses de ce monde que le beau trait honnêtement recueilli par M. Maurice Engelhard, à l'honneur de la race des blaireaux.

A ces détails nous ajouterons, avec M. Boitard, que, plein d'intelligence, rusé, très-défiant, le blaireau ne donne que très-rarement dans les piéges qu'on lui présente. Si l'on a tendu quelque lacet à l'entrée de son terrier, il s'en aperçoit aussitôt, rentre dans sa demeure et y reste renfermé cinq ou six jours, s'il ne peut, à travers des rochers, se creuser une autre issue; mais, pressé par la faim, il finit par se déterminer à sortir. Après avoir longtemps sondé le terrain et observé le piége, il se roule le corps en boule aussi ronde que possible; puis, d'un élan, il traverse le lacet en faisant ainsi trois ou quatre culbutes, sans être accroché, faute de donner prise au nœud coulant. Si l'on veut forcer un blaireau à sortir de son terrier en l'enfumant ou en y faisant pénétrer un chien, il ne manque jamais de faire ébouler une partie de son terrier, de manière à couper la communication entre lui et ses ennemis.

Les Allemands ont pour la chasse du blaireau la même passion que les Anglais pour celle du renard; mais ils satisfont leur goût avec beaucoup plus de simplicité. En automne, trois ou quatre chasseurs partent ensemble à la nuit close, armés de bâtons et munis de lanternes : l'un d'eux porte une fourche, et les autres conduisent en laisse deux bassets et un chien courant bon quêteur. Ils se rendent dans les lieux qu'ils savent habités par des blaireaux et à proximité de leurs terriers; là ils lâchent leur chien courant, qui se met en quête et a bientôt rencontré un de ces animaux. On découple les bassets, on rappelle le chien courant et l'on se met à la poursuite de l'animal, qui ne tarde pas à être atteint par les chiens, et qui se défend vigoureusement des dents et des griffes. Le chasseur qui porte la fourche la lui met sur le cou, le couche et le maintient à terre pendant que les autres l'assomment à coups de bâton. Si l'on veut le prendre vivant, on lui enfonce au-dessous de la mâchoire inférieure un crochet de fer emmanché d'un bâton; on enlève l'animal, on le bâillonne et on le jette dans un sac. Si on le trouve hors de son terrier, on le chasse aussi au fusil.

Écoutez maintenant le récit lamentable de la fin d'un vieux routier, auquel des chasseurs allemands des bords du Rhin avaient donné le surnom d'ermite de la forêt de Schirrhein.

Je l'emprunte au journal LA CHASSE ILLUSTRÉE (fig. 43); est signé : Maurice Engelhard.

« C'était un dimanche.

Fig. 43. — La chasse au Blaireau.

Croyant rencontrer des maraudeurs, il s'approcha, et reconnut trois paysans du village, le père et les deux fils, qui
s'évertuaient à fouiller un terrier.

En se promenant le matin, un petit chien-loup, qui les
accompagnait, était entré dans ce terrier et avait donné de
la voix avec rage.

Ils conclurent à la présence d'un renard dans le logis souterrain, et les fils étant allés querir les outils nécessaires, le
père avait fait sentinelle.

Puis l'opération avait commencé, et l'on avait déjà creusé
une assez forte tranchée.

A ce moment le petit chien ressortit ensanglanté ; mais à
peine eut-il respiré un peu l'air et secoué la terre qui rem-
plissait sa longue fourrure, qu'il rentra dans le terrier avec
une nouvelle ardeur, et à ses aboiements successifs, inquiets
et menaçants à la fois, l'on reconnut que la bête lui tenait
tête.

Le vieux paysan colla l'oreille contre le terrier, et bientôt
se releva, en disant gravement à mon ami F... : « Monsieur,
nous n'aurons pas fini de si tôt ; ce n'est pas un renard qui
tient tête à mon chien, c'est bien le grognement d'un blaireau que j'entends.

« Mes enfants, à l'ouvrage, ajouta-t-il, en s'adressant à ses
fils, nous avons un rude compagnon à dénicher... »

Le petit chien ressortit avec une nouvelle blessure.

Le blaireau profita de ce moment de répit pour creuser
plus avant, en rejetant la terre derrière lui.

Mais le petit chien, que ses maîtres suivaient à coups de
pioche, enlevait ce nouvel obstacle, et la poursuite continuait, sans que l'on pût gagner sur le fuyard.

Mon ami retourna au village, et vers huit heures du soir
il demanda des nouvelles des fouilleurs.

« Ils sont encore là-bas, » lui fut-il répondu.

« — Mais il fait nuit ?

« — Oh, monsieur, ils ont des chandelles. »

La curiosité de F.... fut piquée par tant de persévérance ;
il prit son fusil, et, accompagné du garde il retourna au
bois.

De loin, il aperçut la lueur des deux chandelles qui ressemblaient à des feux-follets, et les trois paysans, capricieusement éclairés, figuraient assez bien des gens en train de conjurer le diable pour la découverte d'un trésor.

Ils n'avaient pas cessé de piocher, oubliant de manger et se contentaient de quelques petits verres de kirschwasser pour se donner des forces.

Cependant le découragement commençait à se peindre sur leurs visages.

Le blaireau, vieux madré de l'espèce, les avait déjoués, en passant sous les tranchées, en changeant de direction, tantôt horizontalement, tantôt verticalement.

Vingt mètres de tranchée étaient creusés, ayant à certains endroits jusqu'à un mètre cinquante centimètres de profondeur.

Enfin, vers dix heures et demie, le petit chien, qui était dans un véritable délire, donna de nouveau, et le vieux paysan reconnut bientôt que la petite bête était face à face avec son ennemi, acculé.

Dès lors le blaireau, occupé de son adversaire, était obligé de suspendre ses travaux de mineur, et l'on pouvait gagner sur lui.

L'on donna les chandelles à un gamin qui avait apporté les vivres intacts.

Le père exhorta ses fils, et l'on se remit à piocher.

A onze heures, l'on était à un pas du blaireau.

L'un des fils alla chercher la fourche, dont on a toujours soin de se munir pour saisir les animaux que l'on fouille, et alla se placer au haut de la tranchée, prêt à enfourcher le blaireau par la tête et le maintenir ainsi à jusqu'à ce qu'il fût assommé.

A ce moment il se fit un tumulte affreux, les lumières s'éteignirent, les travailleurs culbutèrent, le petit chien hurla; mon ami lui-même fut saisi d'épouvante.

Le garde eut la présence d'esprit de rallumer la chandelle, et lorsque l'on put voir clair sur ce champ de bataille, l'on reconnut heureusement qu'il n'était rien arrivé de fâcheux à personne.

Voici ce qui s'était passé :

Le blaireau, mal enfourché, était parvenu à se dégager, avait chargé ses assaillants, renversé le père, culbuté les fils, éteint les lumières.

Sans doute il s'était échappé, et douze heures de fatigue étaient perdues.

Mais non !

Le petit chien s'était remis de plus belle à japer contre le terrier.

Le blaireau, ne pouvant pas gravir les bords escarpés de la tranchée, était rentré dans son trou.

Grande faute, hélas ! car dix minutes plus tard la fourche fatale l'étranglait de nouveau.

Ses cruels adversaires lui passèrent un pieu à travers le cou, le soulevèrent pour le laisser retomber dans un sac qu'on lui noua comme un peignoir au-dessous de la tête.

Alors commença une marche triomphale.

Le gamin portait les chandelles, le père suivait avec les outils, les deux fils traînaient la victime encore vivante, mon ami et le garde fermaient la marche.

Les paysans chantaient, la nuit était noire, et ce cortége avait quelque chose de vraiment fantastique en se dirigeant ainsi vers le village, sous les ramures dénudées des chênes.

Il était près de minuit quand l'on rentra.

L'on mit le sac à terre, et le blaireau, qui pesait plus de quarante livres, fut achevé à coups de trique.

Aujourd'hui peut-être quelque peintre, avec ou sans talent, blaireaute son ciel avec les poils de la pauvre bête, sans se douter de la défense héroïque qu'elle a faite et de l'agonie atroce qu'elle a subie.

La graisse du blaireau passait autrefois pour avoir de grandes vertus médicinales, mais elle n'est plus en usage aujourd'hui. Le poil a la propriété singulière de ne pas se feutrer ; c'est pourquoi on s'en sert très-avantageusement pour la fabrication des brosses employées dans les circonstances qui favoriseraient le feutrage. Les meilleures brosses à barbe se composent avec ce poil.

Le blaireau semble appartenir à la fois à presque toute

l'Europe, à l'Asie tempérée, ainsi qu'au nord de l'Amérique. En Europe il est répandu en Espagne, en Italie, en France, en Allemagne, en Pologne, en Angleterre, en Suède, en Norvège, dans les terres montueuses qui bordent le Volga, en Bulgarie, ainsi que sur les rives du Jaïk. On le trouve quelquefois, assure-t-on, dans les bois des environs de Paris. Mais il est assez rare partout, et principalement dans les régions méridionales.

LE RENARD.

Ceci rappelle cela. — La famille à friponneau. — Un malfaiteur numéro un.
— Renard et Blaireau. — Vu de face et de profil. — Classification vaille que vaille. —
Ni loup ni chien. — *Ego sum papa.* — Utilité spéciale. — Espèce et variétés. —
Étude zoologique. — Les renards en Europe; — En Amérique. — Renard noir et
renard tricolore. — Les renards en Afrique. — Le renard de Turquie. — L'Isatis
ou renard bleu. — Particularités. — Le renard commun. — Une page de Buffon. — A la chasse du lièvre. — L'heure du berger. — Les rivaux en instance. — Mariage d'amour. — L'habitation. — Détails d'intérieur. — Antichambre.
— Salle à manger. — Chambre à coucher. — Première éducation des petits. —
Complément d'une étude de mœurs. — Le jour et la nuit. — A la maraude, —
Renard; braconnier; huissier. — L'alimentation des petits. — Les premières
sorties du terrier. — Les gens occupés. — En captivité. — La nostalgie. — Amour
de la liberté. — Les essais d'apprivoisement. — Chiens et renards. — Une histoire
qui n'est pas un conte. — *Suum cuique.* — Rusé. — Bon enfant, — et vaniteux.
— Petit poisson est devenu grand. — La nichée quitte le terrier. — Odeur de renard. — Arme de guerre. — Roi Guillaume et compère Bismark. — Les deux cents
à Samson. — La sommation incongrue. — Prise de possession. — Exquise propreté.
— Cabinets d'aisance. — Entre parenthèse. — Naissance de sauvages en captivité.
— L'amour maternel. — Deux chasseurs comme on n'en voit guère. — Mort d'indigestion, et mort au champ d'honneur. — Récits ou racontars. — Les chats et le
renard. — La pitance extorquée. — Le lait empesté. — Dupeur dupé. — Profonde humiliation. — Punition du coupable. — Au ban des contribuables et de
la loi. — Sus à l'ennemi. — Les moyens de destruction. — Ruse de guerre. —
Opération chirurgicale. — Force de résistance de l'espèce. — En chasse. —
Excursion en Volhynie. — Les chasses d'automne. — Faute de grives.... — En
traîneau. — Manœuvre concentrique. — Sport à toute volée. — Les péripéties
du drame. — La situation se complique. — Une nouvelle action s'engage. —
Existence chèrement disputée. — Les dernières tentatives. — Suprême effort.
— Victoire et défaite. — Seul contre tous. — La chasse au fusil. — Précaution
sine quâ non. — *Schoking.* — A l'eau. — Les chiens lents. — La bête se
terre. — A l'affût. — Piéges et poisons. — Les minuties nécessaires. — Fabrication des gobbes. — Le pour et le contre. — Le chapitre des accidents. — Renard
pris par une poule. — Un procédé à généraliser.

Après avoir parlé du blaireau, je ne saurais oublier le renard. Celui-ci rappelle celui-là, et *vice versa.* Tous deux sont
bien de « la famille à friponneau »; mais de tous ceux qui
le représentent, le renard est à coup sûr le plus célèbre. Plus
répandu que l'autre, d'ailleurs, il est par cela même plus
nuisible. Gros mangeur de gibier et de *poulaille*, comme nous
apprend à dire notre vieux La Fontaine, c'est un malfaiteur
numéro un, le ravageur émérite de la basse-cour.

Carnassier plantigrade le blaireau, carnassier digitigrade
le renard : les deux larrons sont voisins et l'histoire naturelle

les rapproche encore en les plaçant côte à côte parmi les carnivores. Malgré tous leurs points de contact, ils ont néanmoins des points de dissemblance qui les éloignent et les distinguent.

J'ai tracé le portrait du blaireau; voici le portrait de maître renard.

Lourdeau,. d'apparence grossière, le premier; de figure légère, de physionomie futée, le second. Si — laid — est celui-là, relativement beau ou gracieux est celui-ci. En effet, bien pris dans sa taille et dans ses proportions, le compère a pour lui certaine harmonie des formes et beaucoup de souplesse dans les mouvements. On a comparé à l'ours le blaireau; c'est à la conformation plus régulière du loup et du chien qu'on a comparé la conformation du renard. Mais ces divers rapprochements n'ont qu'une importance très-secondaire; chacun de ces animaux a son autonomie.

Cela n'empêche pas certains classificateurs d'en reconnaître plusieurs *espèces*. Au point de vue zoologique, la reconnaissance n'est peut-être pas très-orthodoxe. M. le docteur Chenu les divise en quatre groupes géographiques, auxquels il donne l'appellation risquée de « espèces ». Je ne relève le mot que parce qu'il est écrit dans un grand ouvrage portant ce titre : *Encyclopédie d'histoire naturelle*. Il décrit succinctement « les espèces d'Europe, celles d'Amérique, celles d'Asie et celles d'Afrique. » Plusieurs évidemment appartiennent au même type.

Cette classification vaille que vaille n'a rien de scientifique, et laisse intacte la grosse question d'unité de l'espèce, que je n'ai point à aborder à cette place.

Malgré ses ressemblances anatomiques et physiologiques avec ses plus proches voisins, le renard n'est ni loup ni chien; il n'est pas davantage entre chien et loup; il est renard. Autant que Sixte-Quint, il peut dire fièrement, en se redressant et en affermissant la voix : *ego sum papa*.

Pour se retrouver ainsi dans toutes les parties du monde, pour avoir sa place ainsi marquée en tout lieu (1), il faut

(1) Il faut dire pourtant qu'on n'en a encore rencontré ni en Australie, ni dans les îles de l'Archipel indien.

qu'il ait une destination particulière, une utilité spéciale...
Laquelle ?

Les quelques différences de forme, de taille, de couleur
sont choses bien secondaires lorsque, pour reconnaître l'a-
nimal, on le met ainsi en face du but même de la création,
lorsqu'on s'élève par la pensée au niveau de la raison d'être
de l'espèce. Les variétés que celle-ci présente s'effacent vite
alors. Alors, en effet, peu importent les modifications résultant des influences locales, de l'action des agents extérieurs
sur l'économie vivante. Ici le climat devient, à n'en pas
douter, un facteur tout-puissant sans pouvoir rien sur la nature même.

Il n'y a donc pas lieu de s'étonner que le pelage et les dimensions varient de la vieille Europe au Nouveau-Monde, de
l'Asie à l'Afrique. Qu'importe, répéterai-je, si l'animal est le
même partout, si sur tous les points il se comporte de même,
s'il vit à sa manière, celle qui lui est propre, s'il reste sans
dévier dans le plan primitif pour tenir en tous lieux la place
qui lui a été dévolue et remplir la fin pour laquelle il a été
créé.

Le renard (fig. 44) a la tête assez grosse, une tête au front
large et aplati; type de matoiserie, de prudence et de ruse;
par ce côté, il tient du chat, un maître fourbe aussi celui-là.
L'œil et le regard sont une caractéristique. Examinez bien,
vous trouverez au loup la pupille ou prunelle *ronde*, au renard
la pupille verticale, au chien une autre forme encore, celle
du disque. L'animal, d'ailleurs, est nyctalope; il voit mieux
la nuit que le jour.

Les oreilles sont droites, pointues, quasi-triangulaires; le
museau est effilé, brusquement effilé, ce qui, par contraste
avec la partie supérieure de la tête, donne à cette dernière
sa physionomie propre, un cachet à part. A l'autre extrémité,
un appendice long, très-touffu, que les Anglais nomment
— la brosse, et auquel nous laissons son vrai nom, — queue
de renard.

Queue et museau sont ici des caractères tout particuliers, qui
différencient de tous les autres l'animal qui les porte.

L'armature solide des mâchoires mérite une mention spé-

ciale : c'est une manière d'étau qui serre ferme et ne lâche
qu'à bon escient.

La bête est diversement vêtue, non quant au manteau proprement dit, mais quant aux nuances variées qu'il affecte
généralement suivant les lieux ou l'habitat.

La robe du renard qui est nôtre, de la variété de l'espèce
que nous connaissons le mieux, est d'un fauve roux, avec les
lèvres, le tour de la bouche, la poitrine, le ventre et le bout
de la queue blancs, avec la pointe des oreilles et les pieds
noirs.

A côté de celui-ci, nous sommes obligé de nommer une
autre variété au pelage plus sombre. C'est le renard *charbon-*

Fig. 44. — Le renard.

nier. Chez lui, le ventre et la poitrine sont d'un gris foncé ;
la queue et les pieds sont du plus beau noir, noirs comme de
l'encre, a-t-on dit, noir comme charbon serait plus exactement dit encore.

Le renard anglais revêt la couleur locale ; il est fauve et
rouge. C'est une accentuation, une sorte d'exagération de la
nuance la plus commune, accentuation dont il faut voir le
principe dans le climat. En effet (cette remarque est due
aux chasseurs), malgré les nombreuses importations en Angleterre de renards pris en France, on ne voit pas que le manteau des renards anglais ait été en quoi que ce soit atteint
dans la nuance qui est propre à la variété britannique de
l'espèce.

Mais les robes sont bien autres; on en trouve de grises, de noires, de blanches, d'argentées, voire de bleues, relativement au moins. Cette diversité est une particularité à noter; elle va tout à l'encontre du fait général chez les animaux libres. Je l'ai dit précédemment, les espèces domestiquées montrent leurs nombreuses variétés sous des robes très-différentes et souvent compliquées; mais les espèces sauvages gardent presque toujours le pelage uniforme du type, le vêtement primitif, créé une fois pour toutes, et *ne varietur*.

M. le docteur Chenu nomme six variétés constantes de renards en Europe, en prenant la précaution d'avertir qu'il y en a d'autres et qu'il s'arrête aux principales. Eh bien, la seule caractéristique qu'il trouve à chacune est dans certaines particularités du manteau, dont les trois couleurs dominantes sont toujours le roux, le noir et le blanc. A côté du renard ordinaire, il rencontre le *renard charbonnier*, qui aurait lui-même des variantes; le *renard musqué*, qui est d'un beau rouge pâle en dessous et répand une odeur de musc analogue à celle de la fouine, tandis que tous les autres exhalent cette odeur *sui generis* de renard, dont il faudra bien parler spécialement un peu plus loin; il voit enfin le *renard blanc* des régions les plus septentrionales, et dont le blanc du pelage est particulièrement éclatant pendant les rigueurs de l'hiver : c'est la loi commune.

L'Amérique nourrit plusieurs variétés assez remarquables. La plus répandue (fig. 45) a été décrite par G. Cuvier sous la dénomination de *renard noir*. Chez celui-ci, effectivement, le pelage est presque entièrement noir; par-ci par-là, cependant, un peu de blanc, et l'extrémité touffue de sa belle et longue queue presque toute blanche.

Un peu plus grand, un peu plus fort que le renard d'Europe, celui-ci paraît également doué de plus de courage, à en juger au moins par ce fait qu'il attaque, non sans quelque hardiesse, des animaux d'une certaine grosseur, que l'autre n'ose point aborder, chez nous. On va jusqu'à prétendre que dans les grands jours, lorsque la faim le talonne, il vient rôder autour des troupeaux de chèvres et de moutons; qu'il fait artistement choix de l'agneau ou du chevreau le plus appétissant, et que, en dépit des cris et de la colère du berger, il se jette bravement sur la proie et l'emporte en lieu sûr, où il la savoure à sa guise. Ce renard-là s'élèverait au niveau de messire loup. Mais en ce qui le concerne les beaux conteurs qui nous en ont parlé, et qui sont venus de loin, se sont peut-être bien un peu trompés. L'exagération n'est pas toujours une vérité grossie; celle-ci pourrait bien n'être qu'une hyperbole.

La ménagerie du muséum a possédé, vivant, un beau renard noir d'Amérique : il ne s'est montré ni plus ni moins fier qu'un autre. En vrai renard, il marchait un peu honteusement sous le regard de l'homme, c'est-à-dire la tête et la queue basses. En bête intelligente, il semblait avoir pris son

Fig. 45. — Le renard d'Amérique.

parti d'une captivité qui ne lui plaisait point, et paraissait plus apprivoisé que sauvage, plus calin et doucereux que mal disposé ou méchant, bien qu'il grognât en montrant ses crocs lorsqu'on le contrariait au delà d'une certaine mesure. Il n'eût point été bon de le toucher dans ses moments de mauvaise humeur, car il avait les dents aiguës et de vraies mâchoires de renard. A ses bonnes heures, il composait sa mine et ses façons, épiant toujours, dans l'espérance qu'il trouverait enfin le moyen d'échapper au triste et douloureux emprisonnement qu'il subissait à contre-cœur. Ah ! l'amour de la liberté survit à toutes les violences, à toutes les contraintes. Il n'abandonna pas un instant ce pauvre reclus, qui mourut lentement de tristesse et de comsomption.

Il exhalait les senteurs les moins agréables; mais, toute repoussante qu'elle fût, son odeur ne rappelait pas celle des autres renards et spécialement des nôtres. C'est une particularité; je devais la noter au passage.

Un *renard fauve*, — c'est le nom qu'il porte, — vit dans
l'État de Virginie. Celui-ci a la plus grande ressemblance, tant
au physique qu'au moral, avec notre renard d'Europe. Cependant le roux et le fauve de sa robe sont de nuance plus
éclatante ou plus vive; le poil aussi en est plus fin.

C'est un américain également que le *renard gris* (fig. 46),

Fig. 46. — Le renard gris.

fort peu connu jusqu'ici, sauf dans son pelage, d'un beau gris
argenté.

Un compatriote de ce dernier, un américain du Paraguay,
celui-là, a nom — le *renard tricolore* (fig. 47). Son pelage
montre, diversement posées, les couleurs noire, blanche et
fauve. Le noir se voit à la mâchoire inférieure et à la queue,
dont le bout est très-foncé; le blanc apparaît à la gorge et
aux joues; le dessus du corps est d'un gris dans lequel le noir
domine, tandis que la tête est gris fauve; les oreilles et les
côtés du cou sont d'un roux vif; le ventre et la partie supé-

rieure de la queue sont fauves. Tout cela ne manque pas d'originalité.

Le renard tricolore en a une autre que celle de son pelage. Il se montrerait facile à l'apprivoisement, à la condition d'être pris et commencé jeune. Les bons traitements le familiariseraient assez vite en développant en lui des sentiments peu ordinaires à ceux de l'espèce en général. D'Arzara prétend qu'il joue volontiers avec son maître et avec tout autant de plaisir ou de tendresse que le chien. C'est beaucoup dire as-

Fig 47. — Le renard tricolore.

surément. Mais il ne montrerait pas moins d'intelligence ou de connaissance des choses que ce dernier, car après une absence plus ou moins prolongée des gens de la maison, il les caresse et les fête en les distinguant des étrangers. Contre ceux-ci pourtant, il n'aboie pas, il ne fait aucune démonstration. Il n'en est pas de même à l'égard des chiens venant du dehors. S'il contracte amitié et vit affectueusement avec ceux du maître, s'il aime parfois à jouer et à folâtrer avec eux, il ne supporte pas les autres. A leur approche, à leur entrée dans sa demeure, il gronde et son poil se hérisse; il se fait tout entier menaçant, et les éconduit sans toutefois oser les mordre.

A l'habitude, il n'est pas, il s'en faut, un modèle de soumission. Si matin et soir, au petit jour et lorsque déjà la nuit commence, il répond à la voix connue qui l'appelle, sans trop se faire tirer l'oreille, il n'écoute guère et ne se dérange point dans la journée. Pour lui, c'est le moment du repos; il se tient couché, et pour si peu ne s'émeut. La nuit, c'est autre chose. D'ordinaire, il l'emploie à courir; il va et vient dans toutes les parties de l'habitation, trouvant et mangeant les œufs oubliés par la ménagère, cherchant à pénétrer dans les lieux où dorment, tandis qu'il veille, lui, les habitants emplumés de la basse-cour. De ceux-ci il a toujours grande faim, et prestement met à mort ceux qu'il a pu joindre de manière ou d'autre. Le faire entrer quelque part, ou le contraindre à sortir d'un endroit quelconque, n'est pas chose facile quand il ne l'a pas dans l'idée. La douceur ne le touche pas; force est de recourir à beaucoup de fermeté, appuyée de coups, pour le pousser à l'obéissance. On prend plus de mouches avec du miel qu'avec du vinaigre; mais au rebours de ce dicton, c'est le vinaigre seul qui a de l'efficacité sur la nature de ce tricolore, lequel porte une autre dénomination : on le nomme encore agourachay. Il ne cède qu'avec mauvaise grâce à une injonction formelle, à un ordre réitéré; il grogne alors, et par là témoigne très-ouvertement de son mécontentement, de la vive contrariété qu'il ressent de ne pouvoir pas n'en faire qu'à sa tête. Sa voix est gutturale et retentissante; le seul mot à son usage peut se traduire ainsi; *goua-a-a*.

Il n'est pas besoin de se trouver très-près de l'animal pour savoir où il est : il pue le renard à plein nez.

Pour le reste, il ne diffère guère du renard commun, bien qu'on lui prête plus de hardiesse dans la recherche des divers aliments dont il se nourrit. Au Paraguay, on prétend que, à l'instar du chacal, qui accompagne le lion pour dévorer ses restes, le renard tricolore suit le jaguar pour se repaître, sans trop de fatigue, des reliefs qu'abandonne ce grand félin, cet affreux prodigue, qui à l'occasion gaspille autant qu'il consomme : très-prussien, ce dernier.

Le tricolore a un très-proche voisin qu'on a nommé le *renard agile*, à raison de la sveltité de sa taille et de sa légèreté à la course. Il a le pelage doux, fin, soyeux, fauve et d'un brun ferrugineux avec le dessous de la tête d'un blanc pur. Les poils du cou, plus longs que les autres, lui forment une sorte de fraise, ornement oublié par la mode chez nous, mais soigneusement conservé par la nature chez ceux-là. La queue est longue, cylindrique et noire.

L'animal se plaît dans les pays découverts, sur les bords du Missouri.

Autre se montre le *renard croisé*, un indigène des contrées septentrionales de l'Amérique qu'on rencontre, paraît-il, jusqu'au Kamtchatka. Celui-ci est d'un gris noirâtre, plus foncé vers les épaules, à poils annelés de gris et de blanc. Il a deux grandes plaques fauves, l'une qui va de l'épaule à la tête, l'autre courant de chacun des côtés de la poitrine. Le museau, le dessous du corps et les pattes sont noirs; la queue se termine par une houppe blanche.

Je pourrais bien en appeler quelques autres encore à comparoir, mais sans aucune utilité, car de ceux-ci on ne sait à peu près rien. Je veux accorder pourtant une mention au *renard de Magellan* (fig. 48) (il vit au Chili et aux îles Malouines), à raison de la conformation particulière de la tête qui n'est plus, il s'en faut, celle des animaux dont j'ai parlé jusqu'à présent. A l'inspection des figures, la différence saute aux yeux.

Mais ce n'est pas seulement au Chili et aux îles Malouines que je rencontre ce type. Je le retrouve en Afrique chez le *renard d'Égypte* (fig. 49), puis chez le *renard de Caama* (fig. 50), en compagnie de plusieurs variétés dont la configuration ne m'est pas connue. Je n'ai cité les deux derniers qu'à titre d'étrangeté et pour signaler tout particulièrement la chose aux naturalistes, à qui certains petits faits souvent échappent.

Un dernier reste à nommer, celui qui habite l'Asie et que montre la fig. 51 sous l'appellation de *renard de Turquie*.

Il a le pelage brun en dessus, avec une large bande noire sur la tête, se prolongeant en arrière et couvrant longitudi-

Fig. 48. — Le renard de Magellan.

Fig. 49. — Le renard d'Égypte.

nalement tout l'animal, pour ne se terminer qu'à l'extrémité de l'appendice caudal.

Ici, depuis A jusqu'à Z, la ressemblance est complète avec le renard d'Europe : conformation, taille, allures, mœurs, aptitudes, rien n'y manque; tout y est. On se sent bien en face du renard, non à côté. On a sous les yeux le type et non plus l'un de ces degrés ascendants ou descendants qui sont comme des nuances intermédiaires entre celui-ci et d'autres.

C'est peut-être bien le cas du *renard bleu*, surnom de l'*isa-*

Fig. 50. — Le renard de Caama.

tis (fig. 52). Certes il y a du renard dans cet animal, et beaucoup; mais qu'il en diffère aussi ! Les dissemblances, après tout, ainsi que je l'ai déjà fait remarquer au lecteur, peuvent n'être qu'une nécessité ou qu'une condition de climat. L'habitat a ses exigences. Faisons donc avec l'isatis plus ample connaissance, et, jusqu'à meilleur informé, s'il y a lieu, tenons-le pour renard puisqu'il en est tout au moins si proche par sa structure et par ses instincts.

L'animal se trouve sur tout le littoral de la mer Glaciale et des fleuves qui s'y jettent ; il est commun en Islande, au Groënland ; vraisemblablement aussi on le rencontre au Spitzberg, peut-être même dans le nord de l'Amérique. Il est vêtu de façon à pouvoir résister aux basses températures, au rude climat de ces diverses contrées.

Les poils du corps n'ont pas moins de cinq centimètres de

Fig. 51. — Le renard de Turquie.

long, et seraient aussi habiles que patients ceux qui réussiraient à les compter. Le manteau est épais, bien ouaté, chaud, imperméable ; il enveloppe soigneusement la bête en toutes ses parties ; il la protége efficacement contre toutes les surprises de l'intempérie : les oreilles sont velues ; sont bien garnies aussi les pattes et la plante des pieds d'une bourre serrée, très-résistante ; la queue est luxueusement pourvue et le mu-

seau très-convenablement défendu. C'est assez, n'est-ce pas?
et c'est bien. Aussi n'a-t-on jamais recueilli de ce côté aucune
plainte. Plus raisonnable que l'oiseau jaloux de Junon, l'isatis paraît content de son sort. Cette philosophie a du bon.
Maître renard est coutumier du fait, témoin sa tenue en face
de cette haute treille à laquelle il ne put atteindre jadis. Il ne
murmure pas contre le froid des lieux qu'il habite, mais il ne
grelotte ni sur la glace ni sous la neige.

Fig. 52. — Le renard isatis.

Sa robe, d'un cendré ou d'un brun très-clair, uniforme, devient d'un très-beau blanc en hiver. Les jeunes ne sont pas
ainsi vêtus; ils passent du gris foncé au blanc jaunâtre et
portent en croix sur le dos et les épaules une bande très-
brune. A la première mue, tout cela s'efface et disparaît pour
ne plus revenir.

Les renards ont tous une patrie qu'ils ne quittent point. S'ils courent, ils voisinent et ne pérégrinent pas ; les voyages à l'étranger, en pays lointains, ne sont pas leur fait. A cette règle il y a néanmoins une exception. L'isatis émigre. Il quitte le clocher de son village ; il s'éloigne de la contrée où il est né, sitôt que celle-ci ne peut plus le nourrir. Dame ! il tient à vivre, et à bien vivre même. Quand donc le gibier manque autour de lui, il dit adieu pour trois ou quatre mois à ses chers pénates, et descend vers des lieux mieux approvisionnés. C'est vers l'époque où le soleil fait son entrée dans le premier degré du Capricorne que la bête déménage et va prendre ses quartiers d'hiver. Mais elle campe plus qu'elle ne s'installe ; elle ne prend pas la peine de se creuser un terrier et passera, ainsi posée, à la guerre comme à la guerre, le trimestre pendant lequel la vie lui serait à peu près impossible en son pays. Ce laps de temps écoulé, elle reviendra avec bonheur en son premier gîte. Aux cœurs bien nés, vous le voyez, toujours la patrie est chère.

Toutefois, l'amour de la patrie ne modifie en rien les instincts de ceux en qui il est le plus développé. L'isatis obéit servilement à la loi commune. Comme tout bon renard, il est enclin à la rapine et hardiment exerce en tout ce qui concerne son état : la ruse est son fait ; il en a à revendre. Le prêtre vit de l'autel ; c'est ainsi que le renard vit du métier auquel il est condamné. Il le pratique en conscience ; c'est durant la nuit qu'il travaille, qu'il furète scrupuleusement et adroitement la campagne, donnant la chasse à ceux dont il veut se repaître et qui se défendront de leur mieux. La vie pour tous est la même : il faut la gagner péniblement à la sueur de son front.

La voix de l'isatis tient à la fois de l'aboiement du chien et du glapissement du renard. D'où vient cela ? Pourquoi pas la voix, toute la voix du renard ?

Celui-ci n'a pas le pied marin ; il ne se sent guère de penchant pour la natation. L'isatis, au contraire, loin de craindre l'eau, y entre volontiers et nage comme un poisson. Ce petit talent de société lui sert à traverser des bras de rivière et à fréquenter des lacs au milieu desquels il sait trouver, parmi les joncs des îlots, les nids de certains oiseaux aquatiques à la chair fraîche et parfumée. Ces jours-là, on fait gala. Le menu quotidien n'est pas toujours aussi recherché. A l'ordinaire, il se compose de rats et de divers autres petits animaux au nombre desquels le lièvre ne demeure pas étranger. Pauvre lièvre ! que de dévorants le cherchent et le croquent, lui toujours si inoffensif, si disposé à vivre en paix avec tous !

Bien qu'il habite les contrées les plus froides du globe, l'isatis ne se tient pas dans les vastes forêts de pins qu'on y rencontre, mais dans les parties découvertes et accidentées. Ses terriers sont étroits et profonds, tapissés de mousse et très-propres. On dit qu'il s'accouple en mars, sans raconter comment les choses se passent, ni quels en sont les préliminaires. Je suis bien sûr qu'en y regardant — avant, pendant et après — l'observateur ferait ici bonne provision d'intéressantes remarques, car bien décidément l'isatis n'est pas à tous les autres pareil. Écoutez plutôt ce qu'en rapporte M. Boitard; son récit ne manque pas d'originalité. Lisez-le donc, je me borne à le transcrire. Il nous pose en face de la chasse que l'homme lui donne pour s'emparer de sa fourrure, très-précieuse et conséquemment très-recherchée.

« S'il arrive à un chasseur, dit-il, de prendre un ou deux très-jeunes isatis, il les apporte à sa femme qui les allaite et les élève jusqu'à ce que leur fourrure puisse être vendue. Les voyageurs prétendent qu'il n'est pas rare de trouver de pauvres femmes qui partagent leur lait et leurs soins entre leur enfant et trois ou quatre renards bleus. La portée des femelles est composée de sept ou huit petits. Les mères blanches font leurs petits d'un gris roux en naissant, et les mères cendrées font les leurs presque noirs. Vers le milieu du mois d'août (à trois mois environ) ils commencent à prendre la couleur qu'ils doivent conserver toute leur vie. En septembre, ceux qui doivent être blancs sont déjà d'un blanc pur, excepté une raie sur le dos et une barre sur les épaules, qui noircissent encore; on les nomme alors *krestowiki* ou *croisés*. En novembre, ils sont entièrement blancs; mais leur pelage n'a toute sa longueur, tout son prix, que depuis décembre jusqu'en mars. Les gris prennent leur couleur plus vite; ce sont

les plus précieux, surtout quand cette couleur est d'un gris
ardoisé tirant sur le bleuâtre. La mue commence en mai et
finit en juillet. A cette époque, les adultes ont la même livrée
que les nouveau-nés de leur couleur, et ils parcourent des
phases de coloration absolument semblables. »

A tout ce qui regarde le pelage, je n'ai rien à dire; mais
l'histoire de ces petits bleus allaités par les femmes de chasseur de l'isatis, je la donne sous toutes réserves en en laissant
la responsabilité à son auteur, M. Boitard. La précaution peut
avoir son bon côté. Cependant je ne saurais ni affirmer, ni
nier, moi qui n'ai rien vu. Je me conforme seulement à la
prescription du sage : dans le doute, abstiens-toi.

En nommant tous ces renards — espèces ou variétés, —
en battant tous les buissons où je pouvais les rencontrer, il
en est un autour duquel j'ai tourné sans y entrer et, conséquemment, sans en faire sortir l'occupant. Celui-ci n'est
autre, pour nous, que le *primus inter pares*; c'est le renard
commun de l'Europe, le nôtre, dont il est bien temps que
je dise les us et coutumes, les instincts et la manière de
faire. Le prenant pour type, ce que je dirai de lui s'appli-
quera de même à tous en dehors des excentricités ou des
exceptions que, par précaution et préventivement, je viens
de signaler avant d'aborder le cœur même du sujet.

Bien que je l'aie déjà montré dans la figure 43, je crois
devoir le présenter une fois encore dans un dessin plus
grand, sinon plus correct, pour les parties antérieures du
corps. Cette physionomie attentive, cet air méditatif, cette
expression plus réfléchie que triste, donne sérieusement à
penser à qui les examine et les observe. Tout l'animal est
là, et les physionomistes en savent assez lorsqu'ils l'ont
bien dévisagé.

Pour les autres, pour ceux à qui cette connaissance n'est pas
familière, il y a la magnifique étude de Buffon. Il faut la lui
emprunter, sous peine de rester fort au-dessous de la vérité.

Voici donc de notre grand naturaliste la page éloquente
consacrée à maître Renard.

« Il est, dit-il, fameux par ses ruses, et mérite en partie
sa réputation; ce que le loup ne fait que par la force, il le

Fig. **53**. — Le renard à l'affût.

fait par adresse, et réussit plus souvent. Sans chercher à combattre les chiens ni les bergers, sans attaquer les troupeaux, sans traîner les cadavres, il est plus sûr de vivre. Il emploie plus d'esprit que de mouvement, ses ressources semblent être en lui-même : ce sont, comme l'on voit, celles qui manquent le moins. Fin autant que circonspect, ingénieux et prudent, même jusqu'à la patience, il varie sa conduite, il a des moyens de réserve qu'il sait n'employer qu'à propos. Il veille de près à sa conservation : quoique aussi infatigable, et même plus léger que le loup, il ne se fie pas entièrement à la vitesse de sa course; il sait se mettre en sûreté en se pratiquant un asile, où il se retire dans les dangers pressants, où il s'établit, où il élève ses petits : il n'est point animal vagabond, mais animal domicilié. Cette différence, qui se fait sentir même parmi les hommes, a de bien plus grands effets, et suppose de bien plus grandes causes, parmi les animaux. L'idée seule du domicile présuppose une attention singulière sur soi-même; ensuite, le choix du lieu, l'art de faire son manoir, de le rendre commode, d'en dérober l'entrée, sont autant d'indices d'un sentiment supérieur. Le renard en est doué, et tourne tout à son profit : il se loge au bord des bois, à portée des hameaux; il écoute le chant des coqs et le cri des volailles, il les savoure de loin, il prend habilement son temps, cache son dessein et sa marche, se glisse, se traîne, arrive, et fait rarement des tentatives inutiles. S'il peut franchir les clôtures, ou passer par-dessous, il ne perd pas un instant, il ravage la basse-cour, il y met tout à mort, se retire ensuite lestement en emportant sa proie, qu'il cache sous la mousse, ou porte à son terrier; il revient quelques moments après en chercher une autre, qu'il emporte et cache de même, mais dans un autre endroit, ensuite une troisième, une quatrième, etc., jusqu'à ce que le jour ou le mouvement dans la maison l'avertisse qu'il faut se retirer et ne plus revenir. Il fait la même manœuvre dans les pipées et dans les boqueteaux où l'on prend les grives et les bécasses au lacet; il devance le pipeur, va de très-grand matin, et souvent plus d'une fois par jour, visiter les lacets, les gluaux, emporte successivement les oiseaux qui se sont empêtrés, les dépose tous en différents endroits, surtout au bord des chemins, dans les ornières, sous de la mousse, sous un genévrier, les y laisse quelquefois deux ou trois jours, et sait parfaitement les retrouver au besoin. Il chasse les jeunes levrauts en plaine, saisit quelquefois les lièvres au gîte, ne les manque jamais lorsqu'ils sont blessés, déterre les lapereaux dans les garennes, découvre les nids de perdrix, de cailles, prend la mère sur les œufs, et détruit une quantité prodigieuse de gibier. Le loup nuit plus au paysan; le renard nuit plus au gentilhomme, » c'est à dire au sportsman.

La façon dont il chasse le lièvre, coureur forcené de nos bois et de nos plaines, mérite d'être constatée. Pour en avoir raison, il s'associe à l'un de ses pareils et les deux font cause commune : ensemble à la peine, ensemble ils seront à la curée, à cette douloureuse rémunération d'un travail partagé.

Voici donc chose arrangée. Deux larrons se sont entendus; ils savent où gît celui qu'ils vont lancer pour leur déjeuner, à moins que ce ne soit pour leur souper. Chacun a son rôle à jouer; ils se séparent et se perdent peu de vue.

L'un va s'embusquer sous bois, au bord du chemin indiqué et, là, demeure coi, attendant patiemment, — ne bougeant pas plus qu'un terme, — le moment où il pourra utilement donner. L'autre, son acolyte et son compère, se met lestement et silencieusement en quête, besogne désormais facile, lance la bête de chasse et la poursuit avec vigueur en donnant de temps en temps de la voix pour tenir exactement informé le camarade qui est là-bas aux écoutes et aux aguets. Le lièvre détale; il a compris le jeu, qui n'est pas un simple badinage; devant ce poursuivant enragé, il ruse comme il le ferait devant les chiens. Mais le renard déjoue adroitement les combinaisons variées de sa savante stratégie; il se tient habilement sur ses traces et manœuvre si bien qu'il le force à passer dans le chemin près duquel son compagnon assermenté s'est mis en embuscade. Dès que le malheureux lièvre est à sa portée, celui-ci vivement s'élance et le happe. L'autre chasseur arrive sans se faire attendre, et tous deux mangent fraternellement ce morceau de roi.

Quelquefois, cependant, le lièvre échappe. C'est une rareté, mais il n'est si bon cheval qui ne bronche. L'affûteur donc peut manquer son coup. Dans ce cas, surpris lui-même de sa malechance, tandis qu'il se croyait si sûr du coup, il ne lui vient même pas à l'esprit de courir après le lièvre. Il reste saisi de sa maladresse; mais cela ne dure qu'un instant. Se ravisant alors, et comme s'il voulait se rendre compte de sa mésaventure, il revient au poste qu'il occupait et s'élance de nouveau dans le chemin. Ce n'est point assez; il y retourne pour s'élancer encore et plusieurs fois recommence : *fit fabricando faber.*

Sur ces entrefaites paraît l'associé. A l'absence du lièvre, qui court toujours et cette fois fait la nique aux deux confrères, l'arrivant devine vite ce qui est advenu. C'est lui qui n'est ni content ni satisfait; la moutarde lui monte au nez et, avant toute explication, il se jette sur l'imbécile ou le maladroit qui n'a pas réussi, et lui administre quelques horions en vue de lui faire entrer, suivant une locution vulgaire, le métier dans le ventre.

Ceci fait, l'association est rompue; mais qui a travaillé ou s'est battu n'a pas pour cela déjeuné ou soupé. Les ex-compères, talonnés de plus belle par la faim, tirant chacun de son côté, vont se remettre individuellement en quête et chasser chacun pour son propre compte.

Qui donc a dit : la sobriété est la garantie la plus solide de la santé? Chez l'homme, la tempérance dans le boire et dans le manger peut être une vertu domestique par opposition aux excès que commettent les ivrognes, les goinfres, les goulus et les gloutons, tous ceux de la famille à Gargantua; mais si les bêtes dont je dis les gros appétits à chaque page de ce livre ne sont pas intempérantes, il ne faut pas les faire sobres, car toutes, moins les léporinés, mangent beaucoup et coûtent cher à ceux aux dépens de qui elles vivent. Au nombre des plus exigeants est le renard; il a l'estomac vorace et point ne se contente de peu. Aussi mange-t-il de tout, et de tout avec une égale avidité. Heureusement pour nous, il ne peut trouver à satisfaire son colossal appétit qu'en s'établissant au milieu des montagnes et des forêts voisines des plaines cultivées.

Là au moins, il trouve par masses et quantités les rats et les mulots, les serpents, les lézards, des crapauds, quelques autres encore dont il fait, à notre avantage, son pain quotidien.

Nous lui devrions de grandes actions de grâces à ce glouton s'il s'en tenait au menu que je viens de détailler en partie, s'il se contentait de ce beau pain blanc de chaque jour ; mais la bête n'est pas seulement gourmande, elle est friande par surcroît. Or, pour satisfaire à des besoins plus recherchés, elle court à d'autres approvisionnements et réussit à pourvoir son garde-manger de plus fins morceaux, de victuailles plus choisies. On la voit donc, lorsqu'elle a fantaisie de faire bombance, se ruer sur les petits du cerf ou sur ceux du chevreuil, sur les lièvres et les lapins, sur les faisans et les perdreaux. Ce sont là pièces de résistance, mais il a pour hors-d'œuvre la grenouille, divers scarabées, des limaçons fin-gras, et, pour dessert, le miel des abeilles, les fruits les plus mûrs, à commencer par les fraises et les framboises et surtout les raisins, quand ils ne sont plus trop verts, ou, à son dire, bons seulement pour des goujats. En carême, il s'attaque au poisson et aux écrevisses. En d'autres saisons, et par manière de passe-temps, je suppose, il détruit hannetons et sauterelles qui ne sont ni mets d'apparat ni chère lie ; mais on fait souvent comme on peut, bien plus que l'on ne fait comme on voudrait. Quatre-temps, vigile et jeûne ne sont pas absolument inconnus aux renards. Les jours où donne abondamment la marée, tout est bien et tout va bien : on s'élargit la panse et on lâche la ceinture ; les jours où elle manque, on ne se passe pas, à l'instar du grand Vatel, à travers le corps une longue épée que l'on n'a pas, mais on se serre philosophiquement le ventre, sans mot dire.

> N'homé d'esprit
> Faï plo dé méimo,
> Nécessita
> Faï no vertu
> (Per vonita
> Bién éntendu) (1).

(1) Un homme d'esprit ne ferait pas autrement de nécessité vertu, par vanité, bien entendu.

Je reviens à l'étude de Buffon, qui continue ainsi :

« Le renard a les sens aussi bons que le loup, le sentiment plus fin, et l'organe de la voix plus souple et plus parfait. Le loup ne se fait entendre que par des hurlements affreux; le renard glapit, aboie, et pousse un son triste, semblable au cri du paon; il a des tons différents selon les sentiments différents dont il est affecté; il a la voix de la chasse, l'accent du désir, le son du murmure, le ton plaintif de la tristesse, le cri de la douleur, qu'il ne fait jamais entendre qu'au moment où il reçoit un coup de feu qui lui casse quelque membre, car il ne crie point pour toute autre blessure, et il se laisse tuer à coups de bâton, comme le loup, sans se plaindre, mais toujours en se défendant avec courage. Il mord dangereusement, opiniâtrément, et l'on est obligé de se servir d'un serrement ou d'un bâton pour le faire démordre. Son glapissement est une espèce d'aboiement qui se fait par des sons semblables et très-précipités. C'est ordinairement à la fin du glapissement qu'il donne un coup de voix plus fort, plus élevé, et semblable au cri du paon. En hiver, surtout pendant la neige et la gelée, il ne cesse de donner de la voix, et il est au contraire presque muet en été. C'est dans cette saison que son poil tombe et se renouvelle; l'on fait peu de cas de la peau des jeunes renards ou des renards pris en été. La chair du renard est moins mauvaise que celle du loup; les chiens, et même les hommes, en mangent en automne, surtout lorsqu'il s'est nourri et engraissé de raisins, et sa peau d'hiver fait de bonnes fourrures. Il a le sommeil profond; on l'approche aisément sans l'éveiller : lorsqu'il dort, il se met en rond comme les chiens; mais, lorsqu'il ne fait que se reposer, il étend les jambes de derrière et demeure étendu sur le ventre : c'est dans cette position qu'il épie les oiseaux le long des haies. Ils ont pour lui une si grande antipathie, que, dès qu'ils l'aperçoivent, ils font un petit cri d'avertissement : les geais, les merles surtout, le conduisent du haut des arbres, répètent souvent le petit cri d'avis, et le suivent quelquefois à plus de deux ou trois cents pas. »

Un animal aussi bien doué connaît l'amour et s'y livre avec sensualité à tout le moins une fois l'an. C'est sa façon de solenniser le retour du printemps. Il s'y prend un peu à l'avance, afin que ses petits jouissent des premiers beaux jours de la saison nouvelle. Il célèbre ses épousailles vers le commencement de février, mais sa commère portera ses petits pendant neuf semaines et les renardeaux n'ouvriront les yeux à la lumière qu'une quinzaine de jours après celui de la naissance. Voilà qui donne au blond Phébus tout le temps voulu pour arriver resplendissant, plein d'éclat et de chaleur.

A l'heure du berger, la femelle se conduit un peu à la manière de la chienne. Elle exhale en plein air ses parfums qu'aspirent délicieusement les mâles du quartier. Par l'odeur alléchés, par un ardent désir attirés, ceux-ci interrompent la promenade commencée, suspendent tout projet de maraude et, s'annonçant par des cris rauques qui rappellent ceux du paon en amour, ils viennent de points divers en convergeant vers le lieu où, coquettement installée, la belle attend, riche de promesses et d'ardeurs. Elle ne se livre pas au premier venu; elle ne sera pas au premier occupant; elle a l'œil exercé, elle examinera tout à loisir, se fera suivre, saura par qui et comment elle sera disputée par ses rivaux en instance; puis, son choix arrêté, le plus souvent elle emmènera chez elle l'amant agréé, l'époux de l'année. Lorsque le galant est des plus pressants, si la nuit est souriante, si tout est calme autour de ce couple énamouré, le mariage pourra s'accomplir chemin faisant, à la face du ciel. Ce n'est pas l'ordinaire. En gens qui se respectent, en sybarites accomplis qui détestent autant le dérangement qu'ils adorent leurs aises, renard et renarde s'en vont amoureusement, coquetant, minaudant, et tout doucement se glissant vers le logis de madame où tout a été soigneusement préparé en vue de la fête du jour. Aux doux propos alors succède l'action et s'accomplit bientôt dans toutes les formes voulues l'acte suprême. On peut croire qu'il a fait deux heureux; n'allons pas nous inscrire en faux contre cette bonne pensée. Il est si doux de supposer qu'on a pu être père ! Il y a tant de satisfaction à s'avouer que bientôt on allaitera et dorlotera de chers nourrissons, fruits de ses entrailles, objets d'une vive et bien légitime tendresse, réminiscence aussi d'un amour partagé, de jouissances passées mais qui, vienne le renouveau, pourront revivre dans leur inéluctable ardeur.

La demeure du renard, j'ai déjà eu occasion de le dire en parlant de quelque autre bête, est rarement construite par lui. Plus fainéant que laborieux, ce beau sire aime à déloger meilleur ouvrier que lui et notamment le blaireau, ce fouilleur puissant, et habile à bien faire le gros œuvre de son émule en goinfrerie. Mais s'il aime à trouver toute faite la plus grosse besogne, maître renard ne répugne pas à mettre la dernière main au travail. Quand donc il s'est traîtreusement emparé de la maison d'un autre, qu'il sait devoir être à sa convenance, il se met en devoir de l'approprier à sa situation. Il veut avoir toutes ses aises et s'applique à cette fin. Il modifie donc la chose à son gré et en fait artistement terrier de petit maître, logis confortable, terrier de renard enfin.

Celui-ci présente trois pièces, savoir : la *maire*, c'est-à-dire une antichambre, une manière d'observatoire placé tout près de l'entrée et dans lequel s'arrête pendant quelques instants l'animal disposé à sortir. Pour de la prudence, celui-ci en a plus que pas un assurément; sa devise vous est connue : méfiance est mère de sûreté, a-t-il dit le jour même où il a été créé et mis au monde; or il y reste fidèle. Avant donc de montrer son nez au vent, de l'œil il explore les environs; il écoute attentivement et ne passe qu'à bon escient le seuil de sa porte. L'attention redouble et s'exalte lorsqu'il s'agit pour la maman d'amener, tout jeunes, ses renardeaux à faire connaissance avec le grand jour. Il entre dans ses vues de leur donner la jouissance paisible des bienfaisantes influences de l'air extérieur et des tièdes rayons du soleil printanier. Pour que tout cela ait lieu comme elle l'entend, elle prend bien ses précautions contre toute désagréable surprise. C'est à cela que sert la *maire*, l'observatoire en question. C'est aussi le lieu aux écoutes pour l'animal qu'on enferme. Celui-ci demeure là, sans bouger, jusqu'à ce qu'il soit exactement renseigné sur les méchants desseins de ceux qui le poursuivent et contre qui il s'agit de défendre énergiquement sa peau.

A la suite vient la *fosse*. C'est tout à la fois le lieu de dépôt des vivres et la salle à manger. Tous les produits d'une savante et laborieuse recherche, gibier, volaille, fruits, que sais-je ? à l'usage des petits, dont les repas doivent toujours être assurés, sont déposés là, en ordre, pour être partagés entre tous et régulièrement servis aux heures de la faim que l'estomac sonne avec une régularité plus grande ou plus sûre qu'on ne l'obtient de toutes les horloges les plus perfectionnées et les mieux réglées. A l'œuvre on connaît l'artisan. Quiconque a vu renardeaux à table sait à quoi s'en tenir sur l'appétit de ces messieurs. Tordre et avaler, telle est la mode des petits et des grands. C'est bien pour croître et embellir, c'est au mieux pour se tenir plus tard bien en point; mais de pareilles exigences coûtent cher aux pourvoyeurs patentés de semblables dévorants. La fosse a toujours plusieurs issues, deux tout au moins.

La troisième et dernière pièce de ce confortable appartement est l'*accul*. Ainsi que le dit son nom, celui-ci forme le fond du terrier. C'est la chambre à coucher, le lieu de repos. L'animal y dort paisible, loin du bruit et de l'agitation. La femelle pleine n'en sort guère que par nécessité. Après avoir doucement pensé, là, aux joies de la maternité, elle accouchera silencieusement, et, toute émue, y allaitera ses petits. Là aussi elle leur donnera les premiers éléments de l'éducation nécessaire à tout rejeton de bonne maison. L'enseignement profite bien à tous, car nulle part ne se fait sentir l'amoindrissement des moyens ou des puissantes facultés de l'espèce. Celle-ci a sans doute ses illustrations, mais les moins élevés sur l'échelle sont encore passés maîtres. On peut parler de la grandeur de cette race : dans son histoire, déjà bien longue, on ne trouvera ni un fait ni un témoin accusant la décadence. On est tout à la fois moins heureux et moins grand parmi les hommes.

Le terrier n'est presque qu'un en-cas pour maître renard. En dehors du temps pendant lequel la femelle se trouve dans une position intéressante, en dehors par suite des jours consacrés à l'élevage et à l'éducation d'une nouvelle famille, l'habitation est plus souvent vide qu'occupée. Le propriétaire passe volontiers la journée à dormir dans quelque fourré d'élection, pas trop éloigné du lieu qu'il projette de visiter prochainement. Il y a par là quelque bonne aubaine en perspective ; il est bon d'en connaître toutes choses, afin d'en éviter le fort au profit du faible. Lui, le renard, qui ne se laisse pas aisément surprendre, est néanmoins la bête aux surprises. Il y a du Prussien dans ce cerveau-là autant qu'il y a du renard dans toute tête de Prussien. Donc, garde à vous ! vous tous qui avez besoin de vous garder. L'ennemi est là qui veille, et qui veille d'autant mieux qu'il a plus l'air de sommeiller. A renard, renard et demi, qu'il soit de Gascogne, de Normandie, ou d'outre-Rhin, et particulièrement de Prusse.

Si, le jour, il dort en apparence et en réalité, il est presque constamment debout pendant la nuit. C'est monsieur de mille affaires, bien qu'au fond il n'en ait qu'une, celle de la chasse ou du bien vivre. Il se met en route à la brune et ne détèle qu'après le lever du soleil. Le gaillard est bâti en force et résiste crânement à la fatigue. Méthodique et sagace, il ne se presse pas au commencement ; mais si la chance ne lui a pas été des plus profitables, son action redouble avec son ardeur à mesure que la nuit avance et que le jour est moins éloigné.

Ceux qui pourraient le suivre sans en être aperçus, tandis qu'il est à la maraude, assisteraient à un curieux spectacle. Ils le verraient ramper comme un Peau-Rouge, se glisser sans faire le moindre bruit, en retenant sa respiration, se raser dès qu'une proie se découvre, puis attendre, plein d'espérance, que le moment soit venu de bondir hardiment sur elle pour s'en emparer. Il y a dans tous ses faits et gestes une combinaison de ruses si variées, tant de marches et de contremarches, savamment menées, que le chasseur le plus expérimenté n'imaginerait rien de plus sûr : à la place de chasseur, écrivez braconnier ; ce sera plus exact encore, car le braconnier serait capable, je le crois, d'en remontrer au renard. En cet ordre d'idées, l'homme de la chasse furtive est au deuxième larron ce qu'est à Dieu un huissier. Cet aimable justicier de l'enfer, on l'assure du moins, attraperait le diable en personne : d'aucuns assurent qu'au jugement dernier il attrapera — pour sûr — le Père éternel ; passe encore si ce n'est au détriment d'un autre.

Je n'ai pas été complétement équitable à l'endroit du mari de
dame renarde en laissant supposer qu'au lendemain des noces il quittait sans plus de souci la mariée. Il a plus de cœur
que cela et ne la délaisse ni autant ni aussi vite. Il prend
charge d'enfants sans renier la mère. Pendant la première
quinzaine qui suit l'accouchement, c'est lui qui pourvoit en
totalité aux besoins de la nourrice, lesquels par contre-coup
sont ceux des petits affamés, au nombre de trois à six, qui la
sucent à outrance. Mais dès que le jour des relevailles a lui, la
maman reprend ses sorties nocturnes et de plus bel son métier de chasseresse intelligente et dévouée pour son propre
compte d'abord, charité bien ordonnée commençant toujours
par soi, même chez les renards, et bientôt aussi au profit de
la marmaille, car à celle-ci ne suffira pas longtemps seul le
lolo de la bonne nounou. Mais elle ne connaîtra de la faim
que le plaisir. Toujours à point se trouveront là, à son intention, quelques tendres lapereaux, de jeunes et savoureux
levrauts enlevés par l'amour maternel à l'affection mater-
nelle, ou quelqu'autres petites bêtes grassouillettes, voire de
jolis oiseaux élevés avec sollicitude à toute autre fin. Ce sont,
on le voit, tous morceaux bien choisis, toutes viandes déli-
cates de nature à former de bonne heure le goût des petits
chérubins. L'attention de la mère s'élève encore plus haut;
car celle-ci fait en sorte d'apporter, chaque jour, quelque
proie vivante qui servira aux premières leçons de carnage,
exercice plein de charme pour ces petits amours qui s'y livrent avec une *furia* fort satisfaisante pour leur aimable institutrice. Avides d'apprendre, bientôt les jeunes excellent
dans leur art. La mère est rassurée sur l'avenir de chacun et
de tous; ils ne dérogeront pas, ils feront de fins matois. Du
reste, ils accomplissent leurs évolutions et leurs actes avec
une grâce qui enchanterait les plus indifférents. Il faut avoir
eu la bonne fortune de les apercevoir — une fois — gros
comme de petits chats, se glissant hors du terrier, aux heures
où les parents reviennent chargés de friandise, pour se faire
une idée de leur gentillesse et de leurs joies enfantines. De
loin, ils sentent le retour des pourvoyeurs et ne se mettent
point en retard. Ils viennent donc de compagnie jusqu'au

seuil de la demeure, et sortent un à un, à la queue leu leu, avec plus de précaution que d'étourderie, et s'ébattent sur le sable ou sur le gazon, au grand air qui aiguise encore leur appétit. Cette agréable manœuvre se renouvelle trois fois par jour, le matin, vers midi et le soir.

Il ne saurait y avoir prise pour l'ennui parmi des gens auss occupés. Je n'ai jamais ouï dire, en effet, que renards — petits ou grands, jeunes ou vieux — restés libres sous la belle loi de nature, aient éprouvé un moment cette lassitude ou cette langueur d'esprit toute particulière qui fait tant de ravage, au contraire, parmi d'autres créatures du bon Dieu, et que nous, les hommes, nous, les « rois » de la création, avons appelée de ce vilain nom — l'ennui. Il n'en est plus de même, par exemple, du renard fait prisonnier et tenu en captivité dans un coin, dans un prétendu terrier organisé au fond d'une cour, si heureusement ou si pittoresquement placée qu'elle soit. Pour celui-là, on peut le dire en toute vérité, il s'ennuie royalement, ce qui est le *nec plus ultra* du genre. Tout rusé qu'il soit, il ne prend aucun souci de cacher sa tristesse; tout philosophe qu'il se montre en maintes circonstances, il ne se met point au-dessus d'une situation qui demeure intolérable à ses yeux; il est le jouet de la nostalgie, mal affreux causé par la servitude qu'il subit, maladie qu'entretient ou aggrave le désir de revoir les champs, la forêt, et de courir à sa guise par monts et par vaux. Que voulez-vous? il a plus que le besoin de la liberté, ce bon apôtre, cet ami de l'espace et du bel air à pleins poumons; il en a le préjugé.

Toute conviction est respectable. En ce grand seigneur de l'indépendance, saluons l'amant sincère et fervent du libre arbitre, et disons, par exemple : foin de la servitude! d'où qu'elle vienne; au diable les despotes sous quelque peau qu'ils se cachent!

Comme pour le sapeur de la chanson, rien n'est sacré pour le naturaliste près de qui il faut placer l'amateur ou le curieux et l'excentrique, des sortes à nulles autres pareilles. Excentriques, curieux et naturalistes se sont donc parfois évertués à prendre de jeunes renardeaux et à les élever à la brochette, ceux-ci pour faire des études de mœurs, ceux-là

« pour rien, » par désœuvrement, « pour voir ». Les uns et les autres ont trouvé qu'ils ont l'odeur terriblement forte, si forte et si peu supportable qu'il y a impossibilité de tenir les bêtes à portée d'une observation facile ou permanente, qu'il y a nécessité de les reléguer à distance en un lieu d'où leur puanteur ne puisse plus incommoder. Cet éloignement forcé de l'éducateur est par lui-même une cause d'insuccès dans toute tentative d'apprivoisement. En dehors d'elle, cependant, l'entreprise est si malaisée qu'elle échoue constamment.

Dès l'âge de cinq à six mois, les renardeaux adoptés par Buffon couraient après les habitants de la basse-cour, poules et canards, de la façon la plus inquiétante; il fallut les enchaîner, pauvre moyen d'amadouer et de civiliser les gens. Aussi en sacrifia-t-on plusieurs. Ceux que l'on conserva n'oublièrent pas les affaires du sentiment. Un mâle et une femelle s'unirent par les liens les plus doux; quatre petits virent le jour en captivité. En dépit des charmes de la liberté, le mariage s'était accompli, à la lettre, dans les fers, les époux étant l'un et l'autre à la chaîne. La remarque a son importance, car les bêtes enchaînées, âpres à la curée lorsqu'on les rendait accidentellement à la liberté, respectaient toutes volailles vivantes dès qu'on les remettait aux fers, même après avoir supporté un long jeûne. La poule qu'on laissait près d'eux, durant une longue nuit, n'avait rien à redouter de leur voracité suspendue; elles la regardaient sans doute, mais elles n'y touchaient point. Étrange, n'est-ce pas?...

M. B.-H. Révoil n'a pas, mieux que Buffon, réussi à apprivoiser les renards; il ne croit même pas à la possibilité du succès. « J'ai entendu conter, écrit-il à quelques-uns de ces savants chasseurs qui savent tout.... et ont tout vu, comme le solitaire de M. d'Arlincourt, que les renards s'apprivoisaient aisément. Je déclare ici, *de visu et habitudine,* avoir souvent essayé, dans mon jeune âge, à élever de jeunes renardeaux, apportés au logis paternel par des bergers qui les avaient déterrés, et n'avoir jamais réussi qu'à donner mes soins à..... des voleurs : le naturel revenait toujours, et j'étais obligé de me débarrasser de ces misérables, indignes de mon attachement. »

Beaucoup d'autres ont obtenu les mêmes mécomptes; ceux-ci sont le fait général, le résultat auquel doivent aboutir ceux qui s'engageront dans la même voie. Inutile par conséquent d'insister ; mais on me permettra de rapporter le trait ci-après, qui présente la chose sous un jour un peu différent. Il faut bien une variante à ce thème. Si c'est une nécessité, Je m'y conforme, en passant la parole à l'auteur, M. L. Albert.

« J'ai élevé, en 1866, dit-il à la page 364 du tome Ier de *la Chasse illustrée,* un petit renard qui s'accommodait parfaitement de la compagnie de deux jeunes chiens courants que j'élevais en même temps.

« Aussitôt que le renard voyait approcher ses deux amis, il se mettait à pleurer à la manière des petits chiens, se roulait en calinant à leurs pieds, et les jeux commençaient.

« Quatre vieux chiens courants que j'avais à cette époque s'étaient habitués aussi à caresser mon élève, et lorsque celui-ci leur mordillait les pattes ou la queue, ils se contentaient de le repousser du nez.

« Un jour que je faisais admirer la gentillesse du jeune renard à un de mes amis, l'ingrat me mordit au bras ; bien entendu, mon ami se prit charitablement à rire... C'était nature, pas vrai ?

« Plus vexé pourtant de ce rire incongru que de la morsure, je calottai impitoyablement mon renard, qui fit un bond et m'échappa pour se réfugier sous un tas de bois, d'où je ne pouvais le faire sortir, quelques moyens que j'employasse.

« Au bout de quelques instants, fatigué des vains efforts que nous avions faits pour le reprendre, mon ami m'insinua de lâcher mes chiens sur la bête, ce à quoi je consentis d'autant plus volontiers que toute ma famille se plaignait de l'odeur infecte de mon élève.

« Je lâchai donc les chiens en les excitant ; mais, à la grande joie de mon ami, le renard sortit de son refuge et s'avança, en frétillant de la queue et en pleurant, au-devant des chiens ébahis.

« J'eus pitié de la pauvre bête et je résolus un instant de la sauver, mais mon ami riait toujours avec sa grande diablesse de bouche qui ressemblait à un piano entr'ouvert... L'amour-propre étouffa la pitié, et puis ma morsure me cuisait un peu. Je le fis tuer.... au grand désespoir de mes petits chiens qui perdaient un compagnon assidu de leurs jeux; je crois même qu'ils portent encore son deuil. »

Dans ce récit, convenez-en, il y a du renard, du chien et de l'homme, de la ruse, du bon enfant, et de la vanité. *Suum cuique;* à chacun son lot, sa nature, son caractère. Le renard s'était fait aimer de ceux dont il pouvait avoir tout à redouter un jour; il est bon, se disait-il, d'avoir des amis partout, même en enfer, et prudemment il s'était conformé à cette recommandation de la suprême sagesse. Les petits chiens, joueurs faciles, joueurs toujours, partout et quand même, n'avaient point vu en ceci plus loin que le bout de leur nez : pour le moment, ils s'ébattaient sans penser à mal, sans souci du lendemain, sans chercher à reconnaître d'où leur arrivait tant de joie, de qui venaient ces bonnes parties et ces divertissements enfantins. L'homme — le maître — avait mis quelque gloire, un certain orgueil, voulais-je dire, à dompter un sauvage, à apprivoiser un réfractaire, à supporter un puant, à faire entrer la soumission dans l'esprit d'un indépendant à tous crins. Et bonnement il se croyait déjà vainqueur lorsque très-inopinément se produisit un témoignage à l'envers.... Une bonne âme se trouve là pour rire de la mésaventure. L'amour-propre s'en irrite; pareille blessure est souvent mortelle. La chose criait vengeance; l'homme s'est vengé : « l'honneur » est satisfait. L'honneur est satisfait, j'en conviens; mais est-il sauf? je ne crois pas. La langue française n'a pas de ces synonymes.

Me voilà bien loin des renardeaux dont j'écrivais l'histoire; j'y reviens.

Sous l'influence de la bonne chère, les drôles croissent assez vite; ils prennent tout au moins assez rapidement des forces pour accompagner père et mère dans leurs excursions nocturnes. A peine ont-ils atteint la moitié de leur croissance qu'ils se mettent en campagne et s'essaient à la chasse dont, par intuition, ils possèdent les premiers éléments. Au surplus, les conseils ne leur feront pas défaut. Tout ce qu'ils ne savent pas encore leur sera enseigné *ex professo*, et les leçons, je vous l'atteste, ne tombent pas dans oreilles de sourds. Elles sont attentivement écoutées, bien retenues et admirablement mises en application. Au commencement, quand n'est pas encore venu l'âge des fatigues, si le soleil brille au firmament, les petits s'allongent paresseusement au beau milieu d'un champ de blé ou dans une taille exposée aux bienfaisants rayons de l'astre du jour. En cette situation calme et tranquille ils hument le bon air et patiemment attendent l'occasion de faire montre de savoir et d'habileté.

Dès que l'automne arrive, jeunes et vieux se séparent. A supposer que ceux-ci aient par aventure la fantaisie d'aller au loin, les autres restent peu éloignés et forment leurs petits établissements à petite distance du point qui les a vus naître.

Les jeunes n'atteignent toute leur croissance qu'à la fin de leur deuxième année, mais ils s'accouplent dès l'âge d'un an.

Je crains de n'avoir pas assez insisté sur l'infection que les renards répandent autour d'eux et dont la source vive, incessamment renouvelée, est dans l'odeur des excréments de la bête. Celle-ci, pour sûr, a conscience de la gêne ou plutôt de l'incommodité qu'elle inflige à ceux à qui parviennent ces renversantes senteurs, et cette connaissance lui est parfois un moyen, un stratagème plutôt, une ressource sans seconde. Bêtes et gens les craignent comme le feu : ce n'est pas sans raison, car ces senteurs donneraient la chair de poule à un mort.

M. le comte d'Amezeuil raconte quelque part, dans *la Chasse illustrée*, si je ne me trompe, que, chassant en société d'une manière suivie le renard, je ne sais plus où, la bande joyeuse des veneurs avait fait élection, pour l'affût, d'une certaine cabane admirablement assise sur l'un des côtés d'une prairie, avec deuxième ouverture sur le bois d'en face.

Un vieux renard reconnut l'embuscade. Celle-ci le gênait d'autant plus que, de là, lui étaient déjà venus plus d'un coup de fusil. Il résolut à la neutraliser ; il jura d'en déloger coûte que coûte les chasseurs.

Pour tenir son serment, serment de renard ! que fit-il ?

Tous les jours, soir et matin, il vint simplement déposer ses ordures auprès de la cabane en avant de ses deux ouvertures alternativement, tantôt du côté du bois, tantôt du côté de la prairie. C'était à supposer que tous les renards du canton avaient été conviés à la fête dans l'intention malsaine de faire périr par asphyxie quiconque se hasarderait à pénétrer et à demeurer quelque peu dans la hutte. Les chasseurs ont parfois, très-prononcée, la bosse de l'obstination. Ceux qui venaient par là étaient des plus tenaces, mais ils ne purent résister plus de trois jours ; le quatrième ils y renoncèrent : ils étaient vaincus. Du côté du renard pourtant c'était de bonne guerre, et l'on peut croire qu'il eut beau rire. La ruse était de circonstance. Dans les cas d'aussi légitime défense, chacun utilise, au mieux de ses besoins, les armes dont il dispose, et vraiment on n'est pas un très-grand hère pour cela.

Celle dont je viens de parler est d'un emploi usuel chez la gent renarde. En parlant du hérisson roulé en boule, tous piquants hérissés, j'ai dit que, ne pouvant alors l'attaquer de la dent, son facétieux et rusé ennemi, maître renard, lui envoyait bonnement, sans plus se gêner, « un jet » qui tout aussitôt forçait l'autre à se détendre et le mettait à la disposition du mangeur. J'ai dit aussi, en m'occupant du blaireau, comment il s'y prend pour le contraindre à vider sa demeure, dont il s'empare aussitôt : c'est le même jeu que pour les chasseurs dont je viens de dire la déconvenue. Compère renard fait la reconnaissance exacte de toutes les ouvertures du beau terrier qu'il convoite, pénètre successivement dans chacune et y dépose ses ordures. Le procédé est ignoble, je ne le défends pas, mais il est infaillible ; celui qui en use, contrairement à toutes les règles de la bienséance, au rebours de toute notion du droit et de la justice, n'en demande pas davantage. Pour lui, qui veut la fin, viennent tout aussitôt les moyens. C'est de la logique à la façon des Guillaume et des Bismark de notre temps. Pourquoi n'avons-nous pas à mettre en ligne contre ces barbares des légions de cette espèce ? Pour les combattre à armes égales, il ne nous

manque que les deux cents renards armés jadis en guerre
par Samson contre les Philistins (1). Nous aurions plaisir,
qu'ils n'en doutent pas, à les voir fuir devant ces incen-
diaires improvisés comme ont fui devant eux, dans le passé,
ces Palestins fameux qui allaient, a officiellement constaté le
général en chef Samson, se poussant, se heurtant les uns les
autres, courant tous comme s'ils avaient eu le feu au..... oui,
quelque part . . . .

. . . .

. . . .

. . . .

Les gredins m'ont écarté de la voie que je suivais; je me
hâte d'y rentrer.

Lors donc que le renard a déposé son poison dans chacune des ouvertures du terrier du blaireau, il se met à l'é-
cart pour quelques instants, sûr qu'il est de ne pas longtemps faire, là, le pied de grue, et la canaille rit dans sa
barbe en attendant le tout prochain déménagement du lour-
daud qu'il n'aime point, mais à qui il dit avec une extrême satisfaction : Ote-toi de là, vieux, ôte-toi de là que je m'y mette;
ta demeure me plaît, fais vite que je m'installe; le temps
presse.

Le malheureux blaireau obéit à cette triste et violente
sommation. Littéralement asphyxié, dans l'impossibilité de
tenir une minute de plus au milieu de ces horreurs, le
pauvre diable s'échappe sans regarder derrière et maudis-
sant l'injustice du sort qui le frappe dans ses intérêts les
plus chers.... Le tour est joué; l'appartement est vide; le renard y pénètre; le voilà chez lui, *at home*.

Tout paysan qu'il paraît, le blaireau a des habitudes
d'exquise recherche. Jamais on ne rencontre la moindre souil-
lure ni dans son terrier ni dans les divers couloirs qu'il fréquente pour y arriver. Chambre à coucher, salon, dortoir
des enfants, tout est là de la plus grande propreté. Grands et
petits, ainsi le veut la règle de la maison, sont tenus, à

(1) J'écris ceci, fin septembre 1870, au moment de l'investissement complet de
Paris par les Prussiens et leurs aimables confédérés.

l'heure des nécessités, de se rendre aux cabinets d'aisance, relégués en un point reculé, spécialement aménagé pour l'objet. Nous avons déjà vu les choses ainsi disposées chez les marmottes, et nous pouvons bien dire que certains hommes, la majorité probablement parmi ces derniers, trouveraient à cet égard de bons exemples à suivre chez les marmottes et chez les blaireaux. Plus près de nous, sans doute, en dépit des infamies qu'ils commettent, les renards sont moins délicats......

Puisque, à propos de ceux-ci, je suis revenu au blaireau, veuillez, cher lecteur, me permettre de lui consacrer encore quelques lignes que je renfermerai dans une courte parenthèse. Le trait a sa bizarrerie; il intéresse le caractère du bonhomme qu'il présente, non plus comme un fieffé sauvage, mais comme une excellente pâte de carnassier des plus faciles à pétrir. « Sauvage comme un blaireau, » disent nos campagnards. Eh bien, non, répond M. le comte d'Amezeuil. Aucun animal, parmi ceux qui ne sont pas nos familiers, n'est plus susceptible de soumission ou d'apprivoisement, à condition, bien entendu, de le prendre jeune et de s'en occuper autant qu'il convient. « Il devient alors, dit expressément M. d'Amezeuil, d'une fidélité qui ne le cède en rien à celle du caniche. »

Voyons sur quel fait le spirituel veneur appuie l'assertion.

En chasse (on était plusieurs), on parvint à s'emparer d'une mère pleine. Sans trop de précaution, mais sans encombre, on la porta au pourpris; on la mit en cage et, pendant la nuit de ce jour fatal, elle donna naissance à trois petits. La pauvre captive, toute à sa progéniture, consentit à vivre pour elle tant qu'elle lui serait nécessaire. Donc, elle allaita avec sollicitude ses trois mioches. L'un d'eux était manifestement son Benjamin. L'amour maternel a parfois, sinon toujours, de ces mystérieuses préférences; ici, le fait était patent, mais les deux frères n'en avaient aucun souci. Ils poussaient à vue d'œil; l'autre, le plus choyé, se montrait plus délicat ou moins fort. Ceci pourrait bien expliquer le surcroît de tendresse de la maman...... Le chagrin minait cette dernière. On l'apprit à n'en pas douter, du jour où les petits purent se passer d'elle. Son parti fut vite pris ; refusant toute nourriture, elle se laissa littéralement mourir de faim. Son préféré ne lui survécut pas longtemps ; les deux sans souci n'y prirent garde et, sous l'influence d'un bon régime, grandirent naturellement en talent comme en grâce. On les baptisa ; ils reçurent des noms fameux : *Rémus* celui-ci, *Romulus* cet autre. On leur donna une instruction soignée à ces beaux fils. Ils en profitèrent à la grande satisfaction du professeur, pour qui ils eurent bientôt reconnaissance et poignée d'affection. Ils devinrent bons chasseurs : — *Rémus* pour le lapin ; *Romulus*, des deux le plus fort et le plus entreprenant, pour le renard.

Nos deux compagnons, dit M. d'Amezeuil, nous servaient à souhait, et nous tenaient lieu de furets et de bassets. — C'est merveilleux.

Cependant, tout pénible que soit l'aveu, il faut le faire, Rémus avait un goût tout particulier pour le lapereau. Jamais il n'aurait manqué d'en déjeuner ou d'en dîner lorsqu'il entrait dans un terrier habité. Mais on penche toujours du côté par où l'on doit tomber. Rémus est mort d'une indigestion ! Le drôle, un jour, avait pris plus que la mesure. On peut manger du lapereau, c'est sûr ; mais trop est trop, après tout ; n'en faut pas trop manger : retenons bien ceci.

Plus sobre ou moins friand de la chair du renard, Romulus chassait en conscience ce dernier et rarement le manquait. Il était beau à voir, soit qu'il poursuivît sa proie dans les entrailles de la terre, soit qu'il attaquât de front la bête. Il y déployait un rare sang-froid, un courage indomptable, une tactique intelligente et savante.

Mais tant va la cruche à l'eau qu'à la fin elle se casse. Romulus n'était pas immortel, il pouvait trouver plus fort que lui ou succomber au nombre malgré des prodiges de valeur. Ce fut son sort. Pendant une magnifique chasse, sa dernière, hélas ! il eut affaire, au fond d'un terrier, à deux énormes renards rouges. Quand on vint à son secours, il respirait encore auprès de ses victimes éventrées et déjà mortes, mais lui, le flanc ouvert et la gueule ensanglantée, n'avait plus qu'une étincelle de vie. A son nom, il entr'ouvrit encore une fois la paupière, poussa un faible gémissement, et puis ce fut tout. Romulus était un brave ; mort au champ d'honneur, il ne fut point vaincu ; même en tombant il fut vainqueur. Il porta dignement son nom : toujours noblesse oblige.

Il faut en finir avec ces infectes senteurs du renard ; elles ont donné lieu à tant de récits, contes en l'air ou racontars, que, dame ! je ne certifie pas les on dit que voici.

Les chats, ces autres raffinés, ne supportent pas l'odeur du renard. Ils ne marcheraient pas, on l'assure sans rire, sur une place où la bête serait venue s'asseoir; ils s'éloignent d'elle autant qu'ils peuvent et lui montrent plus d'aversion que de sympathie.

Mais une règle ne vaut que par les éclatantes exceptions qui l'affirment ou la confirment.

Il ne me serait pas difficile, si je le voulais bien, de trouver ici de nouveaux exemples à l'appui. Cela n'est en rien nécessaire, puisque le dicton est là qui me donne irrévocablement raison. Pour le moment, à propos de chats et de renards, j'aime mieux vous dire, bien qu'elles ne soient pas complétement inédites, deux ruses suggérées à l'un de ces derniers par le besoin de faire des niches aux autres et de commettre, à son profit, ce doux péché mignon qui a nom la gourmandise. Coup fourré, coup double, ceci va bien aux allures et aux idées de mons renard.

Un zoologiste anglais, d'autres diraient gascon, normand peut-être, cela ne fait absolument rien à l'affaire, un naturaliste anglais donc avait — une fois — un renard privé, plein de gentillesse, qui jouait volontiers avec les chiens d'où qu'ils vinssent et quels qu'ils fussent, mais qui ne pouvait entrer en bonne relation avec messieurs les chats. A ceux-ci il ne se faisait faute de se montrer hostile ou tout au moins malveillant. Les chats, paraît-il, lui rendaient largement la pareille, mais sans avoir jamais barre sur lui. Il avait résolu de les priver chaque jour de leur déjeuner. Quand donc Goton leur apportait la pitance, le rusé s'en approchait le premier et tournait, tournait, tournait autour tant et tant, si bel et bien, qu'il imprégnait de son odeur la mangeaille. Il savait ce qu'il faisait, le madré coquin : lorsqu'il avait cessé le manége, les chats ne flairaient pas longtemps au plat, ils s'en approchaient à peine et, sans y toucher, disparaissaient au plus vite. Le tour était joué ; maître glouton absorbait la ration. On finit par découvrir le stratagème. Aussitôt fut supprimé l'abus.

Toutefois après celui-ci un autre. Un jour donc le même privé renard fixa son attention sur le travail de la fille de basse-cour chargée de traire les vaches. Il alla rôder par là et, quand la belle revint de l'étable au logis, portant le seau plein de lait, il frôla le cotillon de Catherine, passa et repassa tout près du vaisseau qu'elle tenait à la main suspendu. Le liquide se trouva si fort imprégné de son écœurante odeur qu'on ne put en faire aucun usage. On le lui abandonna. Il ne cracha pas dessus, le finaud. Il n'avait usé du moyen que pour en avoir les profits. Le lendemain et les jours suivants il revint à la charge et eut le même succès. Le gueux témoignait de son contentement par un redoublement de câlinerie ; mais à tout il faut une fin. Une fois, le lait fut versé dans l'auge aux gorets. Ceux-ci à la barbe du drôle s'en régalèrent avec sensualité. Qui fut penaud ? Non, jamais renard ne fut plus attrapé, jamais non plus confusion ne fut aussi haute, plus complète et plus inattendue. Notre maraud n'eut pas la force de cacher sa déconvenue et par là fut éventée la mèche. On le mit dans l'impossibilité non-seulement de recommencer le jeu, mais de se livrer à toute nouvelle imagination du genre. Si naturaliste qu'on soit, on n'aime pas à payer d'aussi nombreux pots cassés. L'instituteur peu chanceux de ce maître fripon se lassa de ses spirituelles tromperies et — un beau jour — envoya le drôle *ad patres*. C'était le seul moyen d'être en paix avec lui-même.

Toutes les tentatives d'élevage du renard aboutissent nécessairement à cette fin.

C'est la moralité de l'entreprise ; on peut se le dire.

Si le renard avait pu être domestiqué, il eût été, croyons-nous, un compagnon des moins agréables. Fécond en coquineries, il en eût fait voir de toutes les couleurs à l'homme et à ses plus gentils commensaux. C'est bien assez de l'avoir au milieu des montagnes et des bois. Encore sommes-nous

condamnés à lui faire perpétuellement la guerre, une guerre
à outrance, pour éviter que ses populations débordent. Jamais agent de la gabelle ne fut autant redouté ; jamais col-
lecteurs d'impôts, si avides ou si âpres qu'ils aient été au
pauvre monde, n'ont levé sur celui-ci tribut plus absolu ou
plus déplaisant. La bête est donc à bon droit au ban des contribuables et de la loi, en tous pays et en toutes saisons. On
la traque avec rage, on la pourchasse avec frénésie ; tous les
moyens sont bons pour la mettre bas, pour en poursuivre
— infructueusement, hélas ! — l'extermination. On s'y prend
donc de toutes les manières pour nuire à sa race, et c'est bien
fait, car en retour de tous les préjudices qu'elle cause elle
n'offre aucune compensation appréciable. Sa fourrure n'a de
prix que d'octobre à mars, et elle n'est pas précieuse à ce point
qu'on ne puisse facilement la remplacer. Sa chair n'a aucune
des qualités comestibles du gibier, quoi qu'en aient pu dire certains dévorants de vache enragée, et en dépit du proverbe de
nos anciens : *de gustibus non est disputandum.* Donc, partout et
toujours, sus, sus aux renards comme aux Prussiens ! Non-
seulement dans le temps présent comme par le passé, mais
demain, après-demain, sans paix ni trêve, et jusqu'à la consommation des siècles.

Aussi bien la chasse à ce nuisible est-elle une des plus amu-
santes. Sans compter les moyens de destruction qui sont à la
portée de tous, tels les pièges et les assommoirs, il y a l'affût,
les chiens courants qui le forcent, les coups de fusil qui ont
leur charme quand ils portent juste. A ce propos, et avant
d'aller plus loin, je veux dire comment le drôle se comporte
parfois devant l'ennemi. Sa ruse est connue, mais elle doit
trouver place dans cette nouvelle biographie de l'animal.

On ne tue pas roide, sur le coup, tous les renards qu'on
ajuste et sur lesquels on tire avec adresse ; parfois seulement
on blesse la bête. Dans ce cas, au lieu de courir pour échapper
au chasseur, on la voit qui se plaque à terre et fait la morte,
à la façon de certain paysan madré dont a parlé la Fontaine
dans la fable — *l'Ours et les deux compagnons :*

. . . .
L'autre, plus froid que n'est un marbre,

Se couche sur le nez, fait le mort, tient son vent,
   Ayant quelque part ouï dire
   Que l'ours s'acharne peu souvent
Sur un corps qui ne vit, ne meut, ni ne respire.
Seigneur ours, comme un sot, donna dans le panneau.
. . . .

Le chasseur bénévole sera mieux avisé ; fort de l'expérience acquise, il ne laissera pas au simple blessé la vie. « J'en ai vu non pas un, mais dix, raconte M. B.-H. Révoil, étendus dans cette position, se laisser tourner et retourner ; puis, profitant de la tangente, se relever d'un bond au moment où on ne faisait plus attention à eux, et filer comme si le diable était à leurs trousses. » Donc encore, lorsqu'un renard est à terre, achevez-le sans pitié s'il n'a pas définitivement rendu le dernier soupir, sans quoi bientôt il vous fausserait compagnie. M. Révoil veut que la besogne se fasse à coups de talon de botte ; je vous laisserai le choix du moyen. Que la bête expire ; pour moi tout est là.

Pour fin et rusé qu'il est, le renard se laisse parfois prendre au piége. Notre bon fablier nous l'a bien dit en nous contant la mésaventure de celui qui, pour gage, y laissa sa queue. Celle-ci pourtant très-exceptionnellement y reste, mais quelquefois tout autre chose. « Tel renard, dit-on, pris par un membre à un traquenard, se coupe lui-même la patte, afin d'échapper à ses ennemis. Il reste estropié, sans doute ; mais on ne meurt qu'une fois et, à son avis du moins, mieux vaut encore vivre manchot que mourir. C'est une idée, n'est-ce pas ? Il en a tant, le gaillard !

Celle-ci pourtant ne lui est pas exclusive. D'autres l'ont eue comme lui, et, à l'occasion, se comportent de même.

Mais c'est assez nous arrêter à la bagatelle, arrivons aux choses de la destruction sérieuse.

Et d'abord, d'où vient, depuis le temps qu'on y travaille, d'où vient que cette œuvre de Pénélope n'ait pu encore être menée à son complet achèvement ? D'où vient que, parmi nous, les représentants de l'espèce soient toujours aussi nombreux que si on ne la troublait en rien dans son existence ? Cela vient de plusieurs côtés à la fois : 1° Le renard ne redoute que très-peu d'ennemis ; 2° grâce à la bonne hygiène dont il suit les lois, nourriture substantielle, habitation confortable, exercice rationnel, il vit de façon à défier les maladies et les années; 3° il se cache si bien dans les lieux dont il fait sa demeure souterraine, et sur les points où il s'abrite en observateur vigilant contre les indiscrets ou les importuns, qu'il échappe plus qu'aucune autre fauve ou sauvage aux causes multiples d'affaiblissement ou de ruine des espèces. Aussi, toujours prévoyante et sage, dame nature a enfermé dans des limites assez étroites la fécondité active du renard. Celui-ci, qu'on s'en souvienne, s'accouple seulement une fois l'an, et sa femelle ne donne naissance qu'à des portées peu nombreuses : six petits au plus, et souvent rien que trois.

Maintenant, en chasse; en chasse partout, sur tous les points du globe où pullule la bête, car partout elle nuit sans compensation suffisante. Et pourtant, comme si à toute assertion formelle il fallait absolument pouvoir opposer un démenti fondé, il est au moins une contrée où, pour rien au monde, on ne voudrait chasser ce brigand avant la fin de l'automne, et plus tard que les derniers jours de l'hiver. Cette contrée bénie où, malgré ses méfaits, le renard est respecté pendant près de la moitié de l'année, c'est la Volhynie. Le fait a sa raison d'être; il ne prend pas son appui dans un excès de tendresse pour ce

> Grand croqueur de poulets, grand preneur de lapins,

mais sur une réalité qui au point de vue commercial offre un intérêt certain, à savoir : la fourrure d'été est sans prix, n'a aucune valeur pour le marchand. Or, en Volhynie, où le renard abonde, en le tuant opportunément on fait d'une pierre deux coups : on retranche du nombre des vivants un être malfaisant, et on acquiert commercialement une peau qui se vendra bien de 8 à 12 francs si l'animal est tué en hiver.

On chasse avec art en cette bienheureuse province de l'empire russe où le braconnier n'existe pas, où son nom, exécré chez nous, n'est pas même connu, bien que tous et chacun puissent chasser sur les terres du voisin, partout où la fantaisie peut conduire chasseurs et paysans, paysans et chasseurs.

La poursuite des renards y reconnaît deux types, deux manières principales : la chasse d'automne avec des chiens bassets; la chasse d'hiver à l'aide des lévriers.

La première utilise volontiers les deux sortes de toutous; chacun y a son rôle spécial et s'acquitte à son honneur de la tâche qui lui incombe.

La seconde n'emploie que les lévriers, et voici comment en décrit la péripétie M. N. Jetowicki, dans *la Chasse Illustrée*. «...... Lorsque les eaux des étangs et des rivières sont profondément gelées, que les canards et autres oiseaux aquatiques ont quitté ces parages pour un climat plus doux, le renard, lui aussi, abandonne les lieux qui pendant la saison rigoureuse ne lui offrent plus que le couvert. Alors il s'en va, ou aux bois ou aux champs, chasser le lièvre, la perdrix, et à leur défaut se rabat sans honte sur les souris, les mulots. » C'est la mise en pratique du proverbe gastronomique : faute de grives on mange des merles. Les vérités sont une et d'application universelle : autant que les hommes, les renards en subissent la loi.

Dès que le traînage est bien établi, reprend M. Jetowicki, ceux qui veulent chasser se lèvent avant le jour, afin d'arriver en plaine à l'heure où le renard y est lui-même le plus habituellement. « On fait donc atteler un cheval ou deux au traîneau; on y fait entrer une couple de bons lévriers, que l'on couvre d'une cape, puis on va à travers la campagne, de ci de là, jusqu'à ce que sur la surface blanche et unie de la neige on aperçoive un renard en quête de souris.

« On cherche alors à l'approcher le plus près possible. Pour cela, on décrit, au pas, de grands cercles dont il reste le centre, et qui à chaque tour se rétrécissent de plus en plus. Le renard ne s'effraye nullement à la vue d'un traîneau; il continue à sauter légèrement après les souris, puis s'arrête, regarde, et le traîneau se rapproche, se rapproche toujours, lentement. Quelquefois alors il fait le mort, se couche à plat ventre, et des yeux seulement suit la marche du véhicule. Non moins rusé, le chasseur semble ne pas le voir. Il ne va donc jamais droit au personnage, et continue son mouvement tournant. Ce n'est qu'à la distance jugée convenable que, soulevant avec prestesse la couverture sous laquelle ont été retenus

avec soin les lévriers il leur montre du doigt le renard, et les
excite de la voix (fig. 54). D'un bond les chiens s'élancent et
volent comme une flèche, tandis que maître renard, la queue
basse et retrouvant ses jambes, détale rondement. Mais,
hélas! s'il n'a pas tout près son logis, la fuite ne lui sert de
rien. Les lévriers ont la dent aussi solide que le jarret puissant; le fuyard, affolé, ne s'en aperçoit que trop vite. »

En Angleterre, c'est bien entre toutes la grande chasse que
la chasse au renard; elle y revêt un type à part, un caractère
tout aristocratique. C'est le sport par excellence des gentle-
men; c'est le plaisir favori, l'amusement sérieux, fortifiant,
tout hygiénique, des hommes de la grande existence. Elle y
est une occasion de produire les chevaux les plus solides et les
mieux doués, l'occasion surtout de les élever judicieusement
pour développer de bonne heure en eux les qualités les plus
hautes. Mais de tels résultats,—et ceci devient le trait saillant,—
de pareils résultats ne s'obtiennent pas sans donner à l'homme
une grande habitude du cheval et la vigueur nécessaire
pour le conduire avec habileté à travers les mille accidents
de terrain d'un steeple-chasse prolongé, difficile et nerveux.

La description de ces chasses magnifiques est semée de
pittoresque et d'inattendu, mais leur véritable héros n'est plus
la bête lancée et poursuivie. Simple prétexte à tout ce remue-
ménage, à ce grand mouvement de chasseurs et de chasseres-
ses, de chevaux attelés ou montés, de piqueurs, de valets de
chiens, de meutes spécialisées, de spectateurs bénévoles disséminés sur un immense parcours, maître renard n'est plus qu'un
pauvre hère, une victime, un condamné dont la dernière heure
est proche. Et pourtant à tous il donne bien du fil à retordre.

Vaillamment donc il fait le jeu. Et tenez, après les formidables préparatifs de l'action dirigée contre lui, le voilà sur pied.
Si vous le voulez voir, regardez tandis qu'à pas lents et plein
de prudence il se glisse le long de la lisière du bois dans lequel il a été cherché et facilement trouvé....; mais bientôt,
serré de près, il s'élance, prend le large et laisse loin derrière
lui chiens et chasseurs. Ce n'est qu'un premier pas cependant,
une feinte. L'animal a dressé son plan de défense au bruit de
la quête dont il a été l'objet. En détalant ainsi que je viens de

le constater, il a voulu donner le change à l'attaque, et le voilà qui revient sur lui-même pour se jeter dans une tout autre direction. Mais il ruse ici comme toujours, et jamais il n'en a eu plus pressant besoin. Il fait donc maint tour et détour, après quoi il se lance de nouveau, et fuit avec toute la rapidité dont il est capable, bien qu'il n'ait plus à ses trousses la meute..... Il peut jouir de ce premier succès : on a perdu sa trace ;... on la retrouvera, hélas! et la troupe des chasseurs se ralliera ; elle n'en sera que plus ardente à le joindre. Il l'emmène loin à toute vitesse et tandis qu'elle se masse, puis lorsque tous sont là, par un crochet preste et hardi, il retourne en arrière, et songe à regagner son terrier. Par malheur, suivant les règles les plus élémentaires de cette chasse, toutes les gueules en ont été soigneusement bouchées. Il en acquiert la triste certitude, et trouve bien dur de se trouver ainsi à la porte en un pareil moment.

La situation devient grave. En effet, les poursuivants ne s'attardent pas, et font de leur mieux pour le retrouver encore. Se sentant pressé de près, il ne délibère pas longtemps, il n'a plus qu'à s'éloigner au plus vite. Il en prend le parti, et quitte de nouveau le bois où toute retraite lui a été fermée. Les chiens ne le perdront plus, les chasseurs le tiendront tant qu'ils pourront.

Le renard n'est pourtant encore ni à bout de voie ni à bout de ruses. Ici l'action s'engage plus sérieuse. Plus acharnée se fait la poursuite, plus désespérée sera la défense. Il y a dans l'espace, à l'encontre de la meute et des cavaliers qui l'appuient, toutes sortes d'obstacles et d'*impedimenta*. Le vieux *fox* les a tous reconnus dans ses expéditions nocturnes. C'est à travers les terres mouillées et les marécages, c'est dans les méandres multiples du bois, par les fondrières et par les plus impraticables sentiers qu'il va promener tous ces chasseurs à grand orchestre, dont il veut avoir raison, auxquels du moins il disputera chèrement sa vie. Il entrera dans une chaumière pour reprendre haleine, il pénétrera furtivement dans une basse-cour écartée, où il voudrait bien qu'on lui permît de séjourner quelque peu ; mais non, traqué sans relâche, il lui faudra déguerpir sans plus attendre. Bien d'autres ruses vien-

Fig. 54. — La chasse au renard en Volhynie.

dront encore momentanément à son secours, et retarderont l'instant fatal..... En effet, voici encore la meute en défaut. Décidément c'est un vieux routier que celui-ci, et sa chasse est des plus accidentées.

Allons, il faut encore rallier tous ces chiens et les relancer, sous peine de leur voir adopter la première voie venue, tant ils sont ahuris ou affolés maintenant. Ils reviennent tous au son des trompes, et retrouvent toute chaude la vraie voie, sur laquelle ils se précipitent. Leur ardeur est à son comble, les aboiements redoublent, la course est plus rapide que jamais; hommes et chevaux s'animent encore, le danger devient imminent. Les chevaux bondissent avec énergie, traversent les terrains les plus mous, avec élan franchissent haies, fossés, murailles et barrières! Quelques-uns tombent, d'autres sont violemment jetés ici et là; la plupart se relèvent et réussissent à se remettre en selle, mais les plus expérimentés ou les plus heureux ont pris la tête, et intrépidement s'y maintiennent. La vue du renard les encourage à tenir bon : couvert de boue et de sueur, le poil ruisselant, l'infortuné court droit à la bouche d'un terrier qu'il sait exister non loin du lieu où il se trouve en si grande détresse; un effort encore, et il est sauvé. Vivement il se jette sous un épais taillis (fig. 55), puis traverse une pelouse, et tourne brusquement à gauche, afin de couper au plus court. Trois cents mètres peut-être le séparent du port... Il n'a plus que deux champs à traverser. Presto, presto, il gravit la montée, se précipite vers le talus qui entoure le bois.... C'est là que serait le salut....

Mais toujours les chiens le poussent, ceux tout au moins qui ont pu venir jusque-là, et ils sont hors d'haleine... En deux ou trois bonds il peut arriver.... Hélas! Hector est sur lui et l'arrête; victoire! les autres arrivent comme une avalanche : le renard, étranglé, meurt sans pousser un cri.... Et bientôt suit la curée, à laquelle viennent assister les poursuivants.

Voilà la grande chasse. Certes elle est animée, brillante, pleine d'émotions et de péripéties, féconde en plaisirs; mais admirons la défense dans la savante stratégie et dans la mâle énergie qu'elle déploie. N'oublions pas enfin cette situation périlleuse et terrible : seul, un seul contre tous.

Fig. 55. — La chasse au renard en Angleterre.

La chasse à courre, telle qu'elle est pratiquée au delà du détroit, a son pendant dans la chasse à coups de fusil à l'aide des chiens courants. Celle-ci est beaucoup plus usitée que l'autre en France. La figure 56 en donne une idée très-suffisante. Elle représente la bête lancée. Un boqueteau empêche les chasseurs d'ajuster et de faire feu. Mais patience! la mort est prochaine, l'un des fusils arrêtera bientôt le renard dans sa course effrénée.

Déjà il a fait assez de chemin, et se serait aisément soustrait aux suites de la chasse qu'il subit si, — précaution *sine qua non*, — on n'avait au préalable fermé avec soin toutes les gueules des terriers connus sur le territoire. Un terrier, — cela va de soi, — est le premier et le plus sûr refuge de ces grands pêcheurs; c'est leur ancre de salut. On les en écarte ou bien on les prend en plaçant des relais dans le voisinage de ces antres. La chose est peu de leur goût, et souvent, lorsqu'ils en éprouvent le désagrément, ils manifestent leur mauvaise humeur, à ce qu'ont prétendu de vieux écrivains cynégétiques, en lâchant presque au nez des chiens ces excréments dont je vous ai dit l'insupportable odeur. Cette attention délicate aurait pour résultat, on l'a assuré, de suffoquer les toutous et, pour quelques instants au moins, de ralentir leur poursuite acharnée. A cette trouvaille française les Anglais ont fait une variante; ils disent : pressé de trop près, l'astucieux Fox arrose d'urine son goupillon et en asperge le nez de ses ennemis. Que voulez-vous? on fait ce qu'on peut, et on use des petits avantages dont on dispose dans toute la mesure du possible.

En cas d'urgence, l'animal ne craint pas de se jeter à l'eau. Petite ressource, car on relève facilement le change. Quelquefois cependant la quête des chiens échoue. Il ne s'agit pas de rester le bec dans l'eau. Allez alors aux cavités de l'endroit, sous les racines des arbres; fouillez attentivement les îlots qui peuvent exister au milieu de la rivière ou de l'étang, cherchez enfin, et vous trouverez partout ailleurs que dans les airs, car ne s'est point envolée la bête. Ah! la voilà; faites-la sortir de la bienheureuse cachette, et montrez-la aux chiens, qui se chargeront du reste.

Fig. 56. — Le renard.

Il en est comme cela qui tirent parti du moindre incident, et la chose vraiment fait beaucoup d'honneur à leur sagacité. L'homme n'a pas le privilége des résolutions soudaines, des solutions inattendues, le monopole d'un bon à-propos. Maître renard n'est pas facile à prendre sans vert. Entre mille, je puis citer le trait suivant, relevé en Sologne, en un coin de la contrée où haies, fossés, rivières, murs, obstacles de toutes sortes forment un magnifique pays pour la chasse à courre. On y trouve le renard, et je ne sais plus quel enfant d'Albion, veneur enragé, lui livre une guerre acharnée en compagnie d'une trentaine de fox-hounds déterminés et bien allants.

A la suite d'une poursuite ardente et prolongée, les chiens tombèrent en défaut près d'une station de chemin de fer. La voie, occupée alors par un train de voyageurs au repos, ne pouvait être traversée. Bientôt, cependant, le sifflet de la machine annonce le départ, et rapidement s'éloigne le convoi. Sans perdre un instant, le huntsman fit prendre à la meute les grands devants, et ordonna sans résultat toutes les manœuvres imaginables. On chercha de près et partout, on fouilla une écurie voisine, on explora un poulailler, des toits à porc; rien! Le renard avait disparu; il fallut rentrer au logis.

On y ramena la meute. A l'appel du soir, tous les chiens répondirent, moins un. C'est le piqueur qui donna sa langue au chien! Il en dormit peu, il en rêva.

Le lendemain matin, on causait de l'incident, et chacun disait son mot, lorsque la lettre que voici fut remise au maître d'équipage, entouré de gais convives :

La Motte-Beuvron, le 23 novembre.

« Monsieur,

« J'ai été appelé, hier soir, à la gare pour prendre un chien marqué d'un W, et qui a été reconnu vous appartenir.

« Le chien a sauté dans le wagon des bagages au moment du départ du train, et, après avoir renversé des paniers, il a étranglé un gros renard qui se trouvait blotti dans un coin.

« Veuillez faire prendre, le plus tôt possible, chien et renard qui sont à votre disposition.

                                    « Votre dévoué serviteur
                                          « M***, aubergiste. »

Pauvre renard, mais brave toutou !

Les chiens courants imposent au chasseur une fatigue facile à éviter en faisant chasser l'animal par des chiens lents, bassets ou briquets. Ici, double plaisir, travail des chiens et coups de fusil. En avant des premiers, dont l'allure n'a rien qui le presse, le renard muse. Il tient longtemps dans le même fort, va d'ici, revient par là, et finit toujours par se découvrir à l'un des chasseurs qui lui loge un coup de fusil quelque part. Si, au contraire, la bête était menée trop vite, elle ferait en temps utile sa percée, et se hâterait d'aller se terrer.

Que la chose ait lieu, rien n'est perdu. On éloigne les chiens, qu'on attache de façon à ce que les aboiements cessent d'être entendus par le renard : on cherche, et l'on ferme toutes les ouvertures du terrier, moins celle du côté où vient le vent. Ces préliminaires achevés, on tire de son carnier une mèche soufrée, et on la coule tout allumée dans la gueule restée libre : on jette par-dessus du papier, des feuilles sèches, des herbages, tout ce qui peut augmenter la fumée : on bouche le trou, car rien ne doit pouvoir sortir. La besogne achevée, on va reprendre les chiens, et l'on peut rentrer chez soi la conscience tranquille. En revenant le lendemain, on ouvre la gueule qu'on a si soigneusement fermée la veille, et presque toujours on trouve la bête, qui a péri asphyxiée.

On prend également les renards dans leur demeure souterraine à la façon des blaireaux, soit en débridant le terrier, soit en introduisant des chiens spéciaux, qui, je vous l'assure, toujours y vont gaiement. C'est leur fête à eux, et, dame ! ils s'en donnent.

On les chasse à l'affût, et l'on sait qu'il y en a de plusieurs sortes. Mais ces moyens n'entrent plus dans mon cadre. Ceux qui voudront les connaître et les étudier iront les chercher ou dans *la Chasse illustrée*, qui instruit en amusant, ou dans les œuvres de nos écrivains cynégétiques. Je ne vais pas sur leurs brisées ; je n'ai point à chasser sur leurs terres si voisines qu'elles soient d'ailleurs du domaine que j'explore moi-même.

Il y a enfin les piéges et les poisons, moyens plus ou moins doux que nous n'avons cessé de rencontrer sur notre route à chacune de nos étapes. A cette place donc, il nous reste peu à dire et de ceux-ci et des autres.

Des divers piéges employés à l'intention du renard, le plus usité est celui que forme en partie son nom, — le traquenard (traque renard).

Pour amener la bête à l'endroit où l'on se propose d'armer le piége, de le tendre, voulais-je dire, il faut recourir à la traînée, opération consistant à promener par terre, attachées à un cordeau, des entrailles de lièvre ou de lapin, de poulet ou de toute autre volaille, et on renouvelle la promenade pendant deux, trois ou quatre jours consécutifs en laissant chaque fois l'appât au même endroit. On surveille, cela va de soi ; et lorsqu'on s'aperçoit que la bête a goûté à la tripaille, on tend le piége, qu'on a la précaution de ne toucher qu'avec des gants frottés d'une composition de fressure cuite dans du beurre et mêlée à de la chapelure. Inutile d'ajouter que le piége sera en bon état, parfaitement libre dans son jeu, et qu'au préalable il aura été bien graissé avec du saindoux, car piége rouillé, on le sait, n'a jamais pris grand'chose.

Voilà bien des histoires! Eh sûrement ; mais ce n'est pas chose si aisée que de s'attaquer, pour les prendre, à de pareils finauds. Ils sont toujours sur leurs gardes, et pour les tromper, on peut le dire, il y a la façon.

Mais en procédant avec méthode et avec minutie on réussit d'ordinaire à détruire un à un tous les renards d'un canton ; or, ce n'est ni petite victoire ni mince résultat. Prenez-en donc la peine, vous qui avez à souffrir de leurs déprédations renouvelées.

Dans les contrées où on les a laissés croître et multiplier à leur aise, les piéges ne suffisent pas toujours, ou du moins ils ne sont plus efficaces du jour où les coquins ont pu se rendre compte de la ruse. Alors on a recours au poison. On fabrique des *gobbes* avec de la mie de pain pétrie dans de la bonne graisse d'oie ou de canard assaisonnée de noix vomique, d'arsenic ou de strychnine, et on les sème sur le passage le plus fréquenté des brigands. Perdus sans ressource, les mal-avisés qui avalent un « bocon ». Mais aussi, — là est l'inconvénient, — les chiens quelconques qui le ramasseraient et s'en régaleraient n'en reviendraient pas ; très-sûrement aussi à mort les pauvres toutous.

Les gobbes empoisonnées sont quelquefois remplacées par des taupes ou par des rats qu'on a pris pour les ouvrir et insinuer parmi leurs entrailles les toxiques les plus appropriés. Cela fait, on rapproche les parties incisées, pour les coudre ; puis saisissant les petits quadrupèdes par la queue, on les porte aux bouches des terriers ou le long des sentiers du bois par lesquels s'aventure l'ennemi.

Dans cette question des poisons, il y a le pour et le contre. On se félicite de les avoir employés lorsqu'ils vont bien à leur adresse ; mais ils laissent toujours des regrets lorsqu'ils ont tué quelque animal ou utile ou de prix. Sur un pareil thème on se donne aisément carrière. Les uns tiennent pour, et chaudement recommandent l'empoisonnement ; les autres s'élèvent fortement contre, et ne veulent pas en entendre parler. D'un côté, on exagère peut-être bien un peu les inconvénients, mais de l'autre on fait peut-être bien aussi un peu trop bon marché du danger qu'il présente. Il y a des risques à courir, c'est certain. Pour les conjurer, il y a de bonnes précautions à prendre ; mais on ne saurait se dissimuler que le poison est l'une des armes les plus sûres qu'on puisse employer à la destruction en masse d'une foule d'ennemis par trop malaisés à atteindre par d'autres moyens.

La destruction trouve enfin un petit auxiliaire dans le chapitre des accidents. Il en arrive aux renards comme aux hommes, témoin celui-ci, dont il a été parlé sous cette piquante rubrique : *Un renard pris par une poule.*

Voici comment advint la chose.

Un renard qui n'avait point étrenné, — c'était précisément un jour de l'an, — rôdait autour d'une ferme isolée, l'œil ouvert et l'oreille tendue. Il trouvait déjà longue une attente dont il désirait vivement la fin, quand une poule apparut picorant à son aise dans un beau champ de colza, plein de promesses.

L'attaquer, la mettre en quartiers, le beau sire l'eût fait

avec bonheur. Mais avertie, sans que je puisse dire comment, de la présence du larron, la cocotte étend les ailes, s'élance, et rentre à la ferme en passant par-dessus un mur trop élevé pour le quidam.

Le maraudeur ne se décourage pas encore. Il tourne, il vire, il cherche un coin par où passer ; faisant ainsi le tour du clos, il trouve une porte entre-bâillée. C'était son affaire. Prudemment il pousse l'huis, examine attentivement les lieux, et finit par entrer en toute sécurité. Mais, revenant tout doucement sur elle-même, la porte retombe sur ses appuis, et par son propre poids se ferme. La retraite était coupée. Le rusé compère n'avait pas prévu celle-là ; s'il la trouve mauvaise, je vous le laisse à penser. Ce n'est pas tout cependant, un malheur n'arrive jamais seul. Ici le proverbe ne pouvait avoir tort. Il y avait dans la basse-cour deux vigoureux mâtins peu façonnés aux belles manières. Ils allèrent droit au gars, fort mal disposés et très-menaçants. Lui tomber sur les reins et le mettre en loques fut pour les deux gardiens de la maison l'affaire d'un instant.

On retrouva pourtant sur le champ de bataille la moitié d'une queue et le quart d'une patte. C'est tout ce qui resta du pauvre diable.

Mais aussi qu'allait-il faire dans cette galère ?

Eh bien, que cette porte entre-bâillée comme par hasard le soit à dessein ; que dans le petit espace qu'elle forme soient mises toutes sortes de friandises du goût des renards, et on en prendra plus d'un parmi ceux qui s'évertuent à dépeupler les poulaillers. D'une fenêtre quelconque, un coup de fusil bien ajusté fera mordre la poussière à qui venait dans des intentions de carnage. Le procédé que j'indique là est tout primitif et à la portée des plus simples. Je sais qu'on l'a perfectionné, pour opérer sur une plus grande échelle ; mais ceux pour qui j'écris peuvent s'en tenir à ce qui déjà est bien. Dans les situations modestes, il y a lieu à ne rien exagérer, à ne pas viser trop haut. Rappelons en terminant ce très-sage avis du bonhomme :

Ne forçons point notre talent.

LE CHAT.

J'arrive au terme de ma course ; je vais atteindre le dernier point du cercle que je m'étais proposé de parcourir. En effet, je n'ai plus à traiter que d'une sorte, que de cet animal avec qui certain souriceau brûlait un jour de faire connaissance — l'imprudent ! et dont notre La Fontaine traça ainsi le portrait à sa mère, frappée d'épouvante :

> Il est velouté comme nous,
> Marqueté, longue queue, une humble contenance,
> Un modeste regard, et pourtant l'œil luisant.
> Je le crois fort sympathisant
> Avec messieurs les rats ; car il a des oreilles
> En figure aux nôtres pareilles,
> Je l'allais aborder..............
> — Mon fils, dit la souris, ce doucet est un chat !

Parlons donc de ce vrai tartuffe qui réussit à se faire des amis, de cet archipatelin qui nous offre le modèle de

toutes les hypocrisies, de ce franc patte-pelu, de ce maître
fourbe, non en amant passionné, non en conteur enthousiaste

Fig. 57. — Le chat sauvage.

et partial, mais simplement en historien exact et fidèle.
Il y a deux chats : le chat sauvage (fig. 57) et le chat,

plus ou moins rallié à l'homme, que l'on classe parmi les animaux domestiques, bien qu'il soit resté plus insoumis que civilisé (fig. 58).

Quoiqu'il en soit, si proches ou si voisins que nous les trouvions, c'est à tort — bien certainement — que l'histoire naturelle fait descendre celui-ci de l'autre. Non, le chat sauvage, celui que nous possédons et qui prend encore le nom de chat

Fig. 58. — Le chat domestique.

Haret, n'est pas plus le père du chat domestique, que le sanglier n'est le père du porc, que le mouflon n'est le père du mouton, que le chacal n'est le père du chien, que le lapin de garenne n'est le père du lapin domestique. Toutes ces espèces sont distinctes, et l'on peut bien croire qu'autrefois elles se trouvaient reliées l'une à l'autre par des intermédiaires qui ont disparu et qui étaient encore plus rapprochées de celle-ci ou de cet autre que ne le sont à l'heure présente celles qui ont survécu. Au surplus, quelques naturalistes, parmi les plus savants, disent aujourd'hui que le type sauvage de notre chat domestique est le chat ganté (fig. 59), originaire de Nubie et d'Abyssinie, non le chat Haret; mais cette opinion aussi est contredite.

Fig. 59. — Le chat ganté.

I.

Le chat sauvage n'est pas le type de celui qui a bien voulu se faire nôtre et qui rentre si facilement, quand la fantaisie lui en vient, dans les conditions de la vie libre, de l'existence indépendante qu'il reprend d'une manière si absolue lorsqu'il quitte la demeure de l'homme pour devenir l'hôte des forêts. Je puis en dire autant du premier, du sauvage. Celui-ci ne vient pas de lui-même dans nos maisons, mais ceux de ses fils qui naissent de son mariage avec une femelle domestique, rencontre encore assez commune à proximité des bois, se plient sans contrainte, *proprio motu*, aux habitudes et à la vie de la mère au cas où il ne leur convient pas d'aller, un beau matin, retrouver le père dans les profondeurs de la forêt. Ces unions, je le répète, ne sont pas précisément rares dans les contrées où des populations humaines vivent sur la lisière des grands bois. Le fait a même suggéré à quelques-uns la pensée de nier l'existence du type sauvage à l'état de nature. « Il n'y a pas, dit M. Constant Laurent dans *la Chasse illustrée*, il n'y a pas à proprement parler de chats sauvages. On devient chat sauvage comme on devient bohème, truand ou voleur. C'est une affaire de vocation ou de tempérament. » Le mot est joli et bien fait, mais il a le tort de n'être pas exact. Il y a des chats sauvages dans toute l'acception du terme, mais l'autre espèce, à peine asservie, non domestiquée, non conquise, change de situation à son gré lorsque les circonstances s'y prêtent.

Voilà le fait dans toute sa vérité; et le fait a été parfaitement exposé par M. C. Laurent lui-même.

« Un chat de gouttière, dit-il, s'ennuie dans une ferme; il n'aime pas les souris qui nous grugent, mais il raffole des oiseaux qui nous sont utiles. Un beau jour, après avoir reçu une bonne raclée pour avoir mangé un fromage, il gagne le bois et se fait braconnier.

« Son poil est gris; ses enfants sont bruns; ses petits-fils sont fauves, rayés de noir. Ceux-là constituent le vrai chat sauvage.

« Où s'est-il marié? Dans un fossé voisin de la ferme où il avait laissé une connaissance. Les petits ne valent pas mieux que le père. Tout cela, tenez-le pour certain, fera souche de brigands.

« Que si le chat sauvage est une chatte, elle va trouver son galant aux environs du poulailler, et l'on fait la noce avec un poulet ou un caneton.

« Joli mariage et joli métier ! »

En renversant les faits, on obtient le résultat inverse.

Un chat des bois, fatigué de la vie sauvage, s'est approché d'une habitation forestière (1). Le hasard le met en relation avec une aimable coquette dont les façons le charment. Ardente et bien disposée à oublier son premier matou, elle se livre amoureusement au passant qui lui donne pleine et entière satisfaction. A quelque temps de là, après cinquante-cinq jours bien comptés, des petits naîtront assez semblables au papa. Ayant échappé à la noyade et se trouvant bien aux lieux qui les ont vus naître, ils y demeurent. Bientôt ils prennent rang comme reproducteurs et font alliance avec les demi-civilisés du voisinage : leurs enfants portent le manteau brun, mais la génération suivante sera sous poil gris, comme la grand'maman, sauf variations sans grande importance vraiment en l'espèce.

Tour à tour sauvages ou familiers, à leur gré, au hasard des situations ou des circonstances, les deux animaux ne font qu'un. Si, en rentrant sous les influences d'une domesticité plus ou moins étroite, les individus changent de livrée et se modifient en quelques-unes de leurs parties, ils se confondent bientôt avec le type sauvage, grâce à des alliances renouvelées, dès qu'ils se retrouvent au giron de la nature. Ceci n'est pas particulier au chat; c'est au contraire une règle générale. Il en est des générations des animaux domestiques comme des jours qui se suivent et ne se ressemblent pas, à moins qu'une sélection judicieuse et sévère intervienne pour écarter tous ceux qui ont tendance à s'éloigner ou de la forme ou de la couleur cherchées. A l'état sauvage, autres sont les faits ou les conditions, et autres les résultats dont la permanence peut être le sujet de quelque étonnement. Ainsi, on l'a noté avec raison, nous avons des chiens noirs, blancs, gris, roux, mouchetés, nous en avons de mille nuances diverses, toujours chan-

(1) Tschudi est peu disposé à admettre que notre chat domestique et le chat sauvage ou haret s'accouplent aussi facilement ou aussi fréquemment qu'on le croit communément. Il suppose que ces mariages s'accomplissent entre animaux de même espèce, — l'espèce domestique, — les uns restés nos hôtes, les autres redevenus sauvages par la fuite dans les forêts. Il peut avoir raison, Tchudi, mais l'opinion contraire est bien établie dans nos contrées boisées, où l'on n'admet pas qu'il soit possible de confondre le haret et le chat ordinaire.

geantes. Et la taille ne varie pas moins. Il en serait différemment parmi ceux qu'on abandonnerait à eux-mêmes et
qu'on forcerait à vivre loin de la main des hommes, ainsi qu'il
est arrivé pour ceux dont on a peuplé le nouveau monde en
le découvrant et en en prenant possession.

Tous les loups, sauf les loups charbonniers, sont gris,
tous les renards (je n'entends parler que de ceux qui on eu
pour point de départ le renard ordinaire, le nôtre), sauf le
renard charbonnier, sont roux, comme les cerfs, les daims
et les chevreuils sont de couleur uniforme.

Dans les basses-cours, nos poules sont bigarrées ; il y en a
de blanches, de noires, de grises, de marquetées ; mais toutes
les perdrix, toutes les cailles, toutes les alouettes se ressemblent. Nos carres et nos canards sont omnicolores ; les canards
et les canes sauvages ont tous le même plumage ; l'habit de
l'un est l'habit de tous les autres, sans la moindre variation.

Si absolue que soit la remarque, si constant que soit le fait,
fait et remarque ne se trouvent en rien atteints par la couleur
blanche dont s'habillent de loin en loin, soit une perdrix,
soit une alouette, soit une caille et d'autres encore. L'albi-
nisme résulte chez celui-ci ou chez celle-là d'une affection de la
peau, qui n'a rien à voir en l'affaire, qui n'affecte point le principe de l'uniformité du manteau en l'état de nature et de la varia-
bilité presque indéfinie de la robe en l'état d'indépendance.

Ce n'est pas toujours parce qu'il s'ennuie à la ferme qu'un
chat la quitte pour aller vivre ailleurs. On a vu des chattes
si malheureuses de l'enlèvement renouvelé de leurs portées
qu'elles ont fini par aller faire leurs couches dans les bois,
loin du maître qui ne souffrait pas que, dans sa maison, se fît
l'élevage des petits. L'histoire de l'une d'elles, à la fois curieuse et touchante, mérite d'être rapportée et conservée à
cette place.

Je l'emprunte à *la Chasse illustrée,* où elle a été consignée
sous la signature de M. L. de Cessale.

« Un de mes amis, dit-il, possédait près de Nancy une
belle propriété entourée de grands bois, et dans laquelle
le gibier bien gardé venait à bien……..

« Parmi les gens de service, se trouvait une bonne femme

un peu âgée, qui avait porté sa tendresse sur une chatte de
forte taille dont la beauté et l'adresse étaient connues de tous;
mais si on lui avait permis de garder Bellote, c'était à la condition qu'elle n'aurait pas de progéniture. C'était demander
l'impossible; aussi, par un arrangement tacite, chaque fois
que la chatte mettait bas, on lui enlevait prestement tous
ses petits avant qu'ils eussent teté, puis on soignait la mère
pour lui faire oublier ses chatons.

« La pauvre bête supporta ses malheurs trois ou quatre
f ois, mais un jour on la vit inquiète, triste, craintive,
fuyant les gens qu'elle aimait le mieux; elle restait dehors
très-longtemps, rentrait à peine pour manger et repartait. A
l'époque de mettre bas, elle resta deux jours sans revenir,
et, quand elle se montra, on s'aperçut qu'elle avait dû mettre
sa portée dans quelques coin. Elle mangea vite et s'enfuit
en grimpant par dessus les murs.

« Le lendemain, même manége. On l'épia, on essaya de
la retenir; peine inutile : sa maîtresse elle-même fut griffée
bel et bien. Bellote partit et ne revint plus.

« La pauvre vieille bonne femme, qui tout bas se disait:
Oh, l'ingrate! moi qui l'aimais tant! se mit à sa recherche,
explora les coins et recoins du château et de la ferme. Ce fut
en vain. Bellote était bien perdue pour elle, et personne ne
prit part à son chagrin.

« La saison de la chasse approchait; les gardes veillaient
sur les jeunes couvées qui s'annonçaient bien dans les
champs. Un jour, l'un d'eux, envoyé pour marquer les ba-
liveaux et les réserves d'une coupe, ayant pénétré assez
avant sous bois, vit voler autour de lui, et tomber comme
du ciel, des plumes de *pouillards*. Il s'arrêta étonné et,
regardant attentivement, il vit que la brise enlevait ces
plumes de l'enfourchure d'un vieux chêne dont les énormes
branches, bizarrement contournées, s'étendaient au loin.

« Il grimpa avec assez de peine aux maîtresses branches :
le tronc était creux en partie, et dans l'une des cavités il vit
une manière de nid, ou plutôt une grossière couchette jon-
chée de plumes d'oiseaux et de débris de gibier.

« Ne pouvant s'expliquer quelle espèce d'animal cherchait

là son refuge, et ne pouvant en revoir du pied à cause de la mousse épaisse qui couvrait le sol, il résolut d'attendre et de guetter le retour de ce singulier locataire.

« Il se blottit à bon vent dans une cépée et, après quelques heures de patience, il vit venir toute une famille à l'aspect étrange. Velus, courts sur pattes, à longue queue bien fournie, ces animaux, au nombre de quatre, semblaient tous de même taille, sinon de même âge et de force égale. L'un portait par le milieu du corps un petit lapereau, l'autre un jeune ramier, et tous, grimpant lestement à l'arbre, disparurent dans le creux du tronc.

« Le garde, un instant stupéfait, était désormais fixé. Malgré l'épaisseur insolite de la fourrure, il avait reconnu Bellote, ornée de sa famille jusqu'alors ignorée.

« Bigre ! se dit-il en regagnant le château au plus vite, cela vaut la peine d'un rapport à monsieur le comte, et m'est avis que plus tôt nous nous débarrasserons de ces matous, mieux cela vaudra, car ils se payent de fameuses noces.

« Il rendit compte de sa découverte et il fut décidé que, dès le lendemain matin, on se mettrait à leurs trousses.

« Le comte possédait deux bull-terriers d'Écosse qui, sans doute par esprit de corps, détestaient les chats; ils furent emmenés par les chasseurs, et, le garde servant de guide, on pénétra dès le lever du soleil dans la partie du bois hantée par les maraudeurs.

« On marchait avec précaution, sondant du regard les branches des arbres, tandis que les deux chiens furetaient dans les buissons les plus épais, lorsque, arrivés près d'une clairière, les terriers pénètrent sous une énorme touffe de houx et poussent aussitôt des aboiements furieux. Les branches s'agitent, le feuillage s'entr'ouvre, et les quatre matous, la queue roide, le poil hérissé, sautent dans la clairière, filent comme des balles, mais pas assez vite pour que l'un d'eux ne soit pincé à la queue par l'un des chiens, pendant que deux autres roulaient tués roide de deux coups de fusil, et que le dernier, affolé de terreur, grimpait promptement au premier arbre à sa portée, arbre assez élevé, mais à peine gros comme la jambe. »

Le garde allait le tirer, mais vint la pensée de le prendre en vie. Ce qui se passait au milieu de la clairière fit
d'ailleurs oublier un instant le *chat perché*.

L'autre donc ne s'était pas senti arrêté par derrière sans
brusquement se retourner et regimber. Tout en jurant, souf-
flant, sacrant, il avait tout d'abord envoyé deux solides
coups de griffe au terrier. Mais ceux de cette espèce ne lâchent pas pour si peu. Aussi bien son camarade, n'ayant
plus rien à faire en avant, vint vite à la rescousse. Saisissant
à pleine gueule le chat par le milieu des reins, il le serra
et le secoua si rudement que la bête en exhala un cri de
détresse. Un craquement des os de la colonne justifiait ce
douloureux gémissement. Hélas! c'était Bellote qui expiait
les suites d'un amour fatal pour la progéniture.

Au survivant, à présent. Du haut de son observatoire, celui-ci avait suivi d'un œil anxieux le drame rapide de la
clairière. S'en emparer vivant, c'était l'objectif; mais par
quels moyens? On délibéra; les propositions se succédè-
rent; aucune ne se trouva praticable. On décida alors que,
faisant dégringoler l'animal à la façon d'un fruit mûr secoué par la tempête, on le livrerait simplement aux chiens
à qui l'on devait bien ce léger satisfecit.

Ainsi fut fait. A l'arbre on imprima de rudes secousses :
mais, blottie et cramponnée à la naissance des premières
branches, la bête tint bon.

On opposa la ruse à la force, pour témoigner une fois
de plus de cette vérité pratique que les sentences les mieux
libellées n'ont, en réalité, qu'une valeur de convention ou
tout au moins relative. Contre la force il n'y a pas de résistance, dit le proverbe. Eh bien, si : il y a parfois, sinon
souvent, la ruse. La violence des oscillations auxquelles l'arbre avait obéi n'avait ni ému ni dérangé le matou; il ne
s'en était pas ressenti et l'inutilité du procédé fut bientôt
évidente. Mais une autre idée surgit du cerveau du garde.
Il coupa à ses côtés une longue gaule, y attacha la ba-
guette de son fusil avec le tire-bourre au bout, et, élevant
l'engin jusqu'au condamné, il lui travailla malicieusement
la peau du ventre. La manœuvre ne fut pas du goût du

matou. Elle lui suggéra un soubresaut énergique juste au moment où l'arbre était encore mis en branle de la façon la plus brusque et la plus inattendue. Dame ! la bête en chavira, bien que toujours accrochée à l'arbre par les pattes de devant.

Au-dessous, les toutous aboyaient comme des possédés du diable. Furieux de ne pouvoir grimper si haut, ils sautaient néanmoins de toute la vigueur de leurs jarrets et se démenaient comme des démons. Un bon coup de gaule, porté sur les pattes de l'ennemi, le força enfin à lâcher prise. D'un bond puissant, exécuté en l'air et sur lui-même, il eût réussi à tomber sur ses pattes. C'était une dernière planche de salut. Mais avant qu'il eût touché terre, les bull-terriers l'avaient happé et occis.

La pauvre vieille apprit la triste fin de Bellote, et à celle-ci donna une larme, quoique pourtant elle lui adressât le reproche d'avoir mal tourné.

La pauvre bête, obéissant à ses instincts génésiques, avait simplement suivi la loi impérieuse de la nature. Admirons toutefois l'intelligence qu'elle déploya en la circonstance pour mener à bien les fruits de ses ardentes amours.

La fatalité s'en est mêlée. Si pourtant la fortune avait souri aux petits, nul doute qu'ils fussent restés indépendants, libres, sauvages.

Tout extraordinaire qu'il soit, ce fait n'est pas isolé. On pourrait en rapporter d'autres et, certes, les semblables ne sont pas tous connus.

Une chatte à qui on avait enlevé tous les petits de ses précédentes portées, une fois en sauva un : le temps lui avait sûrement manqué pour emporter les autres. Elle cacha si bien ce dernier qu'on ne sut que plus tard la chose, lorsqu'elle-même ramena le petit au logis. Mais elle l'avait rendu tellement sauvage et si méchant qu'on fut obligé de le prendre au piége et de le tuer comme un chat-tigre (fig. 60), dont il avait en vérité le caractère ou l'humeur.

Je reprends le fil de mes études.

Très-significatif est l'apparentage du chat. Zoologiquement, le monsieur se trouve parmi les carnivores les plus redoutables ou les plus féroces et les plus puissamment armés de la création. Le lion, le tigre, le jaguar, la panthère, le léopard, le cangouar, les lynx, l'ocelot, le serval, le guépard lui forment un cadre charmant au milieu duquel il n'est point déplacé.

Tous ces terribles se tiennent par des caractères communs très-accentués et ne diffèrent en réalité que par leurs dimensions, la couleur du manteau, la longueur du poil et de la queue; ils ont tous même physionomie, mêmes instincts et mêmes aptitudes. Leur système dentaire aussi est le même; la remarque était vraiment superflue. Ils ont la tête et le museau arrondis; leurs mâchoires sont courtes et mues par des

Fig. 60. — Le chat tigre.

muscles d'une force immense, incommensurable est le mot. La langue est hérissée de papilles cornées très-rudes; la langue de chat est une manière de râpe d'un type bien connu. Le mufle est petit; les narines sont percées de côté et en dessous. Les oreilles sont courtes, droites, triangulaires. L'œil est conformé pour voir aussi bien, sinon mieux, la nuit que le jour. Le corps est long relativement à la hauteur des membres. Les pieds de devant sont à cinq doigts, ceux de derrière n'en ont que quatre; très-forts et rétractiles, les ongles se redressent ou se cachent, à la volonté de l'animal, sous la peau repliée du bout des doigts, par l'effet de ligaments élastiques dont je ne vous souhaite pas de connaître par expérience la violente énergie (fig. 61) : ils ont l'avantage de ne perdre jamais leur pointe ou leur tranchant, et ceci, je vous assure, est fort à considérer. La queue est plus ou moins longue, mais en général assez notablement développée. Ajoutez à cela une extrême finesse de l'ouïe, une flexibilité de toutes les parties du corps très-remarquable et une souplesse qu'en maintes occasions on pourrait sans hyperbole trouver excessive. Tous ces aimables savent aussi bien ramper et grimper que faire des bonds prodigieusement énormes; mais ils courent

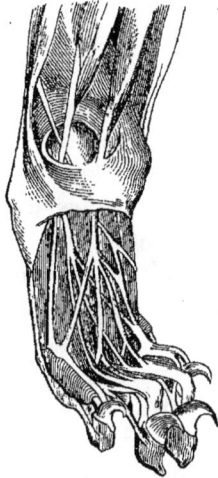

Fig. 61. — Disposition des ongles chez les chats.

assez difficilement et c'est à force de patience et de ruse, aidées d'un silence absolu, qu'ils réussissent à s'emparer de la proie dont ils aiment à vivre grassement. Le plus souvent cachés dans un repaire touffu, près d'une source ou au bord d'un ruisseau, ils attendent, épient l'animal qui vient se désaltérer, fondent sur lui d'un seul bond, sans parlementer, à la façon de messire loup dans la jolie fable *le Loup et l'agneau*, le déchirent de leurs ongles, et assouvissent pour quelque temps leur sanguinaire appétit. Ils ont le pelage généralement doux et fin, et des moustaches qui paraissent leur transmettre des impressions très-délicates.

Tels sont messieurs les chats — les grands et les petits. Cependant un de ces caractères manque à l'un d'eux. Le *guépard* ou *tigre chasseur des Indes* n'a pas les ongles rétractiles. En revanche, le chat ordinaire les a bien pour deux. Celui-ci vit à l'état sauvage (fig. 62), je l'ai déjà noté, dans les forêts de l'Europe. D'un gris brun, avec des ondes transversales plus foncées en dessus, son pelage est d'un fauve plus clair en dessous. Sa queue est très-velue, annelée de noir; très-épaisse, elle ne se termine pas en pointe comme celle du chat domestique. Ses oreilles sont plus roides que celles de ce dernier. Il est aussi d'un tiers plus grand, tout en se montrant plus ramassé. On le trouve encore dans les forêts de la France et j'ai dit comment il y restera, puisque de temps à autre on en voit, parmi ceux qui vivent près de l'homme, fuir celui-ci et se mêler intimement au voisin. Aux paysans seuls poussent de pareilles velléités : amollis par les délices de Capoue, les citadins n'ont plus de ces idées de retour à l'état sauvage ; ils conservent leur indépendance et ne se soumettent qu'autant que ça leur plaît; mais il ne leur convient plus de s'assujettir aux exigences ou aux fatigues d'une existence complétement libre. Dans nos maisons, quand on ne les sert pas avec tout l'empressement voulu, ils y suppléent facilement. Dans les forêts la tâche serait plus malaisée ; or, pour un sybarite de cette espèce, dormir à sa guise sur de moelleux coussins est plus agréable et moins pénible que d'aller à la chasse stimulé par la faim dont il ne peut souffrir à certaines époques ou à certaines heures. Qui a donc traduit sa devise? *Libertas sine labore;* c'est la nature prise sur le fait.

S'il disparaît successivement des contrées cultivées qui se peuplent davantage à mesure qu'elles se déboisent, le chat sauvage se trouve encore abondamment en Hongrie, en Russie, en Sibérie. Quand les forêts lui font défaut, il se retire dans les montagnes boisées, où les fissures des roches lui présentent des retraites plus sûres que les arbres. On parle rarement de ses attaques contre les animaux de basse-cour, mais c'est un ennemi redoutable pour tout le gibier des plaines et des parcs. Il attaque le lièvre au gîte, la perdrix sur ses

œufs, l'oiseau endormi sur la branche. Les agriculteurs qui
ont la malechance d'être ravagés par les lapins trouveraient en

Fig. 62. — Le chat sauvage.

lui un puissant auxiliaire contre la trop grande multiplication
de ces rongeurs; mais..... Ah! oui, il y a un mais, si
éloquent même que je laisse au lecteur le soin facile de l'in-
terpréter comme il l'entendra, et je dirai tout de suite, de
crainte de l'oublier plus loin, qu'il est peu à désirer pour nous
qu'un chat domestique abandonne les greniers de la ferme
pour se livrer au braconnage dans les forêts, attendu que celui-ci, adoptant exactement les mœurs du sauvage, devient le
plus redoutable, à raison de ses ruses et de son effronterie. Les
forestiers le connaissent bien et ne l'épargnent pas. Sa tête
est mise à prix autant que celle de l'autre. S'ils ne se nourris-
saient tous deux que de lapereaux, en certaines contrées, on
fermerait peut-être bien les yeux, mais ils ont des goûts plus
variés, ils détruisent force levrauts, faisans et perdrix, dont
ils anéantissent les couvées à l'heure même des plus grandes
espérances. Ils s'attaquent aussi aux oiseaux insectivores, si
utiles à la conservation des arbres, et ils en font de grandes
destructions en allant les happer, pendant la nuit, jusque
dans leurs nids. Cependant, comme à côté d'un mal il y a
presque toujours quelque compensation, je ne puis me dis-
penser d'ajouter que ces traîtres mangeurs de gibier font
aussi très-activement la guerre aux mulots, aux campagnols
et autres nuisibles de première catégorie aux forêts.

Certains détails d'organisation sont intéressants à connaître; je les place ici.

Tout le monde a remarqué, et non toujours sans surprise,
que les chats peuvent être jetés ou se laisser tomber de très-
haut sans se faire aucun mal. Pour moi, je m'en confesse,
j'ai souvent expérimenté le fait dans ma petite jeunesse. Je
prenais un malin plaisir à saisir un chat par les quatre pattes, le corps renversé ou la tête en bas, à monter sur une
chaise ou sur un meuble, à l'élever de toute la hauteur de
mes bras, puis à le lâcher pour avoir la satisfaction de
constater qu'il ne tomberait ni sur le dos, ni sur la tête, ni
sur le bout opposé, mais sur les pattes. L'épreuve était infaillible et me faisait un aimable passe-temps. Je le variais
volontiers en modifiant à l'infini les hauteurs, et, si près du
sol que je tinsse l'animal, il ne manquait jamais de se re-

tourner avant de toucher terre, si bien qu'il se retrouvait toujours sur ses pattes. C'est dans l'énergie musculaire que je rencontre aujourd'hui l'explication de ce fait, comme je rencontre l'explication de l'autre, — tomber de très-haut sans se blesser, — dans l'extrême souplesse de toutes les parties et surtout dans la disposition à la flexion des membres, puissamment aidée en outre par l'existence des pelotes très-prononcées qui sont sous les pattes.

Il faut constater aussi que la disposition des ongles, très-favorable à l'action de grimper, ne permet pas au chat de descendre avec autant de facilité qu'il en trouve à monter. Très-apte à s'accrocher dans tout mouvement ascensionnel, il est moins heureusement doué pour aller en sens inverse; aussi descend-il en arrière, en s'accrochant, en faisant toujours supporter le poids du corps aux ongles dans la direction de bas en haut.

Les ongles de l'animal (fig. 61) jouent un grand rôle dans son existence. On sait sa manière, qui est celle de tous ses pareils ou de tous ses analogues : il se jette brusquement sur sa proie et la retient solidement dans ses griffes, sortes de harpons qui ne se décrochent qu'à bon escient. La pointe acérée par laquelle se termine chacun de ces ongles ne s'use point à rien faire, elle se conserve pour sa double destination : grimper et saisir la proie de façon à ce qu'elle ne puisse pas échapper. Les dispositions anatomiques qui assurent ce résultat sont des plus curieuses, mais je n'oserais les rappeler ici, de peur qu'elles ne constituent un détail un peu aride pour le lecteur.

Il en est de même de l'appareil dentaire et des organes digestifs en général. L'animal n'exhale par lui-même aucune odeur incommode, à moins qu'il soit fort irrité; mais son régime purement animal donne aux résidus excrémentitiels et particulièrement aux urines, qui se putréfient rapidement, une odeur infecte, *sui generis*. On prétend qu'il a conscience du fait et que c'est précisément là ce qui le porte à « faire ses besoins » en cachette et à couvrir avec soin la chose. S'il en est ainsi, c'est peut-être bien pour cacher autant que possible sa présence aux bêtes qu'il est forcé de chasser pour vivre.

Celles-ci sont douées, elles aussi, du sentiment de conservation, et tout ce qui peut les avertir d'un danger est nécessairement mis à profit. Ce ne serait donc pas pour se soustraire lui-même à de pénibles senteurs que le chat recouvrirait soigneusement urine et matières fécales, mais tout simplement par ruse ou par nécessité, afin de ne révéler ni son passage ni sa présence à ceux qu'il guette, à ceux qu'il convoite comme une proie impatiemment attendue.

La voix n'est pas la même chez tous les chats. Dans les grandes espèces, elle produit un bruit rauque très-fort, qui se change, dans les petites, en ce que l'on appelle le miaulement, mot heureux formé par onomatopée. Outre ce cri pourtant, dont le caractère principal se retrouve chez tous, chaque espèce possède à un degré variable la propriété de rendre des sons spéciaux : le lion rugit d'un ton creux, rappelant la voix du taureau ; le jaguar aboie presque à l'instar du chien ; le cri de la panthère ressemble au grincement de la scie ; le chat ordinaire miaule, sans parler du ronron, ce bruit particulier et commun à tous qu'ils font entendre lorsqu'ils veulent exprimer leur satisfaction. La voix excessivement douce et tout à fait enfantine des petits frappe notre oreille, qui ne l'oublie plus lorsqu'elle l'a une fois entendue.

Très-développée chez les chats, l'innervation donne parfois une singulière énergie à leur système musculaire. J'ai vu un chat, affligé d'une névrose, bondir du sol à un premier étage en passant par une fenêtre ouverte. J'en ai vu plusieurs autres, affectés de la rage communiquée par un chien, et qui, dans le paroxysme des accès, faisaient des sauts encore plus prodigieux ; ils étaient terribles à étudier, effrayants à suivre dans leurs violents et puissants efforts pour atteindre des volailles, affolées et perchées sur les branches de grands arbres.

M'occupant des sens, je répéterai que, sans avoir peut-être la vue d'une très-longue portée, les chats voient pour le moins aussi bien la nuit que le jour ; ils sont nyctalopes. Leur odorat n'a pas, il s'en faut, autant de finesse que celui du chien. Cela fait qu'ils consultent avec un soin méticuleux ce sens avant de manger. Les papilles cornées qui recouvrent la langue nuisent nécessairement à la perfection du goût et en altèrent les sensations. Aussi dévorent-ils plutôt qu'ils ne mangent ; à observer l'empressement avec lequel ils avalent, on dirait que l'aliment ne produit une bonne impression que lorsqu'il se trouve en contact avec l'estomac. A proprement parler, ils ne mâchent pas ; ils divisent seulement la nourriture en morceaux assez petits pour qu'ils puissent passer par l'œsophage. C'est bien d'eux qu'on peut dire au figuré : ils ne font que tordre et avaler. Cela dure jusqu'à ce qu'ils soient repus, après quoi ils font avec bonheur une sieste prolongée. Ils tiennent bien assujétie leur proie entre les pattes de devant. Ils boivent en lapant, à la manière des chiens. Entre tous, le sens de l'ouïe est le plus perfectionné ; c'est leur guide par excellence et le plus sûr. Ils perçoivent des sons que l'homme n'entend point, et c'est là le secret de leur plus grande réussite dans la poursuite intelligente de leur proie. Le tact est exquis. Des poils soyeux en sont l'organe extérieur, mais c'est surtout aux moustaches que ce sens à le plus de développement. Il paraîtrait, conformément à la remarque de F. Cuvier, que les chats sont habitués à recevoir par ces longues soies de nombreuses impressions ; car, si on les en prive en les coupant, leurs mouvements, leurs actions éprouvent un embarras qui va s'affaiblissant à mesure que les moustaches reviennent à leurs dimensions normales. J'ai eu la cruauté de faire plusieurs fois cette expérience qui dépayse en quelque sorte l'animal en le mettant pour ainsi parler hors de sa propre sphère, en lui ôtant partie de ses avantages naturels.

On a beaucoup et souvent interprété les mouvements significatifs ou éloquents de la queue chez le chien. Cet organe parle aussi chez le chat dont il fait connaître les passions. S'il est content, il le relève sur son dos ; si c'est la colère qui l'anime, il le baisse et le fait mouvoir avec force de droite à gauche et de gauche à droite.

Les mœurs des chats ont d'ailleurs été fort bien étudiées par les naturalistes et entre autres par Fr. Cuvier à qui j'emprunte le passage suivant :

« Ces animaux sont les plus carnassiers de tous les mammifères, et, quoique répandus sur la surface presque entière du globe, leurs mœurs sont partout à peu près les mêmes. Doués d'une vigueur prodigieuse, et pourvus des armes les plus puissantes, ils attaquent rarement les autres animaux à force ouverte; la ruse et l'astuce dirigent tous leurs mouvements, sont l'âme de toutes leurs actions. Marchant sans bruit, ils arrivent au lieu où l'espoir de trouver une proie les dirige, s'approchent en rampant de leur victime, se tapissent dans le silence, sans qu'aucun mouvement les décèle, ils attendent l'instant propice avec une patience que rien n'altère; puis, s'élançant tout à coup, ils tombent sur elle, la déchirent de leurs ongles, et assouvissent pour quelques heures la soif de sang qui les dévorait. Rassasiés, ils se retirent au centre du domaine qu'ils ont choisi pour leur empire. Là, dans un profond sommeil, ils attendent que quelque besoin nouveau les presse encore d'en sortir. Celui de l'amour, non moins puissant sur leurs sens que celui de la faim, vient à son tour les arracher au repos; mais la férocité de leur naturel n'est point adoucie par ce besoin, dont la conservation de la vie est cependant le but. Le mâle et la femelle s'appellent par des cris aigus, s'approchent avec défiance, assouvissent leur ardeur en se menaçant, et se séparent remplis d'effroi. L'amour des petits n'est connu que des mères. Les chats mâles sont les plus cruels ennemis de leur progéniture. Il semblerait que la nature n'a pu trouver qu'en eux-mêmes les moyens de proportionner leur nombre à celui des autres êtres, comme elle n'a pu trouver qu'en nous ceux de mettre des bornes à l'empire de notre espèce. Telles sont en effet les mœurs du tigre comme de la panthère, du lion comme du chat domestique.

« Cependant ces animaux, qu'aucun amour ne peut apprivoiser, sont capables de s'attacher par le sentiment de la reconnaissance. Lorsque la contrainte les force à recevoir des soins et leur nourriture d'une main étrangère, l'habitude finit par les rendre confiants, et bientôt leur confiance se change en une affection véritable; elle va même jusqu'à en faire des animaux domestiques : car le naturel des chats est tellement semblable dans toutes les espèces, que je n'élève aucun doute sur la possibilité de rendre domestique le lion ou le tigre comme notre chat lui-même.

« Une grande force, une grande indépendance, nuisent, on le sait, au développement des facultés intellectuelles en les rendant inutiles. C'est toujours le moyen le plus simple d'arriver au but qu'on préfère. Or, excepté l'homme, les chats n'ont point d'ennemis qui en veulent à leur vie, et aucun des animaux dont ils font leur proie ne peut leur résister ; la seule ressource de ceux-ci est dans une prompte fuite. Les chats ne peuvent point courir avec rapidité : c'est le seul développement de force auquel leur organisation ne se prête pas ; et, sous ce rapport, c'est leur seule imperfection, si l'on peut toutefois appeler ainsi la privation d'une faculté qui aurait entraîné la dévastation des continents, et y aurait éteint la vie animale : car, après avoir vu ce que peut la force d'un tigre poussé par la faim, et l'adresse ou la légèreté du chat sauvage, il est impossible de concevoir comment les autres animaux auraient pu échapper à la mort si la fuite leur eût été inutile. Le buffle et l'éléphant lui-même tombent sous la griffe du lion, et les arbres les plus élevés ne garantissent pas les oiseaux contre les surprises des petites espèces de chats.

« Ces animaux ne montrent jamais, dans l'état sauvage, une très-grande étendue d'intelligence ; aussi ne les chasse-t-on pas, à proprement parler ; on les attaque à force ouverte ou par surprise. Leurs ruses ne consistent guère que dans le silence et le mystère. Les grandes espèces se retirent dans les forêts épaisses, et les petites s'établissent sur les arbres ou dans les terriers, lorsqu'elles en trouvent de tout faits ; mais chaque individu, se reposant sur lui-même de la conservation de son existence, vivant dans un profond isolement, est privé des ressources qu'il trouverait dans son association avec d'autres individus, et des avantages que procurent les efforts de plusieurs dirigés vers un but commun : non pas cependant que la nature ait donné la force à ces animaux pour restreindre leur intelligence ; lorsqu'ils sont une fois soumis à l'homme, lorsqu'ils sont contraints par sa puissance à vivre dans des circonstances où ils ne se seraient jamais placés d'eux-mêmes, alors leur entendement se développe, s'accroît, et présente des résultats tout à fait inattendus. La défiance paraît être le trait le plus marqué de leur caractère; aussi c'est celui que la domesticité n'efface jamais tout à fait, et qui présente le plus d'obstacles quand on veut les apprivoiser. La moindre circonstance nouvelle suffit pour les effrayer, pour leur faire craindre quelque danger, quelque surprise. Il semblerait qu'ils se jugent comme nous les jugeons nous-mêmes.

« Ce naturel calme, patient et rusé, est en parfaite harmonie avec les qualités physiques des chats. Il n'est point d'animaux dont les formes et les articulations soient plus arrondies, dont les mouvements soient plus souples et plus doux; et toutes les espèces se ressemblent encore à cet égard. Quiconque a vu un chat domestique peut se faire une idée de la physionomie, de la force et des allures des autres chats; tous ont, comme lui, une tête ronde, garnie de fortes moustaches, un cou épais, un corps allongé et presque aussi gros au ventre qu'à la poitrine, mais étroit, et qui peut se rétrécir encore au besoin; des doigts très-courts, des pattes fortes, peu élevées, celles de devant surtout; et la plupart ont une queue assez grande et fort mobile. Ils marchent avec lenteur et précaution, et en fléchissant les jambes de derrière; se reploient très-facilement sur eux-mêmes, font usage de leurs membres et surtout de leurs pattes de devant avec une adresse qu'on aime à voir. Ils n'ont pas un mouvement dur. Lorsqu'ils courent, ils semblent glisser; lorsqu'ils s'élancent, on dirait qu'ils volent. »

Tels sont donc les chats, y compris le nôtre, dont nous aurons encore à parler. Avant de le reprendre en sous-œuvre, il faut pourtant donner un spécimen de la chasse au chat sauvage.

C'est M. Constant Laurent, l'un des collaborateurs de *la Chasse illustrée*, qui me le fournira après que l'un de ses chiens aura lancé la bête dans un fourré.

«En quatre bonds, dit-il, l'animal, — il s'agit bien entendu du chat, — est perché à vingt pieds du sol.

« Tant qu'il n'a affaire qu'au chien, il s'en inquiète assez médiocrement. Il s'allonge sur une branche et le regarde en pitié.

« Mais s'il voit poindre la casquette et le fusil du chasseur, la chose devient plus sérieuse. Maître chat se dit : « Le chien ne grimpe pas, je me moque de lui ; mais le plomb monte, et il n'y a plus à rire. »

« Alors maître chat se blottit dans la bifurcation de deux grosses branches, rentrant la queue, couchant les oreilles et écarquillant les yeux. Si le chasseur fait un pas à droite, il fait un demi-tour à gauche ; si le chasseur fait le tour de l'arbre, le chat en fera autant, mais de manière à mettre toujours le tronc entre lui et l'ennemi.

« C'est la manœuvre de l'écureuil quand il aperçoit un garde rôdant autour de son domicile.

« Si vous êtes seul, il y a dix à gager contre un que le chat lassera votre patience ; mais si vous êtes deux, il y a vingt à parier contre le chat. L'un des chasseurs se placera à dix pas de l'arbre pendant que l'autre en fera le tour. Il faudra bien que le chat se *présente à belle* à l'un des deux. Dès qu'il verra le fusil s'abaisser, il prendra son élan pour gagner les branches supérieures. Hâtez-vous de le tirer au vol, car, une fois arrivé au sommet de l'arbre, il se tapira dans les feuilles et vous serez obligé de le tirer au juger.

« Si vous parvenez à l'abattre, ne le tenez pas pour mort et gardez-vous de le ramasser tant qu'il remue. J'en sais quelque chose, et ma chienne aussi. Il n'y a pas d'animal qui ait la vie plus dure que le chat sauvage. J'en ai vu un qui avait les reins brisés, la moitié de la tête emportée et qui faisait encore des soubresauts, au bout d'un quart d'heure, quand on le poussait du pied.

« Que les âmes sensibles ne s'apitoient pas trop ; le chat sauvage est peu intéressant de sa personne. Il fait une guerre d'extermination aux alouettes, aux jeunes perdreaux, aux cailleteaux de la plaine et à tous les oiseaux insectivores des bois.

« En plaine, il se tapit dans un sillon, au bois dans un fourré. Malheur à qui s'aventure à portée de sa griffe ! Et sa griffe va loin. Je ne conseille pas à un levraut de passer à dix pas d'un chat sauvage à l'affût; en une seconde le braconnier est sur son dos; en une minute le levraut est mort.

« Si le chat sauvage était aussi commun que le lapin, il n'y aurait plus en mai et en juin une seule couvée dans les bois. Je parle des couvées de petits oiseaux, bien entendu. Le chat, qui est lâche avant tout, ne s'attaquera jamais à un nid de buse, d'émouchet, de crécerelle ou de corbeau. Il ne se frotte même pas aux pies, qui ont bon bec et qui, en criant haro sur le brigand, mettraient à ses trousses non-seulement toutes les pies, mais encore tous les geais du voisinage. Or comme les voleurs n'aiment pas généralement le bruit et la bataille, le chat sauvage se contente de faire la guerre aux fauvettes, aux verdiers, aux bruants, aux merles et aux mésanges, pauvres bestioles dont il ne respecte ni les veuves, ni les orphelins.

« Mais tout se paye dans la vie, et un beau jour le maraudeur se trouve face à face avec un garde qui

Lui met deux balles dans le front,
Et de sa peau fait un manchon,

quand il ne fait pas un civet de son râble; car il y a des gardes qui ne dédaignent pas une gibelotte de chat sauvage.

« Le père Chauvin était de ceux-là. Fils, petit-fils, arrière-petit-fils de garde, le père Chauvin avait une descente de lit en peaux de chats sauvages. Jugez de ce qu'il avait dû absorber de civets.

« Un jour, il avait tué, avec un de ses amis, un maître chat sauvage dans la forêt de Crécy. Chauvin invita son camarade à manger le chat. Celui-ci accepte, mais comme on était loin de la maison, il propose de festiner à l'auberge de la *Belle-Idée*, sur la lisière de la forêt.

« — Manger un chat comme celui-là à l'auberge, fit le père Chauvin, merci! Pour qu'on nous mette un lapin à la place! »

Le chat sauvage a eu sa bête légendaire, non moins célèbre presque que la bête du Gévaudan. Cette illustration du genre a exercé ses talents dans la belle forêt des Ardennes ; elle n'y laissait pas un lapin, elle avalait tous les œufs des nids du canton qu'elle avait particulièrement honoré de son choix. C'était un bec-fin qui négligeait les nuisibles. Des goûts délicats le portaient à préférer le gibier à la vermine. Il était d'une audace inouïe et n'avait pas son pareil. Plus d'un garde en avait fait son objectif, mais le gaillard avait échappé avec la même bonne chance à toutes les recherches et à toutes les attaques. On l'avait chassé spécialement sans résultat, il avait passé à côté de tous les traquenards posés à son intention et délicatement amorcés. On ne savait plus comment s'y prendre pour l'avoir, mort ou vif, lorsque tout simplement le hasard le mit au bout du fusil d'un favori du grand saint Hubert........

Le pays fut en liesse ; on félicita l'heureux chasseur, et le garde fit une complainte que l'on chanta un peu d'abord, et puis avec acharnement dans toute la contrée. Quant à la bête, elle fut écorchée ; sa peau fut confiée au savoir d'un tanneur émérite qui la prépara avec soin. Ce n'était qu'un préliminaire. Sa destination dernière la fit remettre à un chapelier qui en a confectionné une magnifique casquette de chasseur.

Que tous les chats sauvages se le tiennent pour dit : c'est ainsi qu'ils doivent finir.

Moins féconds que les nôtres, les chats tout à fait libres multiplient peu et leur population est réellement peu nombreuse en France. On en trouve néanmoins des représentants dans les forêts du Berri, de la Bourgogne, de la Haute-Marne, de l'Auvergne, en Belgique et particulièrement au nord des Ardennes. Il y en a aussi en Languedoc et au centre de la Guienne, dans le Béarn, en Bigorre, au sud de la chaîne des Pyrénées. L'espèce est moins rare sur les frontières d'Espagne. En Allemagne seulement on la trouve en populations relativement serrées. Mais les quatorze figures que nous donnons de 63 à 77 montrent qu'il y en a bien ailleurs.

J'arrive au chat domestique (fig. 78). Les variétés en sont si nombreuses qu'il serait bien difficile de les distinguer.

Celui que l'on désigne sous l'appellation qualificative de *tigré* montre une grande affinité avec le chat sauvage tres-près duquel il faut le placer. Il a les lèvres et la plante des

Fig. 63. — Le chat de la Cafrerie.

pieds noires; c'est là sa caractéristique. Quant aux taches des flancs et aux anneaux de la queue, ils varient sin-gulièrement par le nombre sur les individus. Au front et

Fig. 64. — Le chat à collier.

aux joues se voient de petites bandes disposées comme chez l'animal libre des bois, et l'extrémité de la queue est cons-tamment noire. Plus défiante qu'aucune autre, cette variété pratique les habitudes sauvages de la souche primitive.

Le *chat d'Espagne* a le poil assez court et brillant; ses lèvres et ses pieds sont couleur de chair; sa robe est tachée, par plaques irrégulières, de blanc pur, de roux vif et de noir foncé. Les trois couleurs existent toujours chez la femelle; mais le manteau des mâles n'en porte souvent que deux. Cette variété est assez commune dans les maisons, en Europe.

Il y a le *chat des Chartreux*, très-voisin du chat tigré dont il a toutes les habitudes et la prestesse. Son poil est très-fin,

Fig. 65. — Le chat du Népaul.

un peu long et partout d'une belle couleur gris ardoisé uniforme; il a aussi les lèvres et la plante des pieds noires.

Tout le monde connaît le *chat d'Angora* (fig. 79), originaire de ce point de l'Anatolie, patrie de plusieurs races de mammifères à poils longs et soyeux. Comme elles, cette variété ou cette race a les poils du corps doux, soyeux, très-longs, surtout autour du cou, sous le ventre et à la queue;

Fig. 66. — Le chat de Diard.

Fig. 67. — Le chat du Bengale.

ceux de la tête et des pattes sont courts. La robe est blanche,

Fig. 68. — Le chat de Java.

Fig. 69. — Le chat orné.

ou gris pâle, ou fauve pâle ou irrégulièrement marquée par

des plaques diversement disséminées sur le corps. La fourrure
est remarquablement belle en hiver. C'est de toutes les variétés de l'espèce la plus civilisée ou la plus éloignée du type
primitif; c'est la moins carnassière et la moins alerte; elle est
indolente, dormeuse et malpropre, malgré le charme qu'elle
trouve à habiter les appartements luxueux et à recevoir les
caresses des personnes qui vivent le plus habituellement dans
la propreté.

Fig. 70. — Le chat de Sumatra.

Ces quatre races principales du groupe des domestiques,
en se rapprochant diversement, en se mariant entre-elles à
tous les degrés, produisent au hasard mille et une indivi-
dualités qu'on a inutilement essayé de distinguer et de classer
en variétés ou sous-variétés. Leurs caractères sont éphé-
mères; en leur ensemble, ils ne présentent que les traits confondus et affaiblis des ascendants. Quand on l'a voulu cependant, grâce à la sélection ou simplement par élimination,

ce qui revient au même, on a obtenu des variétés constantes. Les plus curieuses sont celles des chats tout blancs, ou des chats tout noirs, à poils soyeux ou non soyeux.

Toute puissante a été, ici comme toujours, la volonté de l'homme sur la nature malléable et souple de l'animal.

C'est ainsi qu'on a formé — le *chat roux de Tobolsk;* — le *chat à oreilles pendantes*, à poils fins et longs, noirs ou jaunes, qui se trouve en Chine, dans la province de Pé-chi-ly; — le

Fig. 71. — Le chat à longue queue.

chat de Charazan, en Perse, à poils longs, doux et fins comme l'Angora, et de couleur grise comme celle de la robe du chat des Chartreux; — le *chat gris-bleu* ou *ardoisé* du cap de Bonne-Espérance, et son voisin ou compatriote le *chat rouge*, remarquable par une ligne rousse qui s'étend tout le long du dos en commençant à la tête; — le *chat de Pensa*, propre à la Russie, mais peu connu; — enfin le *chat de Madagascar*, qui aurait, pour caractéristique, la queue entortillée, — et le

chat du Japon que l'on nomme sans le faire connaître suffisamment.

Tous ces chats sont divers par le degré de domestication
auquel ils sont arrivés. Moins ils se sont éloignés apparemment de leur type sauvage sous le rapport de la conformation
et des mœurs, plus on les voit défiants, farouches, indépendants, peu disposés à la soumission. La soumission ! — c'est
leur moindre défaut.

Fig. 72. — Le chat chaus.

« La domesticité des chats, fait remarquer Fr. Cuvier, ne
semble pas remonter à des temps très-éloignés, en Europe,
du moins. Il paraîtrait que les Grecs les connaissaient assez
peu ; Aristote n'en a dit que quelques mots, et il en est de
même des autres auteurs de ce temps qui ont traité de l'histoire naturelle : cependant ils étaient communs chez les

Égyptiens. Mais d'où ce peuple les connaissait-il? Ces animaux ont été transportés par les Européens dans toutes les contrées de la terre, et ils n'ont éprouvé qu'une légère influence de la diversité des climats. Bosmann dit que, sur les côtes de Guinée, ils sont encore comme ceux de Hollande; les races d'Amérique, qui paraissent venir des chats d'Espagne, sont toujours les mêmes que les nôtres, et ceux de l'Inde et de Madagascar n'ont point éprouvé de changements importants.

Fig. 73. — Le chat du Canada.

« L'éducation a, au contraire, diversifié les chats domestiques à l'infini; tant sous le point de vue physique que sous le point de vue moral.

« Si les uns, dit encore Fr. Cuvier, sont des fripons incorrigibles, d'autres vivent au milieu des offices et des basses-cours, sans être jamais tentés de rien dérober, et l'on en voit qui sui-

vent une marte, comme le ferait un chien. Ce haut degré
de domesticité de certains chats est, sans contredit, l'exemple
le plus remarquable de la puissance de l'homme sur les animaux, de la flexibilité de leur nature, des ressources nombreuses qui leur ont été données pour se ployer aux circonstances, et pour se modifier suivant les causes qui agissent
sur eux. Je ne crois pas, en effet, que, excepté chez les chats,
nos soins aient développé entièrement et presque créé une

Fig. 74. — Le chat Colocolo.

qualité nouvelle dans nos animaux domestiques : nous avons
étendu, perfectionné celles qu'ils avaient reçues de la nature,
et surtout celles qui les portent à l'affection. Avant l'état où
nous les avons réduits, ils sont entraînés par un sentiment
naturel à vivre avec leurs semblables, à s'attacher les uns aux
autres ; à s'entr'aider mutuellement. Nous ne sommes devenus
pour eux, en quelque sorte, que d'autres individus de leur

espèce : seulement nous avons pris sur ces animaux l'empire qu'auraient pris, mais à un moindre degré, les individus qui parmi eux auraient été les plus heureusement organisés. Les chats étaient poussés, par leur naturel, à vivre seuls; une profonde défiance les suivait partout; rien ne les portait à s'attacher à notre espèce; on n'apercevait en eux aucun germe de sentiments affectueux; cependant quelques races sont pro-

Fig. 75. — Felis bai.

fondément domestiques, et ont un besoin extrême de la société des hommes. C'est surtout chez les femelles que ce besoin-là se manifeste : aussi je serais disposé à trouver l'origine de leur domesticité dans l'affection de celles-ci pour leurs petits, et il est à remarquer que les mâles sont beaucoup moins dépendants qu'elles. Il semblerait que la domesticité de ceux-ci ne participe plus de celle de leur mère, qu'elle n'a pour cause que l'influence que sa nature, modifiée par nous,

a exercée sur la leur, et non point cette disposition profonde
et indestructible sur laquelle, par exemple, est fondée la so-
ciabilité du chien. »

Je trouverais facilement à reprendre dans ce passage où
les idées se pressent en se heurtant, mais cela pourrait me
jeter hors cadre et me contraindre à aborder des questions
un peu ardues peut-être. Or, je les ai soigneusement écartées
jusqu'ici. Aussi bien, les réflexions viendront d'elles-mêmes

Fig. 76. — Felis albescens.

au lecteur lorsqu'il lui conviendra de s'arrêter un instant sur
les quelques lignes empruntées à Fr. Cuvier. Je rentre donc
spécialement dans mon sujet.

Chats et chattes ont peu de rapports entre eux et ne se fréquentent guère hors le temps des amours. Ce n'est pas
qu'ils se querellent ou s'évitent; non, seulement ils ne se recherchent point, ils n'ont aucun besoin de se voir ou de se

revoir, de vivre ensemble. Lorsqu'ils sont plusieurs sous le même toit, dans la même demeure, dans le même appartement plutôt, et en la possession du même maître, ils se rassemblent volontiers aux heures de la pâtée. Ils arrivent — chacun de son côté — pour se mettre à table, sans faire la moindre attention les uns aux autres. Ils sont tous là pour leur propre compte, sans aucun souci du voisin. Mon vieux père avait reçu, comme un héritage du sien et de son aïeul, un amour immense pour le chat, pour tous les chats. Il recueillait les

Fig. 77. — Le chat d'Angora.

enfants perdus de l'espèce : les malheureux, les plus déshérités reconnaissaient en lui un ami; tous acceptaient sans hésitation ses bienfaits alors que leur sauvagerie les portait à fuir les autres habitants de la maison. Il était curieux de les voir arriver, deux fois par jour, ceux-ci de la rue, ceux-là du grenier, les uns d'en haut ou d'en bas, les autres d'à côté, la plupart inconnus, comme à un rendez-vous d'affaires. Il y avait pour tous et, s'il en manquait un de ceux qui étaient venus la veille, c'était un regret qui amenait une re-cherche inquiète. A chacun on donnait sa part. Celle-ci ab-sorbée, le chat qui avait le plus habilement expédié la be-sogne n'allait pas gourmander les autres, il venait droit au bon vieillard, leur intime à tous, qui leur distribuait en sup-plément — tant qu'ils demandaient — et ce qu'il avait sur son assiette, et ce qu'il y avait dans les plats qui n'avaient pas encore été emportés à l'office. La première fois qu'on assistait à ce spectacle, ça paraissait étrange; plus tard on y décou-vrait la source de sentiments élevés et respectables, car cette passion pour les chats n'excluait l'amour pour aucune bête, et toutes ces affections se réunissaient en une qualité plus haute qui embrassait « le prochain » pour donner libérale-ment à l'homme ce qui lui appartient avant tout partage avec les animaux dont il s'est forcément entouré pour vivre en l'état de civilisation paisible.

Ce qui m'a toujours étonné dans ces réunions mobiles ou flottantes de chats, c'est la confiance réciproque qui en mar-quait les rapports. La main de mon père, tenant un morceau d'aliment, abaissée doucement et sans méfiance, à la hauteur de la bouche du chat, n'a jamais reçu une égratignure; la mienne ou une autre quelconque, agissant intentionnelle-ment de même, revenait presque toujours plus ou moins at-teinte par des griffes acérées. Le jeu me déplaisant fort, mon pied arrivait vite à la riposte et mettait la troupe en dé-sarroi; mais bientôt la voix caressante de l'ami réparait le trouble et reformait le groupe brusquement dispersé. C'é-taient alors de vives récriminations de ma part sur le naturel abominable de ces bêtes et une défense douce, affectueuse, mais accentuée de l'espèce, de la part de mon bon vieux père.

— Je me vengerai, lui disais-je un jour, je me vengerai une fois pour toutes. J'écrirai sur tes maudits chats; j'en dirai tant et tant de mal, je leur ferai tant d'ennemis, qu'au lieu de gâteries imméritées, ils ne trouveront plus que de mauvais traitements et de justes châtiments. Alors ils fuiront, et je n'en verrai plus; ils sont indignes de la société des hommes.

Et mon pauvre père de sourire en me disant : Voilà un

anathème qui ne m'épouvante guère. Tu ne détestes pas les chats autant que tu le crois ; mon affection pour eux les protégera contre un accès de mauvaise humeur permise et te rappellerait, s'il en était besoin, à l'impartialité dont ne doit jamais se départir l'écrivain , quelque sujet qu'il traite d'ailleurs. Cette règle, tu ne l'as jamais oubliée, tu ne l'enfreindras pas même au préjudice des chats , mes amis.

Et la petite altercation, qui mettait si fort en relief le judicieux esprit et la bienveillante nature de l'excellent vieillard , finissait par un tendre embrassement que je serais bien heureux de pouvoir lui porter encore.....

Le saint-père a, lui aussi, un grand amour pour les chats. C'est à coup sûr un grand honneur pour l'espèce, et les *chatophiles* en tirent vanité pour leurs privilégiés. Je sais, à ce sujet, un plaidoyer très-chaleureux ; je le mets à cette place, comme l'une des pièces au procès que j'instruis.

« Le vénérable Pie IX, dit l'honorable défenseur dont le nom est resté caché sous le voile de l'anonyme, a, ou du moins avait, il y a peu d'années, un chat pour lequel il montrait la plus tendre affection. Ce chat le suivait dans ses promenades aux jardins du Vatican, et restait dans l'appartement du Saint-Père souvent pendant les audiences de la plus haute étiquette. Il se promenait parfois sur les corniches du palais, et les gens du peuple, qui le connaissaient bien , se le montraient d'en bas, criant : « Le chat du pape ! le chat du pape ! »

« On m'assure même que quelques bonnes femmes du Transtévère s'agenouillaient à sa vue, comme pour lui demander sa bénédiction. Mais cela, par exemple, je ne l'affirme pas.

« Quiconque a entretenu avec les chats des relations habituelles, suivies, intimes, sait bien que c'est une race calomniée. Laquelle ne l'est pas, d'ailleurs ? Pour tous les animaux, l'homme est un ennemi, par conséquent un calomniateur donné par la nature. Comment dire du bien de ceux qu'on opprime, qu'on persécute avec une dureté féroce !

« Rien de plus naturel donc que l'affection de Pie IX, âme sereine et douce, pour cet ami des solitaires, pour cet animal réfléchi, silencieux, mais fier, et qui n'abdique jamais sa volonté. Il n'y a, en effet, que les gens respectueux pour la dignité d'autrui qui puissent vivre en bonne intelligence avec le chat. Lui ne se soumet pas à la tyrannie grossière et capricieuse de l'homme. Son affection n'est pas servile, mais libre et volontaire. Il n'est pas plus *méchant* que ne sont *mauvais coucheurs* les hommes (en avez-vous connu?) qui ne veulent pas souffrir les familiarités agressives des Jocrisses arrogants dont le monde est plein.

« Mais, sauf cette réserve intérieure de dignité personnelle, le chat est aussi affectueux que le chien, quoiqu'il ne le témoigne pas tout à fait de la même manière. J'ai vu des chats ne vouloir pas survivre à leur maître, — non, à leur ami, — et se laisser mourir de faim.

« Je disais tout à l'heure : animal *silencieux*. J'avais tort. Le chat ne l'est que pour ceux qui ne savent ni ses instincts ni sa langue; car, pour ceux avec qui il est en sympathie, il parle, il cause, il répond, il chante, il joue, il plaisante; c'est le plus gai et le plus naïf des compagnons.

« Mais il ne faut pas lui manquer de respect! Il distingue très-bien les avances caressantes et affectueuses des ironiques agaceries, essayées uniquement pour l'attraper.

« Et intelligent! Le moment venu ou passé, le mien saute sur la cheminée et s'en va faire jouer le cordon de sonnette du déjeuner.

« Quand je dois partir (ce qui, modestie à part, afflige son cœur d'ami), il ne manque jamais d'aller se fourrer dans la malle ouverte, refusant d'en sortir et ne cédant absolument qu'à la force.

« Et après mon départ, quels cris, quels miaulements, quels hurlements de désespoir! Le quartier tout entier en retentit.

« Et au retour, quelles joies, quels jeux, quelles courses écervelées, quelles cabrioles folles! Mais j'en dirais trop; et je vois déjà d'ici le tyran universel, l'homme, sourire de pitié à nos innocentes et mutuelles sympathies, à nous autres bêtes! »

Accueillez ceci, ô lecteurs, comme un témoignage irrécusable de mon impartialité. Je connais d'autres récits encore plus étranges, mais je m'en tiens à celui-ci.

Je disais un peu plus haut : Hors le temps des amours, mâles et femelles, très-indifférents entre eux, ne se voient point, ne se recherchent point, ne se parlent pas; ils se tolèrent, mais ils ne se disent rien. Ils ont le verbe haut, au contraire, lorsqu'une affaire de sentiment les rapproche. Ceci arrive à tout le moins deux fois l'an, au printemps et en automne; les plus complets ou les mieux doués, les plus heureux sans doute, ont une troisième saison. En effet, un certain nombre de chattes font trois portées par année. Rien de bruyant et de tapageur comme un couple de chats en conversation amoureuse. Ils jettent à l'air, pour s'appeler, des cris qui ne sont rien moins qu'agréables à entendre, et, au moment où tant d'autres s'épanchent à demi-voix en doux propos, ils se livrent — eux — à un vacarme infernal; ils·sont là-haut sur les toits, dans les gouttières, à faire un sabbat épouvantable, rude, âpre et larmoyant, qui ne saurait être l'expression d'un bonheur désirable, la traduction de jouissances bien enviables. On soupçonne aisément la cause de tout ce bruit; on la trouve anatomiquement dans la structure de l'appareil sexuel et l'on se dit, en l'étudiant : il est vrai pourtant ce proverbe : point de roses sans épines ! Les roses n'ont sûrement pas été épargnées ici, car la chatte a des ardeurs proverbiales parmi les hommes et les femmes, mais les épines n'ont pas été comptées non plus, à en juger par les lamentations vociférées avec force, par les plaintes et les gémissements douloureusement exhalés tandis que s'achève ce mariage forcé entre chat et chatte en quête de satisfaction et de progéniture. Les appels d'une amoureuse sont comme le soleil qui luit pour le monde, ils convoquent le ban et l'arrière ban des matous du quartier. Les forts seuls se risquent et se mettent sur les rangs. Il y a une belle en amour, il s'agit de savoir qui aura l'honneur de la posséder et de la faire geindre sous sa rude et puissante étreinte. Les prétendants se mesurent; il y a un prix; ce prix ne peut appartenir qu'à un vainqueur. Il y a bataille, conséquemment. Or entre gens de cet acabit une bataille est chose sérieuse. On se porte des coups qui laissent des traces parfois sanglantes; on ne se bat pas en silence, mais en faisant entendre des sons rauques ou plaintifs, et comme de faux sifflements qui troublent souvent le sommeil d'autres couples pour le moment bien disposés au repos et peu soucieux en vérité des aventures galantes de maître mitis.

Lorsque celui-ci rentre, le lendemain, tout défait, mal peigné, méconnaissable, affamé, ayant besoin de se refaire et de se réconforter, il ne reçoit en général de sa maîtresse que des compliments aigres-doux; mais il y est peu sensible et se contente de manger pour deux, afin de réparer au plus vite les pertes ou les fatigues de la nuit. Après cela, il se retire en un coin où il soit assuré de n'être pas dérangé, et s'y livre paisiblement à ce bienheureux sommeil au bout duquel se retrouvent la force, la volonté, la puissance.

Quant à madame, elle est moins prompte à se montrer. Après l'accomplissement ou la consommation du mariage, elle va se cacher en un lieu obscur et s'y reposer ou réfléchir. Elle ne sentira que plus tard l'aiguillon de la faim. Ce qui la domine à présent, c'est le besoin d'être seule, de se soustraire absolument à toute excitation extérieure. Elle se recueille et s'enferme en elle-même, loin du bruit, des agitations, de la lumière, comme si cela était indispensable à l'achèvement, à la bonne réussite de l'acte de la fécondation. Effectivement, en se comportant de la sorte, elle obéit à une loi de nature que suivent très-scrupuleusement toutes les femelles libres de leurs faits et gestes. Tout entière maintenant à l'œuvre d'une maternité assurée, elle portera en soi le fruit de ses douloureuses amours pendant une période qui n'excédera pas 56 jours. A l'approche de ce terme, elle choisit un endroit écarté, caché plutôt et peu fréquenté, pour préparer le nid dans lequel elle déposera ses petits au nombre de quatre à cinq. Elle les y allaite pendant plusieurs semaines et les soigne en bonne mère, avec une tendresse qu'on aimerait parfois à sentir égale chez d'autres auxquelles elle pourrait être offerte en exemple. Dès qu'ils peuvent manger, elle se met en chasse à leur intention, variant autant que possible leur alimentation et guettant alors avec autant de succès les petits oiseaux et les souris. Ces dernières ont tout à redouter du voisinage de son nid. Elle saura les ménager tant que les chatons ne seront pas en état de sortir et de s'essayer à leur futur métier, celui de leur mère; mais gare à elles du moment où les petits seront aptes à recevoir les premiers éléments de l'éducation professionnelle, car la maman ira droit au but et donnera pratiquement ses leçons en conduisant elle-même ses marmots à la chasse. Ceux qu'on élève à la maison se montrent joueurs inoffensifs et gracieux, simulant le guet et sautant brusquement sur le chiffon de papier ramené en boule qu'on met à leur portée pour servir à leur amusement; mais ceux que la mère élève à elle toute seule, dans un grenier ou dans une grange, sont dressés sérieusement à la chasse sérieuse, et font leurs premières armes aux dépens de la proie vivante la plus rapprochée et la plus facile. Ceux-là deviennent particulièrement adroits et agiles. Ne faut-il pas qu'ils apprennent promptement à vivre de leur propre industrie? Les autres, ayant du pain sur la planche, sont moins activement poussés dans la voie de l'expérience pratique; mais une bonne mère ne les néglige pas complétement et ne les laisse pas trop longtemps dans une ignorance nuisible.

Mon père a possédé, pendant longues années, une fort jolie petite chatte blanche très-féconde, très-choyée et très-amoureuse — trois fois l'an pour l'ordinaire. Bien souvent donc les plus vigoureux et les plus beaux matous du voisinage, fidèles à sa voix, sont venus l'entourer et se disputer l'honneur d'obtenir sa main. Elle a donné naissance à des enfants si divers qu'il y a lieu de supposer qu'elle a, chaque fois, accordé ses faveurs à un nouveau galant. Pour tous ses petits elle avait même amour et même sollicitude. A sa première portée, son maître, très-soigneux de tout ce qui la concernait, avait guetté — lui aussi — le moment opportun, et lui avait préparé de ses mains un lit commode dans un vaste panier à fond plat et à bords peu élevés. L'attention n'avait pas échappé à Blanche. Loin de là, elle avait été si fort de son goût, qu'à chacun des termes de ses grossesses renouvelées, elle venait auprès du maître, toujours attentif et bienveillant, réclamer de lui, par des miaulements significatifs, le même soin, la même bonne précaution. Nulle part elle n'eût été en plus grande sécurité, nulle part ses petits n'eussent été plus heureux. C'était donc bien fait à elle de solliciter dans la suite le retour de l'attention dont elle s'était si bien trouvée précédemment. Là, d'ailleurs, elle n'avait rien à prévoir (fig. 78). On pourvoyait amplement à ses besoins et à ceux de ses petits. Elle laissait donc un peu de latitude à ces derniers et ne leur apprenait d'abord qu'à jouer avec elle ou entre eux. Plus tard, cependant, elle allait en expédition, attrapait quelque souriceau auquel elle accordait pour un temps la vie, afin de l'apporter vivant et plein de vigueur à sa nichée. C'était drôle alors que d'assister à la leçon don-

Fig. 78. — Nos chats.

née par la mère aux enfants, et le raffinement de cruauté de la première ; veillant à ce que la petite souris ne pût échapper à l'inexpérience des autres, devenait un spectacle navrant. La pauvre condamnée faisait pitié, excitait la compassion ; mais malavisé eût été quiconque se serait permis d'intervenir. Pattes de velours n'ont point été imaginées pour la circonstance, mais griffes acérées et violentes. Que dire pourtant ? Non-seulement la chatte, mais la mère était dans son rôle et dans son droit. Il est des choses qu'il ne faut pas voir ; il est des situations sur lesquelles il est malsain de porter ses réflexions.

Ceci précisément me remet en mémoire une petite anecdote qui a été dénoncée, je crois, à la Société protectrice des animaux, et qui a mis en scène un enfant au cœur compatissant et un tout petit chat aux griffes très-aiguës.

Ce dernier, le chat, ayant grimpé tout au haut d'un peuplier long et menu, comme ses pareils en la première période de la croissance, s'y tenait cramponné sans plus savoir comment il s'y prendrait pour descendre. En attendant, il appelait au secours et lançait dans l'espace de plaintifs gémissements, des miaulements douloureux et désespérés. Au retour de l'école, un enfant, de physionomie avenante et décidée, entend la voix de la petite bête en détresse, lève la tête et voit tout d'un coup d'œil.

Rapide comme l'éclair, il jette à terre livres et cahiers et se met en route pour aller rejoindre le pauvre minet. Si élevé et si mince que fût le peuplier, — pliant sous le fardeau, — l'enfant réussit dans sa périlleuse ascension. Le voilà au faîte. Il saisit d'une main l'imprudent animal, tandis que, balancé à 20 mètres de hauteur, il se retenait, lui, fortement au tronc de l'autre ; puis, afin de descendre plus facilement et d'y employer libres ses deux mains, il place la petite bête sur l'une de ses épaules, tout près du cou. Mais soudain un cri strident frappe l'air ; c'est la voix de l'enfant qui s'est fait entendre. Pour ne pas tomber, monsieur le chat n'avait trouvé rien de mieux que d'enfoncer ses griffes dans les chairs du cou de son sauveur. Je sais bien, pour ma part, de quelle façon j'aurais répondu à cette brutale attention ; une fois de plus j'aurais renouvelé, séance tenante, mes anciennes expériences sur la chute préméditée des animaux de sa race. L'enfant valait mieux que moi ; le premier cri jeté, il se résigna à la douleur et commença à descendre lentement, sans secousses, pour ne point effrayer son bourreau.

Arrivé au pied de l'arbre, il détache doucement la bête, toujours cramponnée à son cou, et lui dit seulement en le caressant : Ah ! mon petit, tu m'as fait joliment mal !

En effet, son cou était sillonné de déchirures assez profondes. Pour moi, qui n'attends jamais rien autre des chats, je ne les touche jamais, et je répète avec le dicton : Qui s'y frotte s'y pique. Cela ne m'empêche pas de louer tout haut la bonne action et la stoïque résolution de l'enfant.

A l'habitude, Blanche ne mangeait pas de souris; mais elle était bien aise de montrer, par-ci par-là, à son maître qu'elle ne se tenait pas toujours en dehors de ses attributions. Elle lui apportait donc de temps en temps, occasionnellement, une petite bête qu'elle avait prise et tuée, comme pour lui dire : Tu m'aimes et tu me soignes; mais je te sers, partant quitte ! Cette dernière partie de l'interprétation n'eût pas été acceptée par le bon vieillard qui ne scrutait pas les faits au delà de leur bonne signification. Ayant trouvé celle-ci, il s'y arrêtait et n'arrivait pas jusqu'au commentaire intéressé ou malveillant. Quelles leçons de douce philosophie il m'a de la sorte données en sa longue carrière ! Pourquoi tous ne sommes-nous pas aussi indulgents et aussi bons?

Observateurs émérites et sagaces, les chats n'entrent jamais dans un lieu qu'ils ne connaissent point sans le visiter en tous ses coins et recoins. Cette précaution a nécessairement sa raison d'être, son utilité pratique. Ils aiment la chaleur, surtout la chaleur douce du lit, et ceci est un danger pour les enfants au berceau lorsqu'ils vont se fourrer sous les couvertures en hiver. Se posant volontiers sur la poitrine des pauvres innocents endormis, ceux-ci ne se réveillent pas toujours; on en a trouvé qui avaient été asphyxiés sous le poids relativement énorme des plus beaux, des plus gras et des plus dorlotés.

Le chat que l'on caresse exprime son contentement par un bruit analogue à celui d'un rouet; le mouvement balancé de la queue est, chez lui, un signe de colère ou d'impatience. S'il est surpris, s'il croit avoir quelque chose à craindre, il vousse fortement le dos, se hausse tant qu'il peut sur les pattes, hérisse ses poils; et gonfle pour ainsi dire sa queue qu'il laisse pendre si — plutôt — il ne la porte d'un côté et de l'autre. Il a un goût très-prononcé pour certaines plantes odorantes, notamment pour la valériane et la chataire, contre ou sur lesquelles il se frotte avec une satisfaction évidente.

Comme beaucoup d'autres animaux, il fait soigneusement sa toilette; il se lèche après avoir mangé et lustre sa robe avec sa salive après en avoir chargé l'une de ses pattes, pardon ! l'une de ses mains. Ce manége plaît assez aux maîtresses qui l'observent de près et ne manquent jamais de dire — si la main passe par dessus l'oreille : — Nous aurons de l'eau, c'est immanquable ; moumouth vient de l'annoncer. Cet oracle est-il aussi sûr que celui de Calchas ? Peut-être ; mais est-ce donc beaucoup dire ou dire beaucoup ?

Blanche, dont je parlais un peu plus haut, avait été élevée auprès d'un magnifique Blenheim avec qui elle faisait très-bon ménage jusqu'à la gamelle exclusivement. Sur ce point, Carlos n'entend pas raillerie, et alors même qu'il n'a point faim il ne permet à personne de toucher à ses aliments. Blanche, qui l'adore, ne le contrarie jamais et semble s'être dévouée à lui. Pleine de tendresse et de sollicitude, elle le caresse à toute heure, l'observe de près, et lui fait sa toilette chaque jour. Elle vient le lécher et le débarbouille avec un soin tout particulier. Tant que la langue passe sur les poils, Carlos se laisse faire, mais quand elle vient sur la figure et notamment autour des yeux que le pauvre chien a souvent entourés de chassie, Carlos grogne et semble ordonner à Blanche de ne pas aller plus loin. Blanche alors éloigne sa langue de l'endroit sensible, mais pour un instant seulement et comme pour donner le change, car bientôt après elle revient aux yeux, qu'elle tient essentiellement à approprier au grand complet, tâche assez compliquée et qu'elle finit cependant par accomplir à sa satisfaction.

Ce trait n'est sans doute qu'une bizarrerie, qu'une excentricité, mais combien d'autres, non moins étranges pourraient être recueillis ? Le chat est un peu comme la femme. On ne le connaîtra jamais à fond ; de lui rien ne saurait étonner. C'est bien avec elle d'ailleurs qu'il contracte l'amitié la plus étroite. Beaucoup d'hommes aiment les animaux de cette espèce, mais la préférence que certains ont pour eux ne ressemble point à l'affection toute particulière de la femme en général pour ses chats. C'est une affinité à part, quelque chose de tout à fait intime et à quoi s'adresserait ou répondrait facilement un peu de malice. La malice n'est pas mon fait ; je passe, heureux de n'avoir point à m'y arrêter.

Comme plusieurs autres femelles, la chatte a la faculté de

transporter ses petits. L'opération a son originalité, voyons comment la bonne mère y procède. Comme préliminaire indispensable, elle lèche à haute dose le petit dont elle va se charger, elle le lèche sous le cou, dans la région précisément par laquelle elle le saisira pour l'emporter ; elle le prend ensuite entre ses mâchoires sans les serrer assez pour nuire à la respiration ou pour causer la moindre douleur, pour provoquer la moindre plainte. Ainsi pourvue et chargée, elle marche la tête haute afin que le petit ne frappe pas contre terre, et celui-ci, laissant pendre corps et pattes, ne remue pas plus que s'il était mort. En le déposant dans son nouveau nid, la mère lui fait subir un nouveau *léchage* sous le cou. Le premier avait peut-être eu pour objet de rendre plus facilement adhérentes les dents sur le poil ; le second est sans doute un moyen d'effacer les traces légères des mêmes organes sur la peau. Je ne sais au juste ce que vaut cette double explication, mais elle ne tire pas à conséquence et le lecteur peut l'oublier sans le moindre inconvénient. La précaution de la mère n'en existe pas moins et je la tiens, quoi qu'il en soit, pour plus utile encore que ce singulier usage, si fréquent parmi les hommes de gros labeur, de se crachoter dans les mains et de se les frotter avant de saisir un gros ouvrage ou de se livrer à un effort considérable.

La chatte est curieuse aussi à observer lorsque ses petits commencent à marcher. Elle les sollicite et les accompagne avec une sollicitude très-éveillée. S'ils font mine de s'écarter, elle les appelle par un miaulement doux et particulier. Mais ils font parfois la sourde oreille : alors elle appelle de nouveau, et l'inquiétude se met de la partie. Sa physionomie mobile exprime d'une façon très-visible les divers sentiments par lesquels elle passe. L'embarras augmente lorsque celui-ci, celui-là et cet autre prennent des directions différentes. Auquel donc aller tout d'abord?... Elle fait quelques pas dans le sens où elle voudrait les voir venir tous ensemble, les appelle encore et revient à eux pour les persuader ou pour essayer de les emporter... S'ils sont déjà un peu grands, elle les traîne l'un après l'autre en se reposant chaque fois que la fatigue l'y oblige. Mais un ennemi peut surgir. Effectivement, un chien mal disposé paraît et l'effraye pour ces garnements qu'elle a eu tant de peine à rallier ; alors elle fait face au danger et, s'il y a eu lieu, défendra ses petits avec fureur.

On a souvent raconté des faits d'adoption de nourrissons appartenant à des espèces étrangères. L'un des plus étonnants est bien celui de l'allaitement de petits chats par une chienne. Mais la chatte ne le cède pas sous ce rapport à la femelle du chien ; elle lui donne volontiers la réciproque en allaitant de petits chiens. On cite maints autres exemples d'adoption des plus curieux, entre autres celui de l'allaitement de petits écureuils, raconté à son père par un membre de la Société protectrice des animaux, Mme Marguerite de la Garde (1867).

« L'année dernière, dit-elle, un nid d'écureuils tomba, je ne sais comment, entre les mains d'un jeune fermier qui vint demander conseil à ma belle-sœur pour sauver la jeune famille près de mourir de faim. Que faire ? La chatte avait un chaton qu'elle nourrissait : on parvint, après quelques jours de soin, de patience et de caresses, à lui faire allaiter les écureuils ; et je t'assure qu'il était curieux et charmant, au bout de quelques semaines, de voir ces jolis petits animaux jouer avec la chatte, lui prendre la tête entre leurs pattes et courir autour d'elle avec une agilité moqueuse dont le chaton paraissait tout ébahi. Devenus grands, on les lâcha dans les bois. »

Je ne sais pas encore ce qui est advenu du liévreteau dont j'ai parlé plus haut et qu'une chatte avait adopté, à Saint-Dizier, pour l'allaiter au même titre que le chaton qu'on lui avait laissé ; mais je me souviens qu'un fait semblable a été porté, en 1860, à la connaissance de la Société d'acclimatation. Il s'agissait de deux petits acceptés par la même chatte. Or, à quelque temps de là est parvenue la fin de l'histoire. La nourrice avait gardé la même sollicitude pour ses nourrissons pendant quinze jours ; mais l'un d'eux alors s'étant permis de brouter quelques brins d'herbe à son goût, la mère le tua et abandonna l'autre.

Une pareille fin n'est pas fatale. C'est ce que va démontrer cet autre fait, recueilli à Saint-Arnoux, près Rambouillet, quelques années plus tôt. J'en emprunte le récit au *Bulletin mensuel de la Société d'acclimatation.* « La directrice du bureau de poste conservait chez elle une chatte qui avait ensemble un *lièvre* et un *chien* depuis le moment de leur naissance. Quand les vit M. le docteur Léon Soubeiran, ils étaient âgés de huit à neuf mois. Le lièvre, qui courait pendant une grande partie du jour dans le jardin, jouait avec ses deux compagnons et ne manquait jamais de les suivre jusque dans la maison à l'heure des repas... Peu de temps après le lièvre s'est échappé du jardin, et n'a plus reparu. »

G. White rapporte un fait d'adoption recherchée, bien plus extraordinaire. Un levraut, âgé de quelques jours seulement, était élevé au biberon dans une maison où une chatte devenait mère de six petits qu'on lui enleva. La pauvre bête remplaça ses nourrissons par le liévreteau; mais, instruite par l'expérience, elle l'emporta à la dérobée et le cacha soigneusement à tous les yeux. A quelque temps de là, néanmoins, elle le ramena au maître en s'en faisant suivre par de doux miaulements qui lui indiquaient par où il devrait venir. Elle continua de l'allaiter ainsi tant qu'il lui plut de boire son lait, et elle lui montrait une extrême sollicitude.

Mais voici qui dépasse toute imagination. Le fait se serait passé dans une ferme, en Angleterre. La chatte avait mis bas, on lui vola sa nichée qu'on porta, dans un panier, jusqu'au cours d'eau chargé de les transporter à la mer. Pour lui faire oublier son chagrin, un enfant déposa dans le même panier une nichée de jeunes rats que le hasard lui avait fait découvrir et les lui offrit en pâture. Les petits, à demi nus et gémissants, lui inspirèrent une profonde compassion; elle se glissa dans le panier et présenta ses mamelles qui furent acceptées. L'adoption fit grand bruit; la nouvelle s'en répandit au loin et, curieusement, on vint de tous les côtés pour voir ce phénomène ou tout au moins cette étrangeté. On vint si bien que l'affluence des visiteurs étant considérée comme une incommodité, on prit le parti d'y mettre fin. Ce ne fut pas long; on détruisit simplement la nichée.

Après ceci, il n'y a plus sans doute qu'à tirer l'échelle, et je fais grâce au lecteur de maints autres récits presque aussi extraordinaires.

Une particularité, étrange aussi, est la façon dont le chat exprime ou son contentement ou ses désirs, voire son affection. Tout cela se trouve dans une sorte de murmure court mais continu. Il témoigne encore des sensations agréables qu'il éprouve lorsqu'il est sur les genoux ou sur le lit de maîtresse ou posé sur elle, en appuyant et soulevant alternativement les pieds antérieurs, opérant alors une espèce de piétinement sur place, de pétrissement plutôt, très-significatif. C'est une de ses caresses les plus tendres. Ceux qui l'aiment aiment naturellement aussi cette démonstration de tendresse à nulle autre pareille. Pour moi, je l'avoue, elle m'agace horriblement, et je ne la tolère pas. Au diable! l'insupportable bête qui me piétine ainsi le plat des cuisses; je l'envoie bientôt pétrir ailleurs quand le hasard me l'a fait admettre un instant sur moi, ou que, par distraction plus que par affection, je l'ai provoquée par une caresse de la main, dont je n'ai pas une grande habitude. Cette monomanie est innée chez l'animal, qui s'y exerce pour ainsi dire en naissant. Il en fait l'apprentissage au berceau, car il presse de la même manière les mamelles de sa nourrice dans les moments où il tette avec le plus de plaisir.

Par deux fois déjà j'ai parlé de la queue, qui a son langage presque aussi expressif que chez le chien. Elle est relevée et droite lorsque l'animal marche vers un objet qui lui plaît ou le flatte; il l'agite lorsqu'il est en colère ou animé par une passion violente. S'il est assis, il la ramène en rond sur ses pattes de devant, et si on essaie de le retenir au moment où il veut s'éloigner, il témoigne de son impatience par le mouvement de balancement qu'il imprime à l'extrémité de l'organe.

Bien que chiens et chats soient essentiellement faits pour se haïr et ne pas se supporter mutuellement, on les voit fort bons amis lorsqu'ils appartiennent au même maître et surtout lorsqu'ils ont été élevés côte à côte. Cela ne veut pas dire que de temps à autre il ne soit pas nécessaire d'intervenir et de mettre le hola! Dans les meilleurs ménages on se querelle, hélas!

La discorde a toujours régné dans l'univers,

Mais entre époux assortis l'orage passe vite, et bientôt revient la sérénité. Entre chiens et chats, commensaux d'un même logis, les choses arrivent de même. Seulement, grognements et menaces se renouvellent parfois plus souvent, et

.... Aux grosses paroles
On en vient sur un rien, plus des trois quarts du temps.

La Fontaine a fort gentiment glosé là-dessus. Relisez donc, si vous ne l'avez plus en mémoire, sa jolie fable : *La querelle des chiens et des chats, et celle des chats et des souris*. Entre gens de cet acabit, le bonhomme ne croyait pas à la paix, à la paix durable au moins, mais à la guerre éternelle, sauf les rares éclaircies qu'un dicton populaire traduit de la sorte : Querelles de gueux ne durent guère; et les sentiments avouables donc, est-ce qu'ils durent toujours davantage?

Au-dessus de la fable qu'en l'occurrence je tiens pour égale à la réalité, il y a l'histoire naturelle. Celle-ci, en ce qui concerne monsieur le chat, a monté deux cloches et fait entendre deux sons un peu discordants. M. Boitard, tirant sur la corde de l'une, lui fait dire à toute volée ceci : « D'un caractère timide, le chat devient sauvage par poltronnerie, défiant par faiblesse, rusé par nécessité, et voleur par besoin : il n'est jamais méchant que lorsqu'il est en colère, et jamais en colère que lorsqu'il croit sa vie menacée; mais alors il devient dangereux, parce que sa fureur est celle du désespoir, et qu'alors il combat avec tout le courage des lâches poussés à bout. Forcé, dans la domesticité, de vivre continuellement en société du chien, son plus cruel ennemi, sa méfiance naturelle a dû augmenter, et c'est probablement à cela qu'il faut attribuer ce que Buffon appelle sa fausseté, sa marche insidieuse, et il a conservé de son indépendance tout ce qu'il lui en fallait pour assurer son existence dans la position que nous lui avons faite; et si l'on rend cette position meilleure, comme à Paris, par exemple, où le peuple aime les animaux, il abandonne aussi une partie de son indépendance en proportion de ce qu'on lui donnera en affection. »

Est-ce que le tableau n'est pas un peu flatté ? Je veux bien faire aux amis de l'espèce certaines concessions qui me coûtent, je l'avoue, mais je ne voudrais pas leur voir ériger en vertus civiques des penchants ou des mœurs de sauvages. A mon avis, M. Boitard a vu tout en beau et fort exagéré les aimables qualités du chat, lequel n'aurait d'autres vices que ceux qu'il aurait contractés au contact de l'homme. C'est aller trop loin, je suppose. Aussi, vais-je prier le lecteur d'écouter le son de l'autre cloche, de celle qu'a fait vibrer Buffon. Voici comment elle parle :

« Le chat est un domestique infidèle, qu'on ne garde que par nécessité, pour l'opposer à un autre ennemi domestique, encore plus incommode, et qu'on ne peut chasser ; car nous ne comptons pas les gens qui, ayant du goût pour toutes les bêtes, n'élèvent des chats que pour s'en amuser : l'un est l'usage, l'autre l'abus ; et quoique ces animaux, surtout quand ils sont jeunes, aient de la gentillesse, ils ont en même temps une malice innée, un caractère faux, un naturel pervers, que l'âge augmente encore et que l'éducation ne fait que masquer. De voleurs déterminés, ils deviennent seulement, lorsqu'ils sont bien élevés, souples et flatteurs comme les fripons ; ils ont la même adresse, la même subtilité, le même goût pour faire le mal, le même penchant à la petite rapine ; comme eux, ils savent couvrir leur marche, dissimuler leur dessein, épier les occasions, attendre, choisir, saisir l'instant de faire leur coup, se dérober ensuite au châtiment, fuir et demeurer éloignés jusqu'à ce qu'on les rappelle. Ils prennent aisément des habitudes de société, mais jamais des mœurs : ils n'ont que l'apparence de l'attachement ; on le voit à leurs mouvements obliques, à leurs yeux équivoques ; ils ne regardent jamais en face la personne aimée ; soit défiance ou fausseté, ils prennent des détours pour en approcher, pour chercher des caresses auxquelles ils ne sont sensibles que pour le plaisir qu'elles leur font. Bien différent de cet animal fidèle dont tous les sentiments se rapportent à la personne de son maître, le chat paraît ne sentir que pour soi, n'aimer que sous condition, ne se prêter au commerce que pour en abuser ; et, par cette convenance de naturel, il est moins incompatible avec l'homme qu'avec le chien, dans lequel tout est sincère.

« La forme du corps et le tempérament sont d'accord avec le naturel. Le chat est joli, léger, adroit, propre et voluptueux. Il aime ses aises, il cherche les meubles les plus mollets pour s'y reposer et s'ébattre. Il est aussi très-porté à l'amour, et, ce qui est rare dans les animaux, la femelle paraît être plus ardente que le mâle. Elle l'invite, elle le cherche, elle l'appelle, elle annonce par de hauts cris la fureur de ses désirs ou plutôt l'excès de ses besoins; et lorsque le mâle la fuit ou la dédaigne, elle le poursuit, le mord, et le force, pour ainsi dire, à la satisfaire, quoique les approches soient toujours accompagnées d'une vive douleur.....

« Les jeunes chats sont gais, vifs, jolis, et seraient aussi très-propres à amuser les enfants si les coups de patte n'étaient pas à craindre; mais leur badinage, quoique toujours agréable et léger, n'est jamais innocent, et bientôt se tourne en malice habituelle; et comme ils ne peuvent exercer ces talents avec quelque avantage que sur les plus petits animaux, ils se mettent à l'affût près d'une cage, ils épient les oiseaux, les souris, les rats, et deviennent d'eux-mêmes, et sans y être dressés, plus habiles à la chasse que les chiens les mieux instruits. Leur naturel, ennemi de toute contrainte, les rend incapables d'une éducation suivie.....

« On ne peut pas dire que les chats, quoique habitants de nos maisons, soient des animaux entièrement domestiques; ceux qui sont le mieux apprivoisés n'en sont pas plus asservis : on peut même dire qu'ils sont entièrement libres, ils ne font que ce qu'ils veulent, et rien au monde ne serait capable de les retenir un instant de plus dans un lieu dont ils voudraient s'éloigner. D'ailleurs la plupart sont à demi sauvages, ne connaissent pas leurs maîtres, ne fréquentent que les greniers et les toits, et quelquefois la cuisine et l'office lorsque la faim les presse. Quoiqu'on en élève plus que de chiens, comme on les rencontre rarement, ils ne font pas sensation pour le nombre; aussi prennent-ils moins d'attachement pour les personnes que pour les maisons : lorsqu'on les transporte à des distances assez considérables, ils reviennent d'eux-mêmes à leur grenier, et c'est apparemment parce qu'ils en connaissent toutes les retraites à souris, toutes les issues, tous les passages, et que la peine du voyage est moindre que celle qu'il faudrait prendre pour acquérir les mêmes facilités dans un nouveau pays. Ils craignent l'eau, le froid et les mauvaises odeurs; ils aiment se tenir au soleil, ils cherchent à se gîter dans les lieux les plus chauds, derrière les cheminées ou dans les fours; ils aiment aussi les parfums et se laissent volontiers prendre et caresser par les personnes qui en portent : l'odeur de cette plante que l'on appelle l'*herbe aux Chats* les remue si fortement et si délicieusement, qu'ils paraissent transportés de plaisir. On est obligé, pour conserver cette plante dans les jardins, de l'entourer d'un treillage fermé; les chats la sentent de loin, accourent pour s'y frotter, passent et repassent si souvent pardessus qu'ils la détruisent en peu de temps.

« A quinze ou dix-huit mois, ces animaux ont pris tout leur accroissement; ils sont aussi en état d'engendrer avant l'âge d'un an, et peuvent s'accoupler pendant toute leur vie, qui ne s'étend guère au delà de neuf ou dix ans; ils sont cependant très-durs, très-vivaces, et ont plus de nerf et de ressort que d'autres animaux qui vivent plus longtemps.

« Les chats ne peuvent mâcher que lentement et difficilement; leurs dents sont si courtes et si mal posées, qu'elles ne leur servent qu'à déchirer et non pas à broyer les aliments; aussi cherchent-ils de préférence les viandes les plus tendres; ils aiment le poisson, et le mangent cuit ou cru; ils boivent fréquemment; leur sommeil est léger, et ils dorment moins qu'ils ne font semblant de dormir; ils marchent légèrement, presque toujours en silence, et sans faire aucun bruit; ils se cachent et s'éloignent pour rendre leurs excréments, et les recouvrent de terre. Comme ils sont propres et que leur robe est toujours sèche et lustrée, leur poil s'électrise aisément, et l'on en voit sortir des étincelles dans l'obscurité lorsqu'on le frotte avec la main : leurs yeux brillent aussi dans les ténèbres, à peu près comme les diamants qui réfléchissent au dehors, pendant la nuit, les lumières dont ils sont, pour ainsi dire, imbibés pendant le jour. »

Buffon n'a pas tout dit. Nous avons d'autres griefs encore contre les chats, et long serait le réquisitoire que nous pourrions dresser contre l'espèce. J'ai parlé des dangers qu'ils font courir aux tout jeunes enfants, qu'ils étouffent par leur poids lorsqu'ils vont s'installer au beau milieu du berceau où ils dorment paisiblement et profondément. Les journaux m'apportent de loin en loin quelque récit épouvantable et de même sorte. Entre tous, je choisis le dernier qui soit à ma connaissance ; il est de fraîche date.

« — Il y a quelques jours, une scène horrible s'est passée dans un des faubourgs de Vienne. A neuf heures du matin, Mme H… se rendit au marché, laissant un enfant encore au berceau seul dans l'appartement, dont elle ferma la porte à clef.

« Lorsqu'elle revint, une demi-heure plus tard, elle entendit son enfant qui poussait des cris lamentables, et, en entrant dans la chambre, elle aperçut un chat assis sur le berceau et rongeant la main de l'enfant.

« Dès que cet animal entendit du bruit, il s'échappa par la fenêtre, par laquelle il était probablement entré.

« En arrivant près du berceau, quelle ne fut pas la terreur de la mère en voyant que le chat avait rongé non-seulement une partie de la main, mais aussi la joue et l'oreille de l'enfant.

« La mère ressentit une telle douleur que le délire s'empara d'elle et qu'on dut la transporter dans la maison des aliénés. Il n'y a pas d'espoir de sauver l'enfant. »

Je sais tout ce qu'on peut arguer pour atténuer le fait d'un pareil événement, et moi-même je ne veux pas conclure du particulier au général ; mais il me sera permis de dire, je pense, que c'est un vilain hôte que ce chat prétendu domestique ; il y a au moins de très-minutieuses précautions de surveillance à prendre contre lui.

Je frémis aussi à la pensée du chat enragé. Le premier animal que mordrait un chien aux prises avec cette horrible affection qui a nom la rage, ce serait naturellement le chat si ce dernier se tenait plus volontiers à sa portée. Par bonheur pour nous, il le fuit instinctivement lorsqu'il le sent malade.

Mais il n'évite pas toujours une morsure, et par conséquent la contagion. On ne peut se faire une idée de ce qu'est un chat enragé, à moins d'en avoir vu en cet état. Le poil hérissé, les yeux étincelants de menace, en proie à une violence inouïe, d'aspect hideux, il répand la terreur. Il brave toutes les attaques et les prévient par une terrible initiative. Il se jette à corps perdu, en bondissant furieux, sur tous les êtres vivants qu'il aperçoit, se cramponne à eux en enfonçant profondément ses griffes dans les chairs, et mord cruellement. Tous fuient à son approche sans songer à aucun autre moyen de défense. Quand il tient, il ne lâche que pour se ruer sur une autre victime. Il faut lui livrer bataille avec audace, avec énergie, sans hésitation ; l'assommer vivement ou le tuer d'un coup de feu. Il y va de la vie d'un grand nombre, car il court et se répand au loin pour multiplier ses méfaits.

Dans les villes, on s'accommode volontiers du chat; dans les campagnes on commence à le voir d'assez mauvais œil, et les chasseurs de toutes les conditions l'ont depuis longtemps en exécration. Voyons-le sous ces deux aspects, au double point de vue de la défense du produit des récoltes et de la destruction du gibier.

III.

Je ne serais sans doute pas cru par tout le monde, écrit M. de Norguet, si je disais que le mérite du chat, comme instrument agricole, me paraît évidemment surfait. Pour moi, j'ai la conviction que ses avantages sont compensés par des torts qu'il est impossible de nier. Les chats prennent des souris, c'est incontestable, mais ajoutons de suite que tous ne sont pas bons chasseurs. Il en est beaucoup, au contraire, qui, par paresse ou par maladresse, ne diminuent en rien le nombre de ces parasites onéreux et incommodes tout à la fois. Ce sont précisément les plus choyés, les enfants gâtés et dégénérés de l'espèce, qui sont les moins habiles à la chasse et qui brillent le plus par leur inutilité même.

On connaît l'argument de cet avare qui se fatigua un jour de trouver chaque semaine sur les comptes de la cuisinière : — mou pour le chat.

— Pourquoi avons-nous un chat? demanda-t-il.

— Monsieur, c'est par rapport aux souris.

— Très-bien, mais ou le chat mange les souris, et alors il n'a pas besoin de mou, ou il n'en mange pas, et alors il faut s'en défaire.

Le dilemme était irréfutable : combien de chats seraient noyés si cette logique était suivie à la lettre !

Les chats, dit-on encore, éloignent les souris par leur odeur; ceci est très-contestable : les souris sont beaucoup moins effrayées qu'on ne le croit par les émanations des chats, et d'ailleurs en supposant qu'elles en soient inquiétées, le mal ne serait que déplacé et nullement supprimé. Dans les fermes elles trouveraient toujours à se loger sans s'écarter.

Il faut bien en convenir, la grande multiplicité des chats n'est pas une preuve de leur utilité; elle est due à la facilité que l'on a à se les procurer, au peu de soins qu'ils demandent et avant tout à la satisfaction que procure leur possession. On aime à posséder, le pauvre surtout; on aime à voir près de son feu un animal qui est à soi, qui dépend de soi, qui flatte et fait semblant de caresser, et l'on oublie ses méfaits pour ne voir en lui que l'hôte du foyer.

Ses méfaits ! c'est à M. H. Sclafer, propriétaire dans la Gironde, qu'il faut demander de nous en présenter le tableau bien étudié.

« Le plus formidable ennemi du gibier adolescent, dit-il, c'est notre chat domestique.

« Ce qu'il lui est donné de détruire d'oiseaux, de lièvreteaux, de lapineaux, de perdreaux, de faisandeaux, est incroyable. Toute personne qui, ayant observé le fait, y réfléchit, en est, on peut dire, indignée.

« Examinons un peu cette question : elle en vaut la peine à plus d'un titre. Le gibier n'eût-il à nos yeux que le seul effet de retenir aux champs le propriétaire terrien par l'attrait de la chasse, serait déjà un objet considérable; mais il est encore la première de toutes les nourritures animales. L'influence d'une vie sauvage a concentré dans cette viande, venue en plein air, ce fumet subtil que n'offriront jamais les chairs grandies en servitude, sur le fumier.

« Le gibier de nos terres, convenablement sauvegardé, ferait de notre domaine une sorte de vaste basse-cour libre, tout aussi abondante que la basse-cour fermée. Or je soutiens que le plus grand empêchement à la multiplication du gibier, c'est le chat que recèle chacune de nos maisons.

« Remarquons, en premier lieu, que le chat n'est pas simplement, comme tout autre carnassier, un mangeur de gibier, mais qu'il en est de plus un exterminateur. Aussi le plaçons-nous dans nos demeures afin qu'il les expurge de rats et de souris, et, pour peu qu'il ait un libre accès en tous les coins et recoins, il y exterminera tout jusqu'au dernier. Le loup, le chien, le renard, éclaircissent les bêtes à poil et à plume qu'ils giboyent, mais ils n'anéantissent pas l'espèce en un lieu donné. Il reste des lièvres, des lapins et des perdrix autour du terrier du plus fin renard. Le putois, la belette, nuisent au poulailler, mais le gros de la basse-cour échappe.

« Et comment le chat ne ferait-il pas table rase sur le gibier avec les formidables moyens d'attaque dont dispose sa férocité? Sa vue est tellement parfaite que plus il fait nuit pour nous, plus il fait jour pour lui. On dirait que ses yeux, éclairant les ténèbres, produisent la clarté plutôt qu'ils ne la perçoivent.

« En pleine nuit, aux heures où le chat de ville parcourt les gouttières, le chat des champs parcourt la campagne. Il la trouve couverte de lièvres, de lapins qui s'y répandent, enhardis par l'obscurité et le silence, et par l'absence de l'homme. Il se coule au milieu d'eux : la scène, pour lui seul, est éclairée *a giorno*. Cheminant sur un sol tout de velours, dépassant l'herbe à peine, il épie leurs ébats, s'approche sans être vu, et, pour surcroît d'avantages, il possède un expédient infaillible : c'est le bond; sorte de balistique naturelle, en vertu de laquelle il atteint la proie à distance et lui arrive dessus instantanément, comme un boulet.

« De plus le chat sait guetter; il est pourvu de cette patience particulière au chasseur à l'affût et au pêcheur à la ligne, lesquels se complaisent dans une inaction remplie par tous les rêves de l'espérance et de l'attente. Blotti près d'un buisson, près d'une touffe, il fait le guet sans remuer même les yeux, dont il lui suffit, pour varier leur vision, de contracter ou de dilater la pupille.

« Quand la proie, attirée peut-être par une sorte de fascination occulte, arrive à portée, le guetteur n'a qu'à détendre les jarrets, et le jeune lièvre ou le jeune lapin sont dans ses redoutables griffes, qui pénètrent dans les chairs et s'y recourbent comme de véritables hameçons; comparaison tout à fait juste, car il n'est pas rare de voir des chats, au temps des basses eaux, saisir jusqu'à des carpes et des anguilles, au bord des étangs.

« Qui le croirait et qui n'en serait indigné ! La nuit, pendant que le rossignol est tout entier au délire de son chant, le chat sait, à l'exemple du chasseur de coqs de bruyères, s'en approcher sans être entendu. Je puis certifier le fait, en ayant été une fois témoin. C'était au mois de mai, je faisais une promenade nocturne autour du logis, allant d'un rossignol à l'autre. On peut, à la faveur des ténèbres et du bruit de leur voix, les ouïr de fort près. Le chant est le même chez tous, mais combien l'accent varie ! J'en avais là, dans un assez petit espace, une demi-douzaine s'évertuant du gosier à qui mieux mieux.

« Une petite chatte très-familière, de l'espèce rustique à pelage gris, à babines et à plantes noires, m'accompagnait. J'entendais son *ronron*, et, de temps à autre, en appétit de caresses, elle venait frôler, de l'un de ses flancs, le bas de mon pantalon. Tout à mes chanteurs, je ne prêtais aucune attention à *Doucette*, quand tout-à-coup la voix qui rossignolait si éperdument à mon côté s'arrêta net : je ne pouvais m'expliquer une aussi subite interruption, quand un grognement de satisfaction bien connu, que j'entendis, me mit, hélas ! au fait de l'incident : la chatte croquait le rossignol.

« Quand les hirondelles, en avril, reviennent parmi nous, et que, n'en pouvant plus d'une aussi longue traversée, elles s'alignent côte à côte pour se reposer sur les poutrelles de nos hangars et de nos granges, les chats en mangent à foison : témoins les bouts d'aile noire dont les greniers sont alors jonchés.

« Chaque fois que je fais la chasse aux ortolans, à l'aide de cages tombantes, dans les vignes; ou aux mauviettes, sur une jachère, au moyen de petits sentiers armés d'un nœud coulant en crin; ou aux becfigues, le long des haies, avec des trébuchets ; ou aux grives, au milieu d'un bois, à l'aide de casse-pieds amorcés d'une alise, quel est le déprédateur constant de ces différentes chasses? Le chat, toujours le chat ! Lui seul nuit à mes tendues, et il leur nuit dès le premier jour, tant est prompte son habileté à les découvrir !

« Et que l'on ne croie pas que le chat ne s'attaque qu'aux petits oiseaux; j'ai eu une fuie dépeuplée par un chat qui, attendant les pigeons à terre, leur sautait dessus, et, ne lâchant point prise malgré de vigoureux coups d'aile, les tuait et les dévorait en entier.

« Un paysan, mon voisin, qui a le petit défaut de prendre quelques perdreaux dans sa vigne avant vendanges, pour se dédommager, dit-il, du tort fait à ses raisins par le gibier, ayant omis un soir de rendre visite à ses collets, y trouva le lendemain les restes d'une perdrix mangée sur place. Mettant ce méfait sur le compte du renard, il se promit d'en avoir raison, et dès la nuit suivante il vint, avec un fusil, se mettre en sentinelle sur un cerisier, à bonne portée de l'endroit où sa prise avait été escroquée et croquée. Il comptait bien que le coupable reviendrait; il revint en effet, et le paysan le tua. C'était son chat (1) ! « Le chat, — glissons sur ce détail, —

(1) Sur tout cela vraiment, il n'y a qu'une voix. Prenons un chat quittant sa mère, dit M. P. Chapuy, un chat dans toute son innocence. Il s'ennuie au grenier, fait une promenade sans autre but que de prendre l'air dans le jardin, le clos, le verger de la ferme. Par hasard, il voit remuer la terre, c'est une taupe....; un peu plus loin, c'est un mulot : il tombe en arrêt, guette et saisit sa proie. Jusque-là, très-bien ; mais le lendemain ou surlendemain, sans songer à mal, c'est-à-dire à autre chose qu'à une souris ou à un mulot, un petit lapereau, un petit perdreau passe à portée de la griffe : paf... il en goûte ; désormais il se souciera bien des souris et des rats! Égoïste, cruel, sanguinaire, d'une patience à toute épreuve, on doit s'estimer heureux s'il se contente de braconner autour de la ferme, s'il ne la quitte pas pour vivre tout-à-fait à l'état sauvage dans quelque bois des environs dont il sera la désolation. (*La Chasse illustrée.*)

ayant la faculté de rejeter le trop plein de son estomac et de recommencer, ne s'arrête jamais dans son œuvre de destruction. Plus il est féroce, plus il est glouton.

« Un très-grand avantage qu'il a sur les autres bêtes de proie, c'est qu'il fait la guerre chez lui. Pendant que la fouine, la belette, le loup, toujours en pays ennemi, sont à tout instant distraits de leur chasse par le soin de veiller à leur sûreté ; pendant que le renard, rôdant craintivement au loin des habitations d'où l'écarte la voix des serviteurs et des chiens, en est réduit à attendre, pour en approcher, que les blés assez grandis et les prairies assez hautes puissent lui tenir lieu de chemin couvert, le chat, ami de tout le monde, peut appliquer à la poursuite du gibier toutes les ressources de son instinct.

« Cet instinct vaut sûrement celui du chien ; il le dépasse même, étant servi par de meilleurs organes et par des aptitudes bien autrement variées.

« Qui n'a constaté avec surprise qu'un chat transporté d'une demeure à une autre, et transporté dans un sac, sait revenir, en une nuit, à sa première résidence, et cela par plusieurs lieues de chemin, et souvent ayant la route barrée par une rivière, le long de laquelle il lui a fallu, soit remonter, soit redescendre, à la recherche d'une passerelle ?

« Pour que le chat puisse reconnaître une longue route qu'il n'a faite qu'une fois, en quelque sorte les yeux bandés, et sans toucher le sol, il faut qu'il soit en possession d'un sens inconnu, car le flair, si prodigieux qu'on le suppose, ne suffit pas à expliquer ce phénomène.

« S'il peut dépister son habitation à travers pays, comment ne dépisterait-il pas une nichée d'oiseaux sous la feuillée ? Aussi est-ce un terrible dénicheur ! Remarquez que d'avril à juin les chats mangent à peine au logis. Les nids qu'ils vident suffisent à leur réfection. Très-agiles, les pattes armées de griffes prenantes, les jambes d'une souplesse telle qu'ils embrassent tiges et branches, ils parcourent un arbre jusqu'à la pointe de ses rameaux.

« La nuit, en plein champ, que de poussinées de perdrix, encore sous l'aile de leur mère, deviennent la proie de cet ogre ! Car le chat est le rôdeur de nuit par excellence, et un rôdeur extrêmement attentif. Pendant que le chien bat un champ à la hâte, le chat le furette minutieusement, avec une lenteur avisée. Il examine tout, flaire tout, car tout lui est bon : il dévore indifféremment insectes, grenouillettes, vers de terre, et jusqu'à de gros lézards verts.

« Et tels sont ces giboyeurs effrénés, que nous plaçons par milliers et par millions au sein de nos campagnes, où la plus chétive maisonnette a son chat ! Étant, de tous les animaux, le moins cher à nourrir, le pauvre aime à le posséder : posséder est si doux ! Et de cet entretien du chat par le pauvre résulte un surcroît de dommage au gibier, par la raison que le chat du paysan ne trouvant pas dans l'ordinaire de son maître le plat de viande que réclame son estomac de carnivore, il y supplée par la chasse : cela va de soi.

« Un métayer, faisant en ma présence l'éloge de son chat, assurait qu'il rapportait chaque jour, du dehors, soit un lièvreteau, soit un lapineau, qu'on lui entendait croquer, en grondant, sous le lit.

« L'exiguïté de ses proportions lui permettant de pénétrer partout où passe Jeannot Lapin ; tous les clapiers lui sont ouverts. Quant aux petits du lièvre, je ne vois pas comment ils pourraient lui échapper. Le cri de ralliement que l'hase émet à la sourdine pour rassembler ses nouveau-nés, est vite recueilli par la fine ouïe qui entend trotter une souris.

« Et notez que le nombre des maisonnettes, dans les campagnes, allant sans cesse en augmentant, à mesure que s'accroît, non la population rurale, mais le désaccord dans les familles, où pour le père et l'enfant il n'y a plus de cohabitation possible, il s'ensuit que l'engeance des chats domestiques multiplie de jour en jour : chaque ménagère aimant mieux, dit-elle, nourrir le chat que le rat.

« Il est clair, après cela, que si l'on songe à l'énorme consommation de gibier naissant faite par ce félin, on ne peut que se sentir animé contre lui de cette aversion que Buffon a si éloquemment exprimée.

« Si le grand naturaliste éprouvait une telle antipathie, ce n'était pas sans motifs : son sentiment n'était là que le résultat de ses observations.

« J'ai supputé, à boulevue, ce que nos chats exterminent de gibier, et je suis arrivé à un résultat désolant.

« Habitant une commune où il n'existe pour ainsi dire pas de renards; où la fouine, le putois sont des raretés; où le loup est depuis longtemps passé à l'état de bête curieuse; où le busard, le gerfaut ne font qu'apparaître et disparaître aux équinoxes, je me suis demandé ce que devrait donner en bloc la multiplication du gibier, vu le nombre approximatif de reproducteurs demeurés après chasse close, et j'ai trouvé qu'environ 90 individus sur 100 manquent à l'appel. Il y a donc un obstacle au foisonnement du lièvre, du lapin, de la perdrix, etc., et cet obstacle, nous le connaissons, c'est la griffe et la dent du chat.

« Une chose que l'on n'a pas remarquée, je crois, dans les mœurs du lièvre, c'est qu'à l'exemple de l'hirondelle et du moineau franc, il est porté par nature à se rapprocher de l'habitation de l'homme; à rechercher le voisinage du manoir. Ainsi il n'est pas rare de voir un lièvre venir s'établir dans un massif du jardin, ou dans un carré du potager; il affectionne les ados, les haies, les fossés, compris dans le vol du chapon. On en a maintes fois rencontré dans les étables, dans les celliers à bois ou à vin, toutes hantises inconnues au lapin et à la perdrix, pour lesquels l'aspect de l'homme est un véritable épouvantail.

« Eh bien ! n'était le chat, les lièvres ne quitteraient pas les alentours de nos demeures, où ils se sentent protégés contre le renard et contre leur plus redoutable ennemi, le lapin; mais tous les lièvreteaux qui naissent là sont soudain la proie du petit ogre que nous hébergeons si inconsidérément, et qui nous plaît, sans doute à cause de sa férocité même. Nous aimons à tenir cette bête féroce sur un de nos genoux où elle sommeille en faisant entendre une sorte de roucoulement perfide. Pour nous, c'est un très-gentil diminutif de l'once et de la panthère; pour le gibier en bas âge, c'est bien une panthère au grand complet, devant laquelle perdreaux, lapineaux, lièvreteaux et faisandeaux ne sont que souriceaux.

« On peut, je crois, sur les évaluations d'une statistique modérée, porter à 6 millions le nombre, en France, des maisons rurales. Chacune de ces maisons contient un chat pour le moins; beaucoup d'entre elles en possèdent plusieurs, si quelques-unes en sont entièrement dépourvues.

« Voilà donc 6 millions de carnassiers faisant radicalement obstacle à la multiplication du gibier; car, à supposer que chacun de ces félins ne détruise, bon an mal an, qu'une seule compagnie de perdreaux, qu'un seul levraut et qu'un seul lapereau, cela représente des millions de lièvres, de lapins et de perdrix enlevés à l'alimentation publique et aux récréations cynégétiques. Je suis très-loin d'exagérer.

« Quant aux oisillons pris dans le nid, c'est à coup sûr par milliards qu'il nous faut les compter.

« Le gibier, cette production spontanée de viande par le sol, est une denrée assez importante pour que, prenant la chose à cœur, on cherche à remédier à un dommage d'autant plus grand que le chat détruit toujours l'individu avant qu'il n'ait pu se reproduire, d'où, pour l'espèce, une perte incalculable. Le braconnier, détruisant autant, nuirait moins, car parmi ses victimes se trouvent des adultes aptes à laisser lignée.

« Après cela, il est clair que je ne viens pas proposer un impôt sur les chats, à l'imitation de celui dont les chiens sont frappés. La chose n'est pas faisable, par la raison que le chat urbain n'occasionnant aucun tort au gibier, on en serait réduit à imposer exclusivement le chat rustique, ce qui serait criant. Et puis, je le dis, ce qu'il faut, ce n'est pas la diminution des chats, mais bien leur disparition de nos campagnes.

« Pour atteindre ce but, ne serait-il pas possible au propriétaire rural d'enjoindre à son petit peuple de valets, fermiers, métayers, vignerons, pâtres, meuniers, forestiers, journaliers, etc., etc., d'avoir à ne plus conserver chez eux de chat sous aucun prétexte. D'autant mieux que l'on peut très-efficacement remplacer cette engeance par la mort-aux-rats et une foule d'engins, parmi lesquels je recommande le classique quatre-de-chiffre, tendu tout le long de l'année dans les greniers préventivement.

« Au demeurant, le chat qui, soyons-en sûrs, fait au dehors, à l'encontre du gibier, la même déconfiture qu'au dedans à l'encontre des souris; le chat n'est nullement un hôte à regretter dans nos demeures, d'où sa malpropreté eût dû le faire bannir depuis longtemps. Quoi de plus infect que ses déjections, tant les liquides que les solides? Il a soin de venir les déposer préférablement au logis. Son haleine est d'une fétidité des plus nuisibles aux enfants qui aiment à le manier et auxquels il communique très-certainement plus d'une affection vermineuse.

« Donc, qu'il n'y ait dans notre verdict aucun adoucissement en faveur de cet ennemi public. Que tout chasseur qui le rencontrera le mette à mort. Nulle victime ne saurait être plus agréable à saint Hubert, je crois l'avoir démontré. »

Merci, monsieur Sclafer; vous avez dit carrément la chose. Ce qu'il faut demander, le but qu'il faut résolument poursuivre, c'est la disparition des chats de nos campagnes. Ils n'y ont plus qu'une utilité réduite. Contre la souris des maisons, nous avons la souricière perpétuelle, et contre les rats de toutes sortes, contre la vermine terrestre, nous avons le bull-terrier, bien plus puissant. Donc — Jupiter confonde les chats! — Que ce cri devienne le mot de ralliement de tous les judicieux et de tous les raisonnables.

Notre grand animalier, Toussenel, a depuis longtemps lancé l'anathème contre l'espèce qu'il a bel et bien condamnée à l'abandon; écoutez-donc : « Le chat domestique ayant lâchement baissé pavillon devant le rat d'égout, il nous faut d'abord destituer de ses honorables fonctions cet insuffisant guetteur, puis le remplacer par un gardien plus brave. Le griffon d'écurie et le petit bouledogue ne demandent pas mieux que d'accepter les fonctions de l'indigne; j'opine à ce qu'ils en soient investis le plus tôt possible. J'ai toute confiance dans la parole du chien, et j'ai, pour garant de sa fidélité, l'expérience. Ce n'est pas un chat qui tuerait douze rats à la minute, comme je l'ai vu faire à Montfaucon par des bouledogues dressés à la besogne par des professeurs anglais. Ce n'est pas un chat qui braverait des myriades de rats pour conquérir un simple suffrage d'estime et faire gagner quelque pièce d'or à son propriétaire. Au lieu d'aspirer à cette gloire, seul but des nobles cœurs, le chat a conclu sous main son pacte de Judas avec le rat d'égout qu'il avait juré d'occire. Que ceux qui croient le chat incapable d'une aussi basse félonie se rendent, passé minuit, sur le carré des halles. Là, à la lueur furtive des pâles reverbères, ils seront témoins d'un spectacle qui navrera leur âme d'étonnement et de tristesse ; car ils apercevront sur chaque tas d'immondices un groupe de chats et de rats devisant de bonne amitié ensemble, et fraternisant aux dépens de l'homme, en se partageant sans vergogne les entrailles des pigeonneaux et du lapin de choux. »

Voilà en quelle piètre estime l'auteur de *l'Esprit des bêtes* tenait le chat. Mais je quitte ceux de Paris, la grand'ville, et je reviens à ceux des champs.

M. de Norguet a très-judicieusement écrit : Il faut essayer de convaincre les cultivateurs de la nécessité de n'avoir chez eux que des chats réellement utiles, et de supprimer tous ceux qui ne chassent pas les souris, ce dont avec quelque attention on peut facilement s'assurer. Séparez-vous sans hésiter de ceux qui prennent des habitudes par trop errantes, de ceux qui, s'écartant volontiers dans les champs, demeurent plusieurs jours dehors, sans rentrer au logis ; rappelez-vous que la femelle, plus sédentaire, court moins que le mâle et, par cela même, est plus redoutable aux souris des maisons ; faites en un mot pour les chats ce qu'on devrait faire aussi très-scrupuleusement pour les chiens ; ne gardez que les bons parmi ceux qui viennent d'une souche éprouvée, et sacrifiez sans fausse pitié ceux dont les services sont notoirement insuffisants. Alors vous rendrez le chat domestique à ses vraies fonctions, à sa réelle destination, dont il n'est pour le moment que trop détourné par des habitudes vicieuses par trop invétérées, et vous aurez mis à la place d'un carnassier demi-sauvage et nuisible un aide agricole actif et sérieusement occupé de la mission qui lui est dévolue.

Le conseil est bon. Mais il ne peut servir et valoir qu'à raison même de son application. Eh bien, je n'ai pas grande confiance en la manière dont on suivra l'exécution, et je préfère de beaucoup le moyen radical proposé par M. H. Sclafer. Les demi-mesures sont rarement et très-difficilement efficaces. Le chat, encore un coup, n'est plus un serviteur indispensable. Une souricière perpétuelle et un bull-terrier font autant de besogne que dix chats peu stylés ou paresseux; la souricière suffit largement à l'intérieur, et le toutou travaillera honnêtement *intra et extra muros,* sans s'égarer aux champs à la recherche des nids que protègent avec raison les amants de Diane chasseresse ou les intelligents disciples du grand saint Hubert.

Cependant, à ceux qui voudraient conserver des chats il convient de donner un avis.

C'est un préjugé de croire que ceux auxquels on ne sert aucun aliment se livrent plus activement à la recherche et à la destruction des parasites. Ce sont les plus négligés sous le rapport de la nourriture régulière qui contractent les plus mauvaises habitudes, soit en allant marauder au dehors, soit en pillant les provisions du garde-manger. Tous ceux qui ont écrit sur ce sujet s'accordent au moins sur ce point essentiel : « Nourrissez convenablement vos chats, sous peine de les voir mal tourner. Ils sont à vos gages, ne l'oubliez pas; payez-les raisonnablement si mieux vous n'aimez qu'ils se payent indûment par eux-mêmes d'une façon ou d'une autre. »

D'une façon ou d'une autre, c'est justement dit en vérité, car le drôle est habile à tous les genres de vol. Il fait pâture de tout, et ne craint même point, en dépit du dicton, de se livrer à la pêche, happant fort bien, le long des cours d'eau, les malheureux poissons auxquels il arrive de retomber sur la rive, en sautant après les moucherons. Ceci devient un aimable passe-temps pour le chat sauvage ou haret, mais son voisin ou son proche, — le chat domestique, — ne se fait pas faute de poisson vivant. Quand donc le cœur lui en dit, il va tout simplement à la pêche, et si le poisson donne, il s'en met jusqu'au menton, car il en est excessivement friand.

Un chatelain de ma connaissance avait une sorte de passion pour les petits poissons rouges que vous savez. Il en avait abondamment peuplé les bassins de son immense jardin. Chaque matin, il allait leur faire sa visite, et l'un de ses plaisirs était de leur jeter quelque friandise qu'ils venaient tout aussitôt se disputer sous ses yeux. Il les connaissait donc et en savait à peu près le nombre.... Il crut s'apercevoir, un jour, que la population avait diminué. La semaine suivante, il n'eut plus de doute, et, de semaine en semaine, les individus devenaient de plus en plus rares, à telle enseigne qu'on eut recours à de nouveaux achats pour repeupler à nouveau les bassins dans lesquels il n'y avait pas un cadavre. Au bout de quelque temps, même remarque. Ce ne pouvait être un effet sans cause. On soupçonna le jardinier, puis on l'accusa, et vraiment, la mauvaise humeur excitée, on allait lui faire un mauvais parti.... On surveilla de près, on fit le guet, et l'on reconnut que le voleur était l'un des chats de la maison.

Il venait tout doucement au bord des bassins, s'y étendait à sa manière, paraissait dormir paisiblement, et veillait au contraire. Petit poisson venant à passer à sa portée, paf, la patte s'allongeait avec prestesse, et la bestiole était enlevée puis mangée. L'affaire faite, l'hypocrite animal reprenait position, et attendait que la fortune le servît encore.

On dut sacrifier la bête pêcheresse pour avoir du poisson dans les bassins. Celui-ci s'y plut, et y prospéra dès que Moumouth eut passé de vie à trépas.

Ce trait n'est point une rareté. Le chat a beaucoup de goût pour le poisson. Ceux qui habitent des maisons voisines de lieux empoissonnés se livrent habituellement, avec profit pour eux-mêmes, à l'exercice attrayant de la pêche.

Avant d'en finir avec ce paragraphe, je veux redire, d'après Lenz, comment procède l'intelligent animal lorsqu'il cherche à surprendre la souris, par exemple. Le voilà à l'affût, placé de façon à surveiller utilement plusieurs trous, sans prétention apparente néanmoins. Ne croyez pas qu'il prenne position de face; pas si bête : la souris l'apercevrait trop facilement et rebrousserait vite chemin au lieu de sortir. Il se choisit un bon endroit entre diverses entrées, puis attend. Un mouvement souterrain s'est produit, tout aussitôt l'oreille et l'œil ont pris la direction voulue; mais le guetteur sortant. Après s'est placé de telle sorte que la souris lui tourne le dos en bien des hésitations, elle a quitté son trou; mais qu'elle soit ou devant ou derrière, elle est tout aussitôt sous sa griffe. Et ceci est pour ainsi dire inexplicable tant est prompt et sûr le coup de patte.

A présent, un mot seulement sur l'industrie de la pelleterie qui utilise volontiers les peaux de chat.

IV.

Pour les pelletiers un chat est un chat à la façon dont en parle l'histoire naturelle ; ils généralisent et appliquent la dénomination non-seulement au chat ordinaire et proprement dit, mais à la plupart des espèces que la zoologie a classées sous cette appellation générique. Pour les acheteurs de fourreurs, qui ne savent où aller les prendre, les indications suivantes auront certainement quelque utilité. Voilà pourquoi je les insère à cette place.

Le nom de *chats de feux*. — (Pourquoi le pluriel à feux? Il y a là un *x* malencontreux dont je propose la suppression, car il est de trop.—), le nom de *chats de feux* donc a été donné par la pelleterie à notre chat domestique pour le distinguer du chat sauvage. Il y a des mots de convention, qui font très-bien dans la langue des marchands : celui-ci me paraît bien trouvé; mais il était bon d'en connaître au juste la valeur. Je n'ai rien de particulier à dire des chats de feux, pelage très-varié de couleurs et fourrure de mince estime. On en fabrique des manchons à bas prix, d'autres disent : à bon marché; ce n'est pas la même chose. Un objet de bas prix est souvent plus cher qu'un autre; tout est relatif.

Le *chat sauvage* maintenant nous est connu. Il mesure de 80 à 82 centimètres, et de plus sa queue, qui en porte 18 à 20. Rayée de fauve, de noir et de gris est sa robe; régulièrement annelée et grosse est sa queue; noire est la plante des pattes; plus long et plus doux que celui du chat domestique est son pelage, de beaucoup préférable à l'autre. On lui attribue de certaines propriétés hygiéniques, qui le mettent en vogue auprès des rhumatisants. L'effet produit est sans doute double : son application est suivie de chaleur et détermine peut-être une légère révulsion à la peau, favorable à la diffusion et à la disparition des douleurs que l'on classe parmi les rhumatismes, appellation vague et commode, qui dit tout et ne dit rien.

Il y a le *chat chartreux* au pelage luisant et d'un gris cendré égal, mais un peu foncé sur le dos. Attention ! le pelletier, le foureur plutôt, donne volontiers la peau de celui-ci pour une fourrure de petit gris. Ce n'est pas que le dommage soit bien grand peut-être, mais la substitution étant à titre frauduleux, je la dénonce pour que le cas échéant vous puissiez tout au moins en faire votre profit.

Tricolore est le pelage du *chat d'Espagne*. Vous le reconnaîtrez quand vous le rencontrerez ; il est varié d'un rose assez vif, d'un beau noir et d'un blanc éclatant. Ces trois nuances tranchent alternativement ou se mêlent agréablement sur sa fourrure, rarement préparée en France.

Le *chat angora* vous est bien connu. Il a le poil long, soyeux et d'un blanc d'argent. Sa fourrure remplace souvent, dans la confection des pelisses d'un prix peu élevé, la peau de renard blanc, dont elle est une sorte de succédanée. C'est une imitation ; elle n'a ni la douceur ni le fourré de l'autre. C'est tout simplement bon à savoir. Le bijoutier vend, pour ce qu'il est, l'objet, le bijou en imitation. Qu'il en soit de même du fourreur, et nul n'aura rien à y reprendre. C'est ainsi que je l'entends, et vous aussi, je suppose.

Voici d'autres fourrures qu'on présente à la clientèle sous le nom de *chat cervier*. Elles viennent d'une variété de petite taille du lynx ou loup cervier ; elles ont le fond de couleur blanchâtre, avec des taches plus accentuées. Elles sont particulièrement estimées pour leur finesse ; mais elles nous viennent de loin. Le commerce les tire du Canada et de la Sibérie. C'est le bon coin pour les fourrures. Celles dont le poil est noir ont une valeur au moins double des autres.

Le *caracal* est d'une autre provenance. C'est le chat sauvage de l'Asie et de l'Afrique, ou le *lynx* des anciens. Sa taille est à peu près celle d'un gros barbet ; son pelage se montre d'un roux uniforme en dessus et blanc en dessous ; il est fauve à la poitrine, avec des taches d'un beau brun.

Le *chat de la Cafrerie* a le manteau gris-fauve en dessus et fauve en dessous.

Pareil et autre tout à la fois est le *chat du Bengale*. Gris-fauve en dessus comme celui de la Cafrerie, il est blanc en dessous et marqué de quatre lignes longitudinales au front.

Le *chat ganté* est devenu propre à l'Égypte, dont il prend aussi le nom. Il est gris-fauve en toutes ses parties, avec sept ou huit bandes noires sur l'occiput et sur la queue. Il est originaire de Nubie et d'Abyssinie, je l'ai dit, et on le regarde aujourd'hui comme le père de tous les chats domestiques autres que l'angora.

D'un gris bleu clair en dessus et blanchâtre en dessous, avec des taches rondes et épaisses sur les flancs, tel est le *chat de Java*.

Celui de la Floride a le pelage grisâtre, taché aux flancs, d'un brun jaunâtre et sillonné de raies noires onduleuses.

Le *lynx botté*, un habitant de l'Europe, a les parties supérieures d'un fauve nuancé de gris, parsemées de poils noirs, et — d'un noir très-pur, très-foncé — la plante et la partie postérieure des pieds.

Le *lynx manoul*, un Européen, lui aussi, se distingue à deux points noirs qu'il porte sur le sommet de la tête; son manteau est d'un fauve roussâtre très-uniforme.

Leur voisin à tous deux, le *chaus* ou *lynx des marais*, a le pelage d'un gris clair tirant sur le jaune.

Un autre lynx, celui d'Amérique, porte une robe d'un bai très-vif, qui lui a valu le nom de *lynx doré;* on remarque quelques petites taches sur le flanc et sur le ventre.

Le *chat servelin*, qui vit au Sénégal et au cap de Bonne-Espérance, a le pelage très-fauve, d'un brun clair sur le dessus avec une nuance moins foncée sur les flancs; il est blanc en dessous.

Les pelletiers offrent sous son nom, — celui de *felis polaire*, — une fourrure touffue, de teinte foncée, ondée de gris et de brun, sans aucune tache distincte.

Le *felis du Canada* est brun pâle en dessus et blanchâtre en dessous avec de petits points fauves disséminés çà et là et qui rehaussent la fourrure. Il y a aussi le *felis de la Caroline;* mais ils sont deux pour la fourrure, car sous ce rapport le mâle et la femelle sont divers. Le premier est d'un brun

clair, rayé de noir de la tête à la queue. L'autre est sans tache sur le dos, et son pelage est gris roussâtre.

Un peu plus gros que le chat sauvage est le *serval*, dont le
pelage rappelle celui de la panthère. D'un fauve très-clair
en dessus, il est blanc en dessous, avec de petites taches rondes et pleines, irrégulièrement distribuées. Il a de grandes
oreilles rayées de blanc et de noir ; sa queue, annelée dans sa
moitié postérieure, a le bout noir. Bien plus connue et offerte
sous les noms de *pard* et *chat-tigre*, sa fourrure est récoltée dans
le Sénégal et au cap de Bonne-Espérance.

Tous les quadrupèdes composant cette liste appartiennent,
je le répète, à la famille du chat. Tous habitent généralement
les forêts du Nord de l'Europe et la Siberie. Les fourrures, les
plus estimées, ceci maintenant est un lieu commun, sont celles
qui ont été récoltées dans les profondeurs des forêts septentrionales, et nommément dans celles de la Sibérie.

Fig. 79. — Le chat serval.

POSTFACE.

Peu de livres auront eu naissance plus accidentée.

Voici trois ans que celui-ci, fait en très-grande partie, attend son laissez-passer. Il ne devait avoir qu'un volume, il en a deux.

A ma barre sont venus, un à un, mais nombreux, les divers sujets qui le composent. Comme les mauvaises herbes, ils ont pullulé et se sont pressés, à la queue leu leu sous ma plume, sollicitant chacun sa place. Plusieurs auraient pu être écartés ou laissés en volontaire oubli, mais la prolongation forcée de mes expériences sur l'union génésique des deux espèces du lièvre et du lapin, *inter se* et dans leur descendance, le désir aussi d'en donner le dernier mot ont apporté retard sur retard à l'envoi de la copie et à la composition entière de l'ouvrage. Enfin, la guerre avec l'Allemagne, l'invasion de la France, l'investissement de Paris et, — pis que cela, — la guerre civile ont successivement et tour à tour mis obstacle à l'achèvement.

C'est ainsi que le *blaireau* d'abord, que le *renard* ensuite ont accru le personnel de ce livre, et qu'à ce qui a été dit du *léporide* je puis ajouter un épilogue.

Après le désastre de Sedan, je revins de la Champagne à Brétigny. Deux belles portées de léporides trois quarts sang lièvre étaient nées dans ma liévrière en 1870, me donnant onze petites bêtes d'un prix inestimable. J'aurais voulu les conserver comme la prunelle de mes yeux.

Ma première pensée fut d'expédier, en compagnie de quelques reproducteurs, très-précieux aussi, les deux nichées de trois quarts sang lièvre, l'une au Jardin d'acclimatation de Bruxelles, l'autre au Jardin d'acclimatation de Bordeaux. Malheureusement, le chemin de fer avait reçu défense d'accepter aucun colis, et moins encore qu'aucun autre des caisses contenant des êtres vivants.

Il y avait force majeure.

Décidé à retourner en Champagne, je quittai Brétigny, y laissant toutes choses à la grâce de Dieu.

Mon retour en Champagne fut impossible et aussi à Brétigny. Je restai à Paris avec tous les assiégés, et ne sus rien de ma liévrière qu'après le départ des Allemands.

Elle est veuve de tous ses anciens habitants. Par bonheur, tous les léporides n'ont pas disparu, et la race de Saint-Pierre est sauve. Rien n'est resté chez moi, mais à Saint-Pierre, chez madame Henri Jubien, j'ai retrouvé des léporides à leur septième génération, des léporides longue soie et mes jolis lapins Saint-Pierre, le tout en pleine prospérité, car de jeunes nichées fortes, nombreuses et bien venant, vont ajouter le nombre à la race.

A cette vue, mon cœur, par la crainte oppressé, se dégonfle.

Je n'ai plus de trois quarts sang, je n'ai plus un seul des vingt et quelques lièvres, pour la plupart nés dans ma liévrière, que je possédais en septembre dernier; mais la fécondité des léporides *inter se* n'est point atteinte dans les produits de la septième génération, aucune altération ne se montre dans la race hybride des Saint-Pierre, et j'avais obtenu de l'alliance de deux femelles léporides avec le bouquin, né en captivité, deux nichées de léporides trois quarts sang lièvre.

Tels sont les faits acquis à la science à la date où j'écris ce dernier mot, 10 avril 1871.

11 JUIN 1871.

Ceci sera bien mon dernier mot. Bibi, le lièvre de Saint-Dizier dont j'ai longuement écrit l'histoire, vient de mourir. J'en reçois la nouvelle, fort inattendue, par dépêche télégraphique qui m'annonce l'envoi de l'animal parchemin de fer.

Bien facile à reconnaître, la petite bête. C'est bien elle, hélas! Je lui donne de sincères regrets, et ce n'est pas sans une certaine émotion que je me prépare à la voir dépouillée, à fouiller du regard jusque dans ses entrailles. Il faut aller chercher sous l'enveloppe la vérité vraie. Bibi était-il lapin, comme d'aucuns l'ont carrément affirmé et soutenu? Bibi, au contraire, était-il lièvre, comme l'ont reconnu tous ceux qui l'ont vu jeune, tous les chasseurs du pays, y compris M. Thomas, de bien regrettable mémoire, sous les yeux de qui il a été élevé avec tant et tant de sollicitude par madame Thomas, fille et femme de chasseurs?

Telle est la seule question à résoudre en ce moment.

Entre la chair du lapin et la chair du lièvre grande est la différence. Avant la cuisson, l'une est blanche, l'autre est rouge : cuite, celle du lapin reste blanche, celle du lièvre devient noire. A ce caractère physique aisément appréciable, nul ne se trompe, car on n'a point affaire ici à des à-peu-près, à de simples approximations.

Bibi avait le sang noir et la chair rouge du lièvre; Bibi n'était pas un lapin. A l'autopsie, j'ai reconnu qu'il a succombé à une hypertrophie du foie. La maladie avait déterminé un amaigrissement considérable; il n'y avait plus de graisse dans aucune région du corps.

FIN DU SECOND VOLUME.

Erratum. — Page 4, ligne 24 :
Mariage.... de la hase et du *lièvre,* c'est de la hase et du *lapin* qu'il faut lire.

TABLE DES FIGURES.

FIN DE LA TABLE DES FIGURES.

TABLE DES MATIÈRES.

LES RONGEURS (*suite*).

III. LE LÉPORIDE.

LES INSECTIVORES.

LA MUSARAIGNE.

LE HÉRISSON.

LA TAUPE.

I. LA DEMEURE.

II. LE RÉGIME ALIMENTAIRE.

III. LE PLAIDOYER DE LA MÈRE LA TAUPE.

IV. LA RÉPLIQUE DU BERGER PASTOUREAU.

V. L'ÉTAUPINAGE.

LE FURET.

BLAIREAU ou TESSON.

LE RENARD.

LE CHAT.

FIN DE LA TABLE DES MATIÈRES.